〈第2版〉

新 健康と調理のサイエンス

…調理科学と健康の接点…

大越 ひろ
品川 弘子
飯田 文子
……… 編著

学文社

はしがき

2015年に開催された国際連合サミットで，SDGs（Sustainable Development Goals 持続可能な開発目標）が設定されました。世界中の人々が飢えることなく，健康で暮らすために，食資源も無駄なく最大限に利用し，消費するよう努力しなくてはなりません。

現代の日本では，食の外部化が進み，食品ロスが問題視されています。家庭においても，また食品企業においても，効率良く食品を加工し，栄養バランスよく食を提供するためには，調理のサイエンスが必要不可欠です。そのために本書は，食を学ぶ学生をはじめ，食品企業の方々，また食のメディアの方にも読んでいただきたいと考えております。

本書は，2008年に刊行した『健康と調理のサイエンス』を踏襲して企画を練り直しました。実際に食を提供する際に即して，献立の立て方の知識に始まり，食品そのものの構造や調理・加工における物理化学的変化，その後，味を調え供すという順序に従い，構成しました。

つまり，献立とは何か，栄養的にバランスの良い摂取方法とは何かを知り，献立立案について初めに学びます。献立を立てたら次に使用する食材の科学的性質を理解し，その構造が調理する際にどのように変化するかを学びます。その後，それを補う，あるいはenhanceする調味料や香辛料の科学を学び，何故美味しいのか，美味しく調理する科学を学びます。さらに安全性や保存性を高める方法なども学び，材料から仕上げまで，またその組み合わせを考え，食卓に提供できるすべてを網羅できるようになっております。

しかし，人間が美味しく感じる仕組みはまだまだ未知な部分も多く，日進月歩で研究は進みつつあります。また，調理における科学も日々解明されております。新しくなる知識は今後も改定時に取り込み続けていく所存でおります。

読者の皆様には，今後ともご指導いただけますようお願い致します。

2020年1月

編者を代表して
飯田　文子

もくじ

3　おいしさを演出する食品素材のサイエンス

4　調理操作のサイエンス

5　食べ物の機能と嗜好性

コラム

1　食事の設計

I　献立と食事設計

ヒトは，生涯を健康で過ごすために，毎日の朝・昼・夕食にはライフステージ（乳・幼児期，学童期，思春期，成人期，高齢期，妊期・授乳期等）に対応させた栄養バランスのよい食事を摂取することが望まれる。そのためには食事提供者が対象者に満足のいく食事づくりや，健康の保持・増進，疾病予防，治療に役立つ食事設計を立てることが必要となる。

食事設計では対象に適した食事の対応が求められる。はじめに対象者（健常者・病者など）のアセスメント（年齢，性別，身体状況，身体活動レベル，栄養状態，食事摂取状況など）を行い，対象に対応した献立を立案する。食事設計に必要とされる調理の三大基本要件*である安全性，栄養性，嗜好性を考慮して，食品食材を選択し，調理操作・調味操作を行い，料理を組み合わせ，おいしい食事を完成させる。また食事設計をする際，食事摂取基準を活用する場合には個人または集団を対象として，食事評価に基づき，食事改善計画（Plan）を立案し，計画を実施（Do）し，それらの検証（Check）を行い，検証結果を踏まえて，計画実施の内容を改善（Act）するPDCAサイクルに基づく活用が基本となる。さらに経済性や作業の効率性，地域の食文化の継承，環境的要因に配慮することも求められる。

＊ 三大基本要件
①安全性：食物を衛生的に取り扱い安全な食べ物にする。
②栄養性：調理操作（物理的，化学的）により栄養効率を高める。
③嗜好性：外観（形，色），香り，テクスチャー，温度などを整え嗜好性を高める。
出所）三輪里子監修：改訂新版 あすの健康と調理　アイ・ケイコーポレーション，10（2013）より一部引用しました。

献立は1食または1日の食事内容を構成する料理の名称，種類，供し方の順序を示したもので，献立表はそれをまとめたものである。献立は目的別や料理様式別，形態別（表1.1），その他に行事食・供応食（饗応食），特別食などに分類される。日常食，特定給食施設食の献立では栄養面・経済面に重点をおきつつ，嗜好面も配慮する必要がある。特別栄養食の献立ではテーラーメイドの治療食や

表1.1　献立の分類

摂取目的別献立	料理様式別献立	摂取形態別
日常食	日本料理	内食（内食事）
（ライフステージ別）	本膳料理，会席料理	家庭内で調理して，食べる食事
乳・幼児期食	懐石料理，精進料理	外食（外食事）
学童期食	普茶料理など	家庭外の飲食施設で食べる食事
思春期食	中国料理	中食（中間食）
成人期食	北京料理，広東料理	惣菜，弁当など調理済み食品を
高齢期食	上海料理，四川料理など	購入し，家庭や職場で食べる食事
特別栄養食	西洋料理	**供食形態別**
妊娠期・授乳期食	フランス料理，イタリア料理	
疾病別治療食	ドイツ料理，スペイン料理	定食形式
労働栄養食	など	カフェテリア形式
特定給食施設食	その他の料理	アラカルト形式
学校給食	エスニック料理	バイキング形式
事業所給食	折衷料理	ビュッフェ形式
福祉施設給食	フュージョン料理	ディナー形式など
病院給食		
自衛隊給食		

特別な配慮を要する食事の場合，それぞれの要件に応じた献立が要求される。

1 食事設計のための基本知識

近年，成人では慢性疾患を中心とした生活習慣病,[*1] メタボリックシンドローム,[*2] ロコモティブシンドローム,[*3] サルコペニア,[*4] フレイル[*5] などの患者は増加傾向を示している。そこで食事設計をする際には，さまざまな栄養学の知識を背景とする必要がある。以下に示す日本人の食事摂取基準，食生活指針，食事バランスガイドなどは献立作成の参考にするとよい。

(1) 食事摂取基準

「日本人の食事摂取基準」は健康増進法に基づき厚生労働大臣が定めるものとされ，国民の健康の保持・増進を図るために摂取することが望ましいエネルギーおよび栄養素量の基準を示すもので，5年ごとに改定が行われる。平成25年より開始した健康日本21（第二次）では，高齢化の進展や糖尿病等有病者数の増加を踏まえ，主要な生活習慣病の発症予防と重症化予防の徹底を図るとともに，社会生活を営むための機能維持及び向上を図ることが掲げられた。日本人の食事摂取基準（2020年版）では栄養に関連した身体・代謝機能の低下の回避の観点から，健康の保持・増進，生活習慣病の発症予防及び重症化予防に加え，高齢者の低栄養予防やフレイル予防も視野に入れて策定された。食事摂取基準（2020年版）策定の方向性が図1.1に示され，関連する各種ガイドラインとも調和を図ることとした。①食事摂取基準の対象は，健康な個人及び健康な者を中心として構成された集団としている。具体的には歩行や家事など身体活動を行っている者であり，体格（body mass index：BMI[*6]）の範囲（表1.2）が標準より著しく外れていな

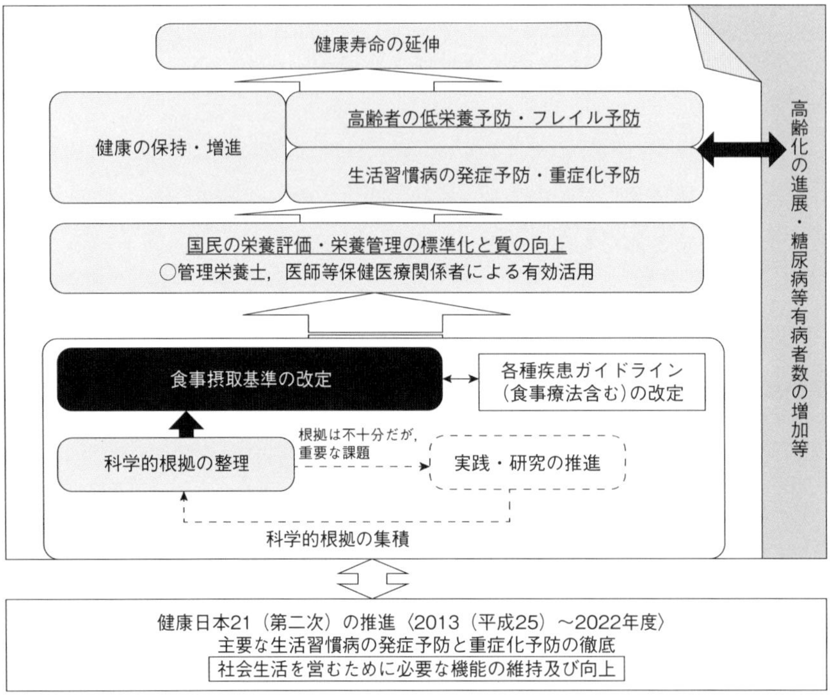

図1.1 日本人の食事摂取基準（2020年版）策定の方向性

出所）厚生労働省：日本人の食事摂取基準（2020年版）

＊1 生活習慣病 「食習慣，運動習慣，休養，喫煙，飲酒等の生活習慣が，その発症・進行に関与する疾患群」のことを指す。たとえば，インスリン非依存糖尿病，肥満，高脂血症（家族性のものを除く），高血圧症，高尿酸血症，循環器病（先天性のものを除く），大腸がん（家族性のものを除く），肺扁平上皮がん，慢性気管支炎，肺気腫，歯周病，アルコール性肝疾患等がある。

＊2 メタボリックシンドローム 内臓脂肪症候群：肥満，インスリン抵抗性，心血管，脳血管罹患率。

＊3 ロコモティブシンドローム 運動器症候群：進行すると介護が必要となるリスクが高くなる。

＊4 サルコペニア 加齢に伴う筋力の減少，又は老化に伴う筋肉量の減少を指す。

＊5 フレイル 老化に伴う種々の機能低下（予備能力の低下）を基盤としたさまざまな健康障害に対する脆弱性が増加している状態，すなわち健康障害に陥りやすい状態を指す。

＊6 BMI＝体重(kg)÷(身長(m))^2

い者とする。なお高齢者の年齢区分は65～74歳，75歳以上の２区分が設定された。② エネルギーはエネルギー摂取の過不足の回避を目的として，エネルギーの摂取量及び消費量のバランス（エネルギー収支バランス）の維持を示す指標としてBMIを採用している。従来は「基本体位」と表現していたが，2015年版から「参照体位（付表1）」に改められた。③ 栄養素の指標は摂取不足の回避，過剰摂取による健康障害の回避，生活習慣病の発症予防の３つの目的からなる「推定平均必要量」「推奨量」「目安量」「耐容上限量」「目標量」の５つの指標で構成されている（図1.2）。栄養素の指標は表1.3に示した。図1.3には食事摂取基準の各指標を理解するための概念図を示した。縦軸は，個人の場合は不足又は過剰によって健康障害が生じる確率を，集団の場合は不足状態にある人又は過剰摂取によって健康障害を生じる人の割合を示す。表1.4に栄養素の指標の概念と特徴をまとめた。また，巻末の付表２～36に，エネルギー・栄養素の食事摂取基準（2020年版）を示した。食事摂取基準を活用する場合はPDCAサイクルに基づく活用を基本とする（図1.4）。

表 1.2　目標とするBMIの範囲（18歳以上）[1,2]

年齢（歳）	目標とするBMI（kg/m²）
18～49	18.5～24.9
50～64	20.0～24.9
65～74[3]	21.5～24.9
75以上[3]	21.5～24.9[3]

1　男女共通。あくまでも参考として使用すべきである。
2　観察疫学研究において報告された総死亡率が最も低かったBMIを基に，疾患別の発症率とBMIの関連，死因とBMIとの関連，喫煙や疾患の合併によるBMIや死亡リスクへの影響，日本人のBMIの実態に配慮し，総合的に判断し目標とする範囲を設定。
3　高齢者では，フレイルの予防及び生活習慣病の発症予防の両者に配慮する必要があることも踏まえ，当面目標とするBMIの範囲を21.5～24.9kg/m²とした。
出所）図1.1と同じ。

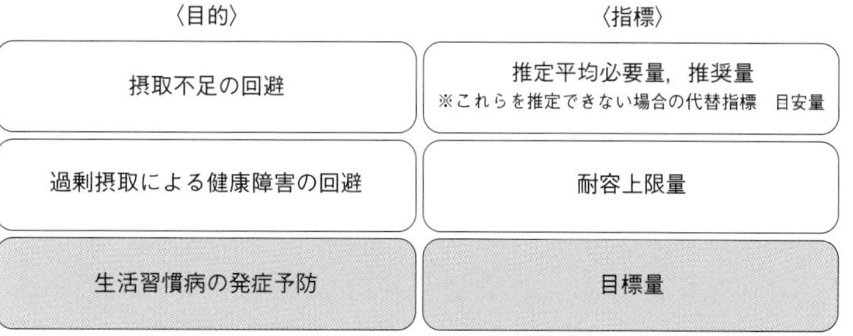

※十分な科学的根拠がある栄養素については，上記の指標に加えて，生活習慣病の重症化予防及びフレイル予防を目的とした量を設定

図 1.2　栄養素の指標の目的と種類

出所）図1.1と同じ。

表 1.3　栄養素の設定指標

指標	内容
推定平均必要量（EAR）	母集団における必要量の平均値の推定値。当該集団に属する50％の人が必要量を満たすと推定される摂取量。
推奨量（RDA）	母集団に属するほとんどの人（97～98％）が充足している量。
目安量（AI）	特定の集団における，ある一定の栄養状態を維持するのに十分な量。十分な科学的根拠が得られず「推定平均必要量」が算定できない場合に算定するもの。
耐容上限量（UL）	健康障害をもたらすリスクがないとみなされる習慣的な摂取量の上限。
目標量（DG）	生活習慣病の発症予防を目的として，日本人が当面の目標とすべき摂取量。

出所）図1.1と同じ。

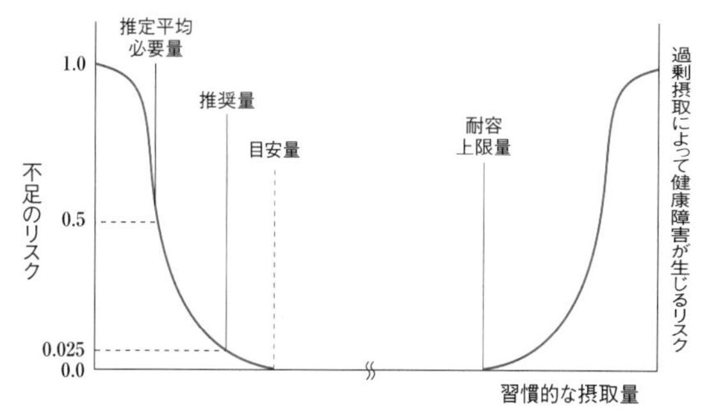

図 1.3　食事摂取基準の各指標（推定平均必要量，推奨量，目安量，耐容上限量）を理解するための概念図

出所）図1.1と同じ。

(2)　食生活指針

「食生活指針」は国民の健康増進，生活の質の向上及び食料の確保を図るため，平成12年に文部省（当時），厚生省（当時），農林水産省により策定されたが，その後2016（平成28）年６月に一部改正された（表1.5）。主な改正ポイントは「適度な

表 1.4 栄養素の指標の概念と特徴－値を考慮するポイント－

	推定平均必要量（EAR） 推奨量（RDA） 〔目安量（AI）〕	耐容上限量（UL）	目標量（DG）
算定された値を考慮する必要性	可能な限り考慮する（回避したい程度によって異なる）	必ず考慮する	関連する様々な要因を検討して考慮する
対象とする健康障害における特定の栄養素の重要度	重要	重要	他に関連する環境要因が多数あるため一定ではない
健康障害が生じるまでの典型的な摂取期間	数か月間	数か月間	数年～数十年間
算定された値を考慮した場合に対象とする健康障害が生じる可能性	推奨量付近，目安量付近であれば，可能性は低い	耐容上限量未満であれば，可能性はほとんどないが，完全には否定できない	ある（他の関連要因によっても生じるため）

出所） 図1.1と同じ。

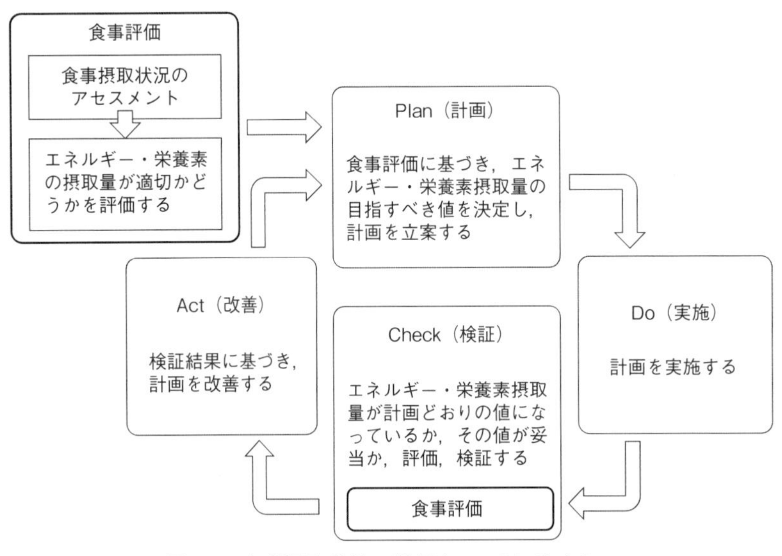

図 1.4 食事摂取基準の活用と PDCA サイクル

出所） 図1.1と同じ。

運動とバランスのよい食事で，適正体重の維持を」の項目が上位に変更され，若年女性のやせ，高齢者の低栄養についての注意喚起が追加された。「脂肪は質と量を考えて」動物，植物，魚類の脂肪の質にも配慮すること，食文化に「郷土の味の継承を」が追加された。「食生活指針」は多様な視点から望ましい食生活について，広く国民にメッセージを伝えるものとなった。

(3) 食事バランスガイド

平成17年に厚生労働省と農林水産省合同により作成された「食事バランスガイド」は食生活指針のイメージを具体的な行動に結びつけることを目的に，1日に，「何を」「どれだけ」食べたらよいかの基本を考える際の参考にできるよう，食事の望ましい組み合わせとおおよその量をイラストでわかりやすく示したものである。「食事バランスガイドの作成のねらい」は図1.5，「食事バランスガイド」は図1.6に示した。基本形のコマのイラストには主食，副菜，主菜，牛乳・乳製品，果実の各料理区分における1日にとる量の目安の数値（つ（SV））と対応させて，ほぼ同じ数の料理・食品を示している。したがって，日常的に自分がとっている食事の内容とコマのなかの料理を比較してみることにより，何が不足し，何をとりすぎているのかがおおよそわかるようになっている。日常的な表現（例：ご飯（中盛り）だったら4杯程度）を併記することにより，「つ（SV）」を用いて数える1日量をイメージしやすくしている。水・お茶といった水分の重要性をコマの主軸として表し，「菓子・嗜好飲料」は食生活の楽しみとして欠かせないものとして位置づけ，全体のバランスを考えながら適度に摂取するという意味から，コマを回すためのヒモとして描かれている。これらすべての要素がバランスよく保たれたときに，コマは回転（運動）によって初めてバランスが確保できるという意味が込められている。

食事バランスガイドの基本形の対象者は「成人」とし，基本形の1日当たりのエネルギー量は2200±200kcalを想定しており，身体活動レベルが「ふつう」以上の成人女性（高齢者は除く）や身体活動レベルが低めの成人男性がここに含まれる。食事バランスガイドの食事計画への活用に当たっては，まず，対象者の性，年齢，身体状況，身体活動レベル等を把握し，望ましい食事のエネルギー量を決定した上で，各料理区分（主食・副菜・主菜等）の摂取の目安（つ（SV））を設定する（表1.6）。次に対象者のライフスタイルや各料理区分の特徴（主材料，栄養学的な位置づけ）等を考慮して，1日分の目安の量が朝・昼・夕（・間）食で無理なくとれるようにする。また食事の目的や季節，食費，調理時間，料理どうしの相性（主食・主菜・副菜やデザート，調味・調理法等）と対象者の嗜好等を考慮して，料理の組み合わせ，おいしい食事，楽しい食卓となるよう計画する。

表1.5　食生活指針

食生活指針	食生活指針の実践
食事を楽しみましょう。	•毎日の食事で，健康寿命をのばしましょう。 •おいしい食事を，味わいながらゆっくりよく噛んで食べましょう。 •家族の団らんや人との交流を大切に，また，食事づくりに参加しましょう。
1日の食事のリズムから，健やかな生活リズムを。	•朝食で，いきいきした1日を始めましょう。 •夜食や間食はとりすぎないようにしましょう。 •飲酒はほどほどにしましょう。
適度な運動とバランスのよい食事で，適正体重の維持を。	•普段から体重を量り，食事量に気をつけましょう。 •普段から意識して身体を動かすようにしましょう。 •無理な減量はやめましょう。 •特に若年女性のやせ，高齢者の低栄養にも気をつけましょう。
主食，主菜，副菜を基本に，食事のバランスを。	•多様な食品を組み合わせましょう。 •調理方法が偏らないようにしましょう。 •手作りと外食や加工食品・調理食品を上手に組み合わせましょう。
ごはんなどの穀類をしっかりと。	•穀類を毎食とって，糖質からのエネルギー摂取を適正に保ちましょう。 •日本の気候・風土に適している米などの穀類を利用しましょう。
野菜・果物，牛乳・乳製品，豆類，魚なども組み合わせて。	•たっぷり野菜と毎日の果物で，ビタミン，ミネラル，食物繊維をとりましょう。 •牛乳・乳製品，緑黄色野菜，豆類，小魚などで，カルシウムを十分にとりましょう。
食塩は控えめに，脂肪は質と量を考えて。	•食塩の多い食品や料理を控えめにしましょう。食塩摂取量の目標値は，男性で1日8g未満，女性で7g未満とされています。 •動物，植物，魚由来の脂肪をバランスよくとりましょう。 •栄養成分表示を見て，食品や外食を選ぶ習慣を身につけましょう。
日本の食文化や地域の産物を活かし，郷土の味の継承を。	•「和食」をはじめとした日本の食文化を大切にして，日々の食生活に活かしましょう。 •地域の産物や旬の素材を使うとともに，行事食を取り入れながら，自然の恵みや四季の変化を楽しみましょう。 •食材に関する知識や調理技術を身につけましょう。 •地域や家庭で受け継がれてきた料理や作法を伝えていきましょう。
食料資源を大切に，無駄や廃棄の少ない食生活を。	•まだ食べられるのに廃棄されている食品ロスを減らしましょう。 •調理や保存を上手にして，食べ残しのない適量を心がけましょう。 •賞味期限や消費期限を考えて利用しましょう。
「食」に関する理解を深め，食生活を見直してみましょう。	•子供のころから，食生活を大切にしましょう。 •家庭や学校，地域で，食品の安全性を含めた「食」に関する知識や理解を深め，望ましい習慣を身につけましょう。 •家族や仲間と，食生活を考えたり，話し合ったりしてみましょう。 •自分たちの健康目標をつくり，よりよい食生活を目指しましょう。

平成12年文部省，厚生省，農林水産省後，策定したものとなった。
平成28年6月一部改正

(4)　**健康日本21**

21世紀における第二次国民健康づくり運動「健康日本21」の推進について，平成12年3月，国（厚生省）として各地方自治体に，健康日本21の基本的考え方や今後の取り組み方針を通知し，生活習慣病及びその原因となる生活習慣

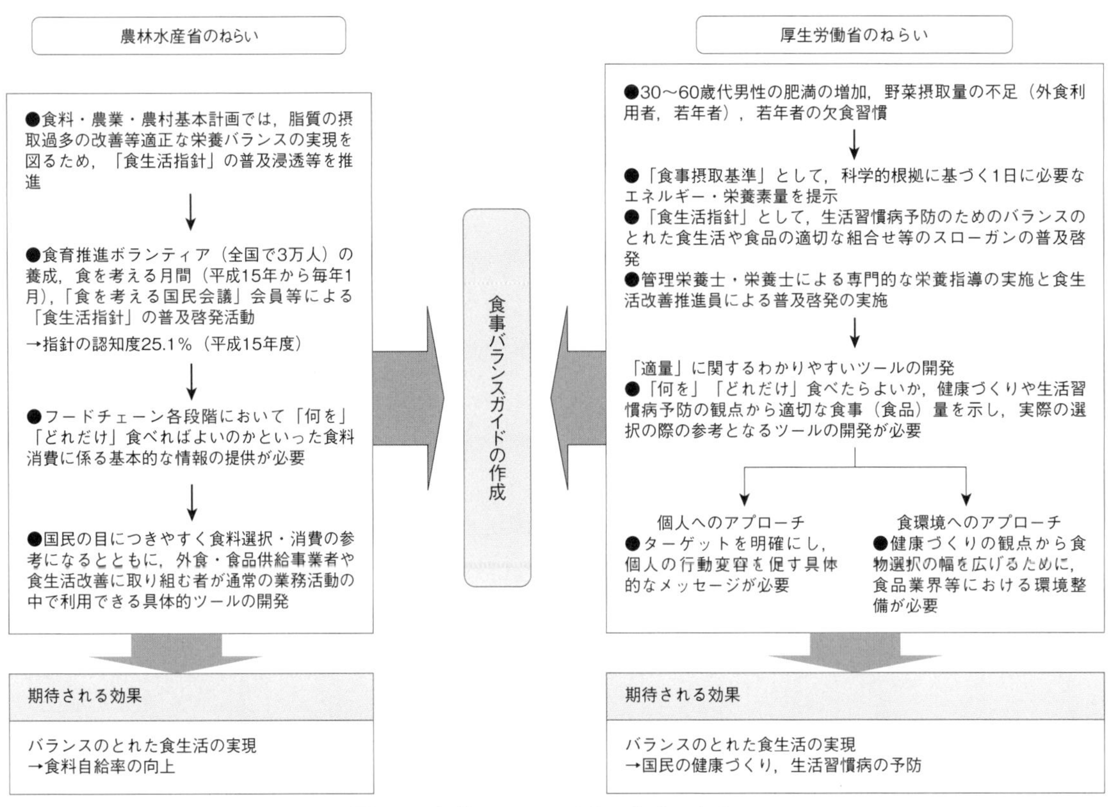

図 1.5　食事バランスガイド作成のねらい

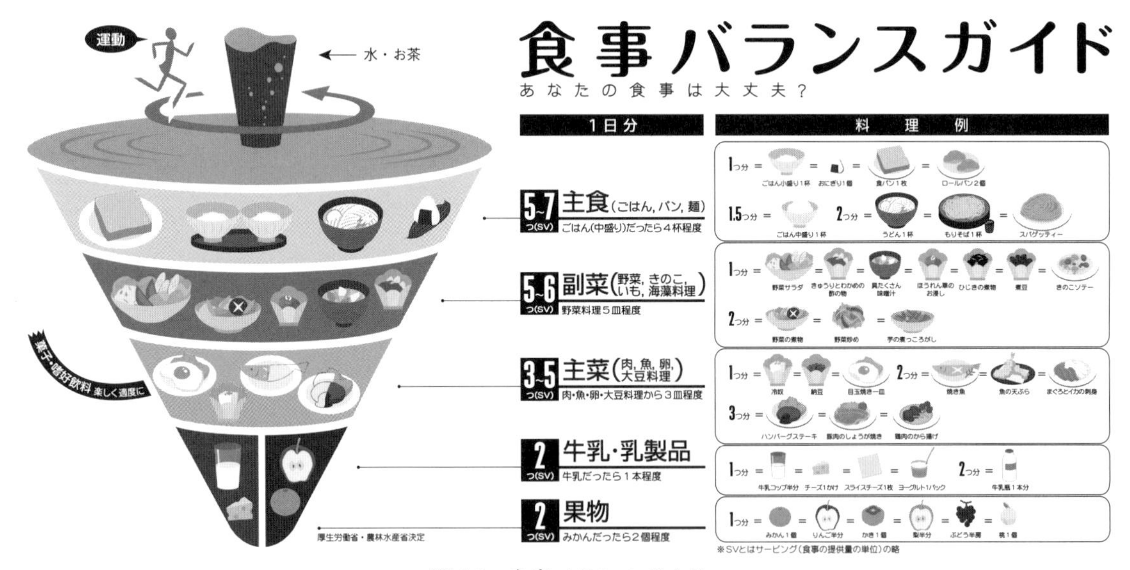

図 1.6　食事バランスガイド

等の課題について，９分野（栄養・食生活，身体活動と運動，休養・こころの健康づくり，たばこ，アルコール，歯の健康，糖尿病，循環器病，がん）ごとに平成22年度を目途とした「基本方針」，「現状と目標」，「対策」などを公表した。その後の

「健康日本21（第二次）」は，平成25年度からの10年間に実施する計画で，その基本となる方針や理念，具体的な目標などについては，健康増進法第7条に基づき厚生労働大臣が定める「国民の健康の増進の総合的な推進を図るための基本的な方針」の中に盛り込むこととした。具体的な改正内容は，第1に国民の健康の増進に関する基本的方向として，① 健康寿命の延伸と健康格差の縮小，② 主要な生活習慣病の発症予防と重症化予防の徹底（NCD（非感染性疾患）の予防），③ 社会生活を営むために必要な機能の維持・向上，④ 健康を支え，守るための社会環境の整備，⑤ 栄養・食生活，身体活動・運動，休養，飲酒，喫煙及び歯・口腔の健康に関する生活習慣及び社会環境の改善を国民運動として推進することとした。また国民の健康増進について全国的な目標をそれぞれ設定し，継続的に調査及び分析を行い，その結果を還元することにより，広く国民一般の意識の向上及び自主的な取り組みを支援するものである。

表 1.6　食事摂取基準（2010年版）による対象者特性別，料理区分における摂取の目安

単位：つ（SV）

〈対象者〉	〈エネルギー〉kcal	主食	副菜	主菜	牛乳・乳製品	果物
・6～9歳男女 ・10～11歳女子 ・身体活動量の低い12～69歳女性 ・70歳以上女性 ・身体活動量の低い70歳以上男性	1400 1600 1800 2000	4～5	5～6	3～4	2	2
・10～11歳男子 ・身体活動量の低い12～69歳男性 ・身体活動量ふつう以上の12～69歳女性 ・身体活動量ふつう以上の70歳以上男性	2000 2200 2400	5～7	5～6	3～5	2	2
・身体活動量ふつう以上の12～69歳男性	2400 2600 2800 3000	6～8	6～7	4～6	2～3	2～3

（厚生労働省・農林水産省，2010）

・1日分の食事量は，活動（エネルギー）量に応じて，各料理区分における摂取の目安（つ（SV））を参考にする。
・2200±200kcalの場合，副菜（5～6つ（SV）），主菜（3～5つ（SV）），牛乳・乳製品（2つ（SV）），果物（2つ（SV））は同じだが，主食の量と，主菜の内容（食料や調理法）や量を加減して，バランスの良い食事にする。
・成長期で，身体活動レベルが特に高い場合は，主食，副菜，主菜について，必要に応じてSV数を増加させることで適宜対応する。

2　献立作成と食事計画

現代の食生活は多様化し，食事の種類も目的別，料理様式別でさまざまであり，それぞれの食事に対応した対象者の給与栄養量を設定することによって具体的な食事計画を立てることができる。

(1)　基礎代謝量

基礎代謝量とは覚醒状態で必要な最小限のエネルギーであり，早朝空腹時に快適な室内（室温など）において安静仰臥位・覚醒状態で測定されるものである。成人（妊婦，授乳婦を除く，18歳以上）の推定エネルギー必要量（kcal/日）は基礎代謝量（kcal/日）に身体活動レベル（低い，ふつう，高い）を乗じて算出される（付表2～4）。

（例）18～29歳女性　1530×1.5＝2295≒2300kcal/日（丸め値）

1530×1.75＝2678≒2650

1530×2.00＝3050≒3050

(2)　栄養バランス

生体が外界から摂取するエネルギーは，生命機能や身体活動に利用され，その多くは最終的に熱として身体から放出される。エネルギー収支バランスは，エネルギー摂取量－エネルギー消費量として定義される。多くの成人では，長期間にわたって体重・体組成は比較的一定でエネルギー収支バランスがほぼゼロに保たれた状態にある。肥満者や低体重の者でも，体重，体組成に変化がなければエネルギー摂取量とエネルギー消費量は等しい。したがって，健康の保持・増進，生活習慣病予防の観点からは，エネルギー摂取量が必要量を過不足なく充足するだけでは不十分であり，望ましいBMIを維持するエネルギー摂取量（＝エネルギー消費量）であることが重要である。そのため，エネルギーの摂取量及び消費量のバランスの維持を示す指標としてBMIを採用している。エネルギー収支バランスはエネルギーの摂取量と消費量が等しい時，体重の変化はなく，健康的な体格（BMI）が保たれる。食事摂取基準（2015年版）から「エネルギー産生栄養素バランス（%エネルギー）」が新たに目標量として算定された。三大栄養素比率は「エネルギー産生栄養素バランス（%エネルギー）」に基づき，男女ともに年齢問わず，炭水化物50～65%，脂質20～30%，ただしタンパク質のみ，１歳～49歳は13～20%，50～64歳は14～20%，65歳以上は15～20%と設定した。そのほかの栄養素のビタミンA・B_1・B_2・C，カルシウム，鉄，食塩相当量，[*]食物繊維は不足する人の確率が低くなるように設定する。エネルギー摂取量は，食事の栄養組成（PFCの%エネルギー，食物繊維量）やその他の特性（味，色，テクスチャー，美味しさ），摂食パタン（ポーションサイズ，摂食速度，食事の時間帯，食品数）に影響を受け，それらが関連しあって摂食量に影響する。栄養バランスのよい食事計画を立てるには食事摂取基準を基に「日本食品標準成分表」を使って栄養価計算を行い，食事でエネルギーや栄養素の過不足が生じないよう計画する。

＊ 食塩相当量　ナトリウム量に2.54を乗じて算出され，この根拠は食塩(NaCl)を構成するナトリウム（Na）の原子量（22.989770）と塩素（Cl）の原子量（35.453）から算出したものである。NaClの式量/Naの原子量＝2.54…．

(3)　第３次食育推進基本計画

平成17年６月に「国民が生涯にわたって健全な心身を培い，豊かな人間性をはぐくむ」ことを目的として食育基本法（平成17年法律第63号）が制定された。その後，同法に基づき，「食育推進基本計画及び第２次食育推進計画」を平成18年度から27年度までの10年間にわたり，都道府県，市町村，関係機関，団体等多様な関係者とともに食育は推進し進展してきた。しかし，若い世代では健全な食生活に心がけている者が少なく，食に関する知識がない者が多く，朝食欠食の割合が高く，栄養バランスに配慮が足りず，健康や栄養に関する実践状況に課題が見受けられた。食育の観点からは健康寿命の延伸，食品ロス，食文化の継承なども国の重要課題となった。その後，食育に関する施策を総合的かつ計画的に推進していくために平成28年度から令和２年度までの５年間を期間とする第３次食育推進基本計画が作成された。今後取り組むべき５つの重点課題としては① 若い世代を中心とした食育，② 多様な暮らしに対応した食育，③ 健康寿命の延伸につながる食育の推進，④ 食の循環や環境を意識した食育，⑤ 食文化の伝承に向けた食育の推進を図ることとなった。

(4)　献立作成の手順

献立作成にあたって食環境，対象者のエネルギーや栄養素の給与目標量を満たす献立を作成するには，どの食品をどれくらい使用したらよいかの目安があると献立作成が行いやすい。食事摂取基準2010年版では食事計画を立てる上で考慮するエネルギーならびに栄養素の優先順位は① エネルギー，② タンパク質，③ 脂質，④ 日本食品標準成分表に収載されているその他の栄養素等の順が明記された。食事計画は対象者に提供する栄養計画に従って立てるが，その際，朝・昼・夕食の構成割合（配分）や食品群，* 提供時の食事形態（硬さ，大きさ等），献立の形態（主食，主菜，副菜等の組み合わせ），食数，食事時間，量，味，供食温度等も考慮して献立計画を考える。

1)　朝・昼・夕食の構成配分

栄養計画を立案する際，朝・昼・夕食から摂取する栄養素量を設定することにより，食事間の偏りを小さくすることができる。食品構成の目安となるエネルギー産生栄養素バランス（%エネルギー）を表1.7に示した。一人１日当たりの給与栄養目標量を決めた後，朝食・昼食・夕食の配分を対象者の食習慣や食生活実態によって３食均等配分あるいは朝食を少し軽くする方法がある。一般的には，朝食20～25%（2/8），昼食35～40%（3/8），夕食35～40%（3/8）の朝・昼・夕は１：1.5：1.5の配分がよく使用される。対象者の食習慣や食生活の実態に即して朝・昼・夕の構成配分を決めるとよい。

＊３色食品群：保育所や小学校での食教育で用いられている分類。赤群，黄群，緑群
４つの食品群：糖尿病食品交換表の中で用いられている分類
６つの基礎食品群：厚生労働省が推奨している食品群で中学校における食教育で用いられている分類
18食品群：日本食品標準成分表の分類
1群　穀類
2群　いも及びでんぷん類
3群　砂糖及び甘味類
4群　豆類
5群　種実類
6群　野菜類
7群　果実類
8群　きのこ類
9群　藻類
10群　魚介類
11群　肉類
12群　卵類
13群　乳類
14群　油脂類
15群　菓子類
16群　し好飲料類
17群　調味料及び香辛料類
18群　調理加工食品類

表1.7　エネルギー産生栄養素バランスの食事摂取基準（%エネルギー）

%エネルギー ＼ 年齢		幼児期（３～５歳）	成長期（６～17歳）	成人期（18～49歳）	成人期（50～64歳）	成人期 65歳以上
目標量[1,2]	炭水化物[5,6]	50～65%				
	穀類	50%程度	50～55%程度	50～60%		
	たんぱく質[3]	13～20%			14～20%	15～20%
	動物性たんぱく質	50%程度	45～50%	40～50%		
	脂質[4]	20～30%				

1　必要なエネルギー量を確保した上でのバランスとすること。
2　範囲に関してはおおむねの値を示したものであり，弾力的に運用すること。
3　65歳以上の高齢者について，フレイル予防を目的とした量を定めることは難しいが，身長・体重が参照体位に比べて小さい者や，特に75歳以上であって加齢に伴い身体活動量が大きく低下した者など，必要エネルギー摂取量が低い者では，下限が推奨量を下回る場合があり得る。この場合でも，下限は推奨量以上とすることが望ましい。
4　脂質については，その構成成分である飽和脂肪酸など，質への配慮を十分に行う必要がある。
5　アルコールを含む。ただし，アルコールの摂取を勧めるものではない。
6　食物繊維の目標量を十分に注意すること。
出所）図1.1一部改変。

2) 献立作成

献立作成に当たっては，生活環境，家族構成，経済状況，調理能力，嗜好を考慮する必要がある。献立計画では栄養バランス，見た目，おいしさを考慮した料理を作ることを目標にしながら「主食，主菜，副菜，副々菜，汁物，デザート」の順に組み合わせを考えると作成しやすい。主食と４品の副食（一汁三菜）が基本となる。① 主食は飯，粥などのコメ，パン，麺，パスタなどの小麦，炭水化物を多く含む食材を用いた料理で，主にエネルギーを摂取する。② 主菜は献立の核となる料理で魚介類，獣鳥肉類，卵類，大豆および加工品など良質タンパク質が主体となる食材を用いた料理で，主にタンパク質を摂取する。③ 副菜（および副々菜）は野菜類，イモ類，マメ類，キノコ類，藻類等を主材料とする料理であり，汁物は主食，主菜，副菜に調和して食事を満足させる役割が大きい料理で主にビタミン，ミネラル類を摂取するが，副菜からはタンパク質の補給も行う。④ デザート類は全体の栄養バランスを考慮して決めるとよい。

料理の組み合わせは，料理様式（和食，洋食，中華食，折衷食），調理法（焼く，煮る，揚げる，炒める，蒸す，煮込む，和えるなど）や季節感，彩りなども考慮して献立に変化をつけるとよい。また行事食や郷土食等を取り入れ，献立に変化をもたせる。主な行事食の献立例は表1.8に示した。毎年決まった日に行われる催しを年中行事といい，その日に供される料理を行事食という。平安時代に宮中で行われていた行事は，江戸時代になって大衆化し，行事食が儀式的なものと結びついて「ハレの食事」と呼ばれるようになり，これ以外の日常食を「ケの食事」と呼ぶようになった。生活様式や社会情勢の変化の中で，行事食の中には日本本来の行事とは関係のないものも含まれ，現在は折衷となっている。

○献立作成の手順（成人期18歳以上）例を以下に示す。

手順１（栄養比率を決める）

穀類%エネルギー（50～60%），動物性タンパク質%エネルギー（40～50%），脂質%エネルギー（20～30%）からそれぞれの比率を決定する。

手順２（穀類摂取量の算出）

穀類（コメ，パン，麺など）は主食が中心となる穀類%エネルギー（50～60%）から穀類のエネルギーを求め，穀類の純使用量を算出する。

手順３（動物性食品のタンパク質）

主菜の材料となる食品の動物性食品（肉類，魚介類，卵類，乳類など）は，タンパク質%エネルギー（13～20%）からタンパク質の純使用量を算出する。次に動物性タンパク質比（40～50%）から動物性食品の純使用量を算出する。

手順４（植物性食品タンパク質の算出）

表 1.8　主な行事食の献立例

月	日	行　事	主　な　料　理
1	1	元旦	屠蘇（とそ），おせち料理，雑煮
	7	七草がゆ	七草粥
	11	鏡開き	おしるこ，ぜんざい
	第二月曜日	成人の日	鯛姿焼，赤飯（祝膳），あずき粥，はまぐり，もち
2	3〜4	節分	打豆，めざし，豆まき，大豆ごはん，甘酒，しるこ，塩いわし，節分汁，とろろ汁，麦飯など
3	3	ひな祭り	白酒，魚介類料理，ひなあられ，ひなずし，桜もち，菱餅，桜羊かん，貝料理，精進料理
	20〜21	春分の日	精進料理（木の芽和え），ぼたもち，草もち，ちらしずし
4		花見	重箱料理
	8	花祭り	甘茶
		イースター	ゆで卵（色つき）
5	5	こどもの日（端午の節句）	祝膳（たけのこ料理，鯛料理，鯉料理），柏もち，ちまき
		遠足	行楽弁当
	第二日曜日	母の日	祝膳
6	第三日曜日	父の日	祝膳
7	7	七夕	そうめん，うどん，枝豆，バーベキュー，精進料理，笹の葉寿司
	第三月曜日	海の日	磯料理
8		土用の丑の日	うなぎ料理，どじょう料理，もち料理
	11	山の日	キャンプ料理
		お盆	精進料理，盆団子
		納涼（夏祭り）	そうめん，鮎の塩焼き，バーベキュー
9	第三月曜日	敬老の日	祝膳（栗おこわ，潮汁，鯛の塩焼き，炊き合わせ），海老料理，松竹梅料理，豆腐料理
		お月見	月見だんご，栗ご飯，栗，いも，果物（ぶどう，なし），きぬかつぎ（里芋）
	22〜23	秋分の日（彼岸）	おはぎ，まつたけご飯，精進料理
10	第二月曜日	体育の日	行楽弁当
11	3	文化の日	祝膳
	15	七五三	ちとせ飴，祝膳
	23	勤労感謝の日	祝膳
12	21〜22	冬至	かぼちゃ，柚子，干し柿・抹茶
	25	クリスマス	七面鳥，クリスマスケーキ，シャンパン，赤ひいらぎの実，緑の葉を用いる
	31	大晦日	年越しそば
その他		誕生日・記念日料理 出産祝料理（ハッピーディナー） イベントメニュー	個人の嗜好や TPO にふさわしい料理

副菜や主菜の付け合わせ，汁物の材料になる食品の植物性食品（緑黄色野菜，その他の野菜類，果実類，豆類，ミソ，イモ類，海藻類など）の純使用量を算出する。野菜は１日350g を目安に緑黄色野菜：その他の野菜＝１：２になるよう摂取量を決める。みそ汁一杯につき，ミソは15g が目安となる。

手順５（手順２〜手順４までのエネルギー量の算出）

穀類，動物性食品，植物性食品，使用量から栄養素量を算出し，エネルギー合計量を出す。

手順６（油脂類の算出）

手順５の給与栄養エネルギー量との差から，残りのエネルギーと脂質目標量の不足分をもとめ，油脂類の純使用量を算出する。ここまでのエネルギーを合計し給与栄養目標エネルギー量との差を求める。

手順7（砂糖類の算出）

残りのエネルギー量から砂糖類の純使用量を算出する。

手順8（栄養価計算）

各食品の純使用量の栄養価を算出し，合計値を求める。
給与栄養目標量，エネルギー産生栄養素バランス（%エネルギー）との一致状況を確認し，過不足が大きい場合（±10%以上）は調整する。なお，ビタミンについては調理による損失[*1]を考慮する。1日単位で基準量を合わせることは献立に変化をつけにくく現実的でないため，2～4週間単位の平均値が基準値に近づくように調整し献立作成を行う。

＊1 ビタミン　ビタミン類の調理による損失率（目安）を以下に示す。
ビタミンA　20%
ビタミンB_1　30%
ビタミンB_2　25%
ビタミンC　50%
→14ページ側注参照。

Ⅱ　日本食品標準成分表の活用

食品成分表[*2]の目的

日本食品標準成分表（以下「食品成分表」という）は1950年（昭和25年）に初めて公表されて以降，食品成分に関する基礎データを提供する役割を果たしてきた。この食品成分表は，学校給食，病院給食等の給食管理，食事制限，治療食等の栄養指導面はもとより，国民の栄養，健康への関心の高まりとともに，一般家庭における日常生活面においても広く利用されている。また，行政面でも厚生労働省における日本人の食事摂取基準（以下「食事摂取基準」という）の策定，国民健康・栄養調査等の各種調査及び農林水産省における食料需給表の作成等の様々な重要施策の基礎資料として活用されている。さらに，高等教育の栄養学科，食品学科及び中等教育の家庭科，保健体育等の教育分野や，栄養学，食品学，家政学，生活科学，医学，農学等の研究分野においても利用されている。5年ぶりに全面改定が行われ，現在は日本食品標準成分表2020年版（八訂）が公表されている。加えて，2020年4月に完全施行された食品表示法に基づく加工食品の栄養成分表示制度においては，表示を行

＊2 食品成分表　食品成分表は，幅広い利用目的に対応できるよう，分析値，文献値等を基に標準的な成分値を定め，1食品1標準成分値を原則として収載している。

コラム1　脂肪酸

- 飽和脂肪酸（S），一価不飽和脂肪酸（M）多価不飽和脂肪酸（P）の比率は概ね3：4：3とする。
  S：パルミチン酸（たいていの油脂に含有），ステアリン酸（豚脂など），ラウリン酸（ヤシ油），アラキジン酸（落花生油），カプリル酸（バター脂）
  M：オレイン酸（植物油に多く含まれ，特にオリーブ油に含まれる）
  P：リノール酸（サフラワー油，植物油），リノレン酸（植物油）
- P/S比＝1～2
- n-6系多価不飽和脂肪酸／n-3系多価不飽和脂肪酸は4：1が望ましい。
  n-6系多価不飽和脂肪酸：リノール酸（植物油）
  n-3系多価不飽和脂肪酸：α-リノレン酸（植物油），エイコサペンタエン酸（EPA，魚類）ドコサヘキサエン酸（DHA，魚類）

う食品事業者が栄養成分を合理的に推定するための基礎データとして頻繁に利用されている。このように食品成分表は，国民が日常摂取する食品の成分に関する基礎データとして，関係各方面での幅広い利用に供することを目的としている。

全面改訂版の特徴

①食品成分表2015年版に七訂追補等で新たに収載又は成分値を変更した食品の成分値をすべて反映し，七訂追補等での原材料となる食品の成分値の変更等を踏まえた変更を行い，全体の整合を図った。②食品成分表2015年版以降の主要な一般成分に対する組成に基づく成分値の充実を踏まえ，これまで食品毎に修正 Atwater 係数等の種々のエネルギー換算係数を乗じて算出していたエネルギーについて，FAO/INFOODS が推奨する組成成分を用いる計算方法を導入して，エネルギー値の科学的推計の改善を図った。③このほか，調理後の食品に対する栄養推計の一助とするため，調理の概要と質量変化の記録及び18群に収載する**調理済み流通食品**＊の成分値等の情報の充実を図った。なお，タンパク質，脂質及び炭水化物（利用可能炭水化物，糖アルコール，食物繊維，有機酸）の組成については，別冊として，日本食品標準成分表アミノ酸成分表2020年版」，同脂肪酸成分表2020年版及び同炭水化物成分表2020年版の３冊を同時に作成した。

＊ 調理済み流通食品類　調理済み流通食品類の全般に通じる主な事項は，①従来18群の内容を改め，食品会社が製造・販売する工業的な調理食品及び配食サービス事業者が製造・販売する調理食品を「調理済み流通食品」とした。②「調理済み流通食品」のうち，原則，日本農林規格等の公的な規格基準のあるもの及び流通量の多いものとした。③家庭内で食事の副食（主菜，副菜）として利用される「そう菜」を含む。

(1)　食品の分類

1)　収載食品

a　食品群の分類及び配列

食品群の分類及び配列は食品成分表2015年版を踏襲し，植物性食品，キノコ類，藻類，動物性食品，加工食品の順に並べ，18食品群に分類している。なお，食品成分表2015年版の「18調理加食品類」を「調理済み流通食品類」に名称変更した。

b　収載食品の概要

収載食品については，一部食品名及び分類の変更，名称や分類の変更が行なわれた。収載食品数は，食品成分表2015年版より287食品増加し，2,478食品となった。

① 原材料的食品：「生」，「乾」など未調理食品を収載食品の基本とし，摂取の際に調理が必要な食品の一部について，「ゆで」，「焼き」等の基本的な調理食品，刺身，天ぷら等の和食の伝統的な料理，から揚げ，とんかつ等の揚げ物も収載された。

② 加工食品：原材料の配合割合，加工方法により成分値に幅がみられるので，生産，消費の動向を考慮し，可能な限り代表的な食品が選定された。

また，和え物，煮物等の和食の伝統的な調理をした食品について，原材料の配合割合等の参考情報とともに，料理としての成分値が収載された。

c　食品の分類，配列と食品番号および索引番号

収載食品＊1の分類は大分類，中分類，小分類及び細分の４段階である。食品の大分類は原則として生物の名称をあて，五十音順に配列した。大分類の前に副分類 <　> を設けて食品群を区分し，大分類は（　），中分類［　］及び小分類は，原則として原材料的なものから順次加工度の高いものの順に表示している。食品番号は５桁とし，初めの２桁は食品群，次の３桁を小分類又は細分としている。なお，食品番号は五訂成分表（2000年）の後に新たに追加された食品に対しては，食品群ごとに下３桁の連番を付し，索引番号（通し番号）も各食品に付している。

＊1 収載食品名　原材料的食品の名称は学術名又は慣用名を採用し，加工食品の名称は一般名称や食品規格基準等において公的名称を勘案して採用している。また，別名備考欄に記載。

d　収載成分項目及び数値の表示方法

食品成分表2015年版からの変更点では，エネルギーは，原則として組成成分値にエネルギー換算係数を乗じて算出する方法に見直された。タンパク質，脂質，炭水化物と利用可能炭水化物（単糖当量）の表頭項目の配列を見直し，エネルギー計算の基礎となる成分がより左側になるよう配置し，新たにエネルギー産生成分とした糖アルコール，**食物繊維総量**＊2，有機酸についても表頭項目として配置された。

①項目の配列：廃棄率，エネルギー，水分，タンパク質，脂質，炭水化物，有機酸，灰分，無機質，**ビタミン**＊3，その他（アルコール及び食塩相当量），備考の順となっている。

②数値の表示：すべて可食部100g当たりの値とし，数値の表示方法は，廃棄率の単位は質量％とし，10未満は整数，10以上は５の倍数で表示されている。エネルギーの単位は整数，一般成分の水分，タンパク質，脂質，利用可能炭水化物（単糖当量），利用可能炭水化物（質量計），差引き法による利用可能炭水化物，食物繊維総量，糖アルコール，炭水化物，有機酸及び灰分は小数第１位とし，その他の栄養素ごとに最小表示の位が決まっている（付表37）。「-」は未測定，「０」は食品成分表の最小記載量の１/10（ヨウ素，セレン，クロム及びモリブデンにあっては３/10，ビオチンにあっては４/10。以下同じ）未満又は検出されなかったこと，「Tr（微量，トレース）」は最小記載量の１/10以上含まれているが５/10未満，ただし，食塩相当量の０は算出値が最小記載量（0.1g）の５/10未満であることを示している。食塩相当量は，ナトリウム量に2.54を乗じて算出されている。

食塩相当量(g)＝ナトリウム(mg)×１/1000(g/mg)×2.54

NaClの式量／Naの原子量＝(22.989770＋35.453)/22.989770＝2.54…

＊2 食物繊維総量　食物繊維の分析法別の成分値及び水溶性食物繊維，不溶性食物繊維等の成分項目については，炭水化物成分表2020年版に記載されている。

＊3 ビタミン　脂溶性ビタミンとして，ビタミンA（レチノール，α-及びβ-カロテン，β-クリプトキサンチン，β-カロテン当量及びレチノール活性当量），ビタミンD，ビタミンE（α-，β-，γ-及びδ-トコフェロール）及びビタミンK，水溶性ビタミンとして，ビタミンB1，ビタミンB2，ナイアシン，ビタミンB6，ビタミンB12，葉酸，パントテン酸，ビオチン及びビタミンCに分類されている。
→12ページ側注参照。

e　**廃棄率**[*1]**及び可食部**

廃棄率は，原則として，通常の食習慣において廃棄される部分を食品全体あるいは購入形態に対する質量の割合（%）で示し，廃棄部位を備考欄に記載している。可食部は，食品全体あるいは購入形態から廃棄部位を除いたものである。

*1 廃棄率
廃棄率(%)
$= \frac{元の質量 - 可食部質量}{元の質量} \times 100$

f　**エネルギー**

食品のエネルギー値は，原則として，FAO/INFOODSの推奨する方法に準じて，可食部100g当たりのアミノ酸組成によるタンパク質，脂肪酸のトリアシルグリセロール当量，利用可能炭水化物（単糖当量），糖アルコール，食物繊維総量，有機酸及び**アルコール**[*2]の量（g）に各成分のエネルギー換算係数を乗じて，100gあたりのkJ及びkcalを算出し，収載値としている。

*2 アルコール　従来と同様，エネルギー産生成分と位置付け，し好飲料及び調味料に含まれるエチルアルコールの量を収載している。

g　**食品の調理条件**

食品の調理条件は，一般的な調理（小規模調理）を想定して，基本的な条件を定めた。加熱調理は，水煮，ゆで，炊き，蒸し，電子レンジ調理，焼き，油いため，ソテー，素揚げ，天ぷら，フライ及びグラッセ等，非加熱調理は，水さらし，水戻し，塩漬及びぬかみそ漬等と収載している。

h　**調理に関する計算式**

調理に関する主な計算式を以下に示す。

① 重量変化率(%)＝調理後の同一試料の質量/調理前の試料の**質量**[*3]×100

② 調理による成分変化率(%)＝調理した食品の可食部100g当たりの成分値×重量変化率(%)÷調理前の食品の可食部100g当たりの成分値

調理した食品の成分値の可食部100g当たりの成分値＝調理前の食品の可食部100g当たりの成分値×調理による成分変化率(%)÷重量変化率(%)

③ 調理した食品全質量に対する成分量(g)＝調理した食品の成分値(g/100gEP)×(調理前の可食部質量(g)÷100(g))×(重量変化率(%)÷100)

④ 購入量：廃棄部を含めた原材料質量(g)＝調理前の可食部質量(g)×100÷(100－廃棄率(%))

*3 質量　「質量」と「重量」国際単位系（SI）では，単位記号にgを用いる基本量は質量であり，重量は，力（force）と同じ性質の量を示し，質量と重力加速度の積を意味する。2020年版では教育面での普及もあり，「質量」を使用する。

i　**活用に当たっての基本的留意点**

成分表を活用する上での留意点は，以下のとおりである。緑黄色野菜は原則として可食部100g当たりのカロテン含量600μg以上のものをいうが，カロテン含量が600μg未満であっても，トマトやピーマンなどの野菜は摂取量及び頻度等を勘案の上，栄養指導上，緑黄色野菜とする（表1.9）。

(2)　献立作成のシステム化

作成された献立については，表1.11を参考に献立内容の評価を行う。
献立作成のシステム化は，献立作成の効率を考慮したものであり，利用価値の高い献立を作成することが目的である。近年，栄養管理や献立作成が可能

表 1.9　緑黄色野菜

あさつき	しゅんぎく	洋種なばな	ブロッコリー
あしたば	すぐきな	（にら類）	ほうれんそう
アスパラガス	せり	にら	みずかけな
いんげんまめ（さやいんげん）	タアサイ	花にら	みずな
エンダイブ	（だいこん類）	（にんじん類）	（みつば類）
（えんどう類）	かいわれだいこん	葉にんじん	切りみつば
トウミョウ	葉だいこん	にんじん	根みつば
さやえんどう	だいこん（葉）	きんとき	糸みつば
おおさかしろな	（たいさい類）	ミニキャロット	みぶな
おかひじき	つまみな	（にんにく類）	めキャベツ
オクラ	たいさい	茎にんにく	めたで
かぶ（葉）	たかな	（ねぎ類）	モロヘイヤ
（かぼちゃ類）	たらのめ	葉ねぎ	ようさい
日本かぼちゃ	チンゲンサイ	こねぎ	よめな
西洋かぼちゃ	つくし	のざわな	よもぎ
からしな	つるな	のびる	リーキ
ぎょうじゃにんにく	つるむらさき	パクチョイ	ルッコラ
キンサイ	とうがらし（葉，果実）	バジル	（レタス類）
クレソン	（トマト類）	パセリ	サラダな
ケール	トマト	（ピーマン類）	リーフレタス
こごみ	ミニトマト	青ピーマン	サニーレタス
こまつな	とんぶり	赤ピーマン	サンチュ
さんとうさい	ながさきはくさい	トマピー	わけぎ
ししとう	なずな	ひのな	
しそ（葉・実）	（なばな類）	ひろしまな	
じゅうろくささげ	和種なばな	ふだんそう	

注）食品群別順。従来「緑黄色野菜」として分類されているものに，「五訂成分表」において可食部100g 当たりカロテン含量600μg 以上のものを追加したもの。なお，食品名は『日本食品標準成分表2015年版（七訂）』に統一した。
資料）健習発1220第２号　平成22年12月20日「『日本食品標準成分表2010』の取扱いの留意点について」別表，『日本食品標準成分表2015年版（七訂）』

表 1.10　献立内容の評価

	評　価　項　目
Ⅰ	①食事の種類と特徴の確認 ②対象者の栄養摂取量の確認，とくに考慮すべき項目があれば確認 ③食品構成について，各食品群が適量使用されているか ④朝，昼，夕の３食の配分は適切か，偏りすぎてはいないか ⑤主食，主菜，副菜，汁物，デザートなどの確認
Ⅱ	①調味料・香辛料の確認 ②食品と料理の組み合わせ，料理形態は適切か ③調理工程，調理機器の使用に無理はないか ④調理時間は適当か ⑤適温配膳ができるか
Ⅲ	①盛りつけの食器，料理の配色，食感は適切か ②食後の満足度はどうか
Ⅳ	食事摂取基準についての評価 ①各栄養素の充足率，②PFC 比，③アミノ酸スコア，④脂肪酸組成等

出所）川端晶子・大羽和子編：健康調理学，学建書院（2007）を改変。

な学校給食管理システム，医療施設において使用される疾病別の献立作成システム，多くの料理データが入力されている献立システムなど市販のコンピュータソフトが広く活用されている。

(3)　対象に適した食事対応

1)　乳児期

誕生から満１歳未満までの期間は乳児期に分類され，「食事摂取基準」の年齢区分ではこの時期を０～５（月），６～８（月），９～11（月）の３区分に分けている。一生のうちで最も身体的発育の著しい時期で栄養の質・量のバランスが適切でない場合には健康保持や発育に支障をきたす。食形態は乳汁[*1]から固形食に移行する。離乳期は食事や生活リズムが形づくられる時期であることから生涯を通じた望ましい生活習慣の形成や生活習慣病予防の観点も踏まえることが大切である。離乳食[*2]は以後の食生活の土台となるので，栄養，味付け，食品の組み合わせなどに配慮し，食事を通して豊かな心と好ましい食習慣が形成されるように配慮する。蜂蜜は乳児ボツリヌス症を引き起こすリスクがあるため，１歳を過ぎるまでは与えない。

2019年３月厚生労働省は「授乳・離乳の支援ガイド」を改定した。このガイドの基本的考え方は授乳及び離乳を通じた育児支援の視点を重視している。離乳の支援の方法として離乳の進め方の目安（図1.7）が発表されている。

2)　幼児期

１歳から６歳未満の時期は幼児期に分類され，「食事摂取基準」の年齢区分ではこの時期を１～２（歳）と３～５（歳）の２区分に分けている。この時期の食体験が成人してからの嗜好，食経験，マナーに大きな影響を与えるとされ，味覚形成の基礎も築かれる。身体的，精神的に健全な発育を促すのに必要な栄養を十分に満たす食事構成とする。

食事はタンパク質源の肉，魚，卵，大豆製品など多くの種類の食品をバランスよく与え，咀嚼力を育てるために野菜料理を加える。調味は薄味にし，消化吸収の機能が未熟なため，３回の食事のほかに１日のエネルギーの10～20%を間食[*3]で補充する。食事性アレルギー対象者には，とくに集団生活で摂取する給食など外食での対応も考慮しなければならない。

*1 乳　汁　母乳栄養，人工栄養，混合栄養がある。平成30年８月８日に乳児用調製液状乳（以下「乳児用液体ミルク」という。）の製造・販売等を可能とするための改正省令（厚生労働省令第106号）等が公布された。特別用途食品における乳児用液体ミルクの許可基準等が設定され，事業者がこれらの基準に適合した乳児用液体ミルクを国内で製造・販売することが可能となった。乳児用液体ミルクは，液状の人工乳を容器に密封したものであり，常温での保存が可能なものとされている。

*2 離乳食
- 離乳期は咀嚼や嚥下の練習期間でもあるので，目安として，離乳食は生後５・６カ月頃から開始し，段階を経て12～18カ月頃までに完了する。
- 卵白はアレルゲンとなるため卵黄から与える。蜂蜜及び蜂蜜を含む食品は１歳未満の乳児には与えない。１歳未満の乳児は腸内環境が整っていないために蜂蜜を食べることによって乳児ボツリヌス症にかかることがある。ボツリヌス菌は熱に強いので，通常の加熱や調理では死なない。
- 牛乳は組成が乳児の消化機能，腎機能に負担がかかるので，離乳完了期から使用する。
- 母乳または育児ミルクは一人ひとりの子どもの離乳の進行及び完了の状況に応じて与える。
- 離乳の完了は母乳または育児ミルクを飲んでいない状態を意味するものではない。

*3 間　食　幼児期は消化機能も増強されてくるが，１回の食事量に限界があるので「おやつ」としての間食（補食）は食事で不足がちなエネルギーや各栄養素の摂取となる食事の一環として考える。

コラム２「調理した食品の成分値」を用いた栄養価計算式

「調理した食品」の栄養価は，各食品の調理後の100g当たりの成分値で記されていることに留意し，「調理した食品の成分値」と「調理前の可食部重量」，さらに「重量変化率」を用いて計算すれば，実際の摂取栄養量に近似する。

- 調理前の食品全量（ホウレンソウ80g）に対する調理後（お浸し）のビタミンＣ含量＝

$$\text{調理した食品の成分値19mg} \times \frac{\text{調理前の可食部重量mg}}{\text{100g}} \times \frac{\text{重量変化率（70\%）}}{100} = \text{11mg}$$

（ホウレンソウの葉・生のビタミンＣ：35mg/100g，葉・ゆでのビタミンＣ：19mg/100g）

- 残存率＝(調理した食品の成分値19mg×重量変化率0.7)÷生の成分値35mg×100＝38%

		離乳の開始 →			離乳の完了
		以下に示す事項は，あくまでも目安であり，子どもの食欲や成長・発達の状況に応じて調整する。			
		離乳初期 生後5～6か月頃	離乳中期 生後7～8か月頃	離乳後期 生後9～11か月頃	離乳完了期 生後12～18か月頃
食べ方の目安		○子どもの様子をみながら１日１回１さじずつ始める。 ○母乳や育児用ミルクは飲みたいだけ与える。	○１日２回食で食事のリズムをつけていく。 ○いろいろな味や舌ざわりを楽しめるように食品の種類を増やしていく。	○食事リズムを大切に，１日３回食に進めていく。 ○共食を通じて食の楽しい体験を積み重ねる。	○１日３回の食事リズムを大切に，生活リズムを整える。 ○手づかみ食べにより，自分で食べる楽しみを増やす。
調理形態		なめらかにすりつぶした状態	舌でつぶせる固さ	歯ぐきでつぶせる固さ	歯ぐきで噛める固さ
１回当たりの目安量					
Ⅰ	穀類（g）	つぶしがゆから始める。 すりつぶした野菜等も試してみる。 慣れてきたら，つぶした豆腐・白身魚・卵黄等を試してみる。	全がゆ 50～80	全がゆ 90～軟飯80	軟飯80～ ご飯80
Ⅱ	野菜・果物（g）		20～30	30～40	40～50
Ⅲ	魚（g）		10～15	15	15～20
	又は肉（g）		10～15	15	15～20
	又は豆腐（g）		30～40	45	50～55
	又は卵（個）		卵黄1～ 全卵1／3	全卵1／2	全卵1／2～ 2／3
	又は乳製品（g）		50～70	80	100
歯の萌出の目安			乳歯が生え始める。	１歳前後で前歯が８本生えそろう。	離乳完了期の後半頃に奥歯（第一乳臼歯）が生え始める。
摂食機能の目安		口を閉じて取り込みや飲み込みが出来るようになる。 	舌と上あごで潰していくことが出来るようになる。 	歯ぐきで潰すことが出来るようになる。 	歯を使うようになる。

※衛生面に十分に配慮して食べやすく調理したものを与える

図 1.7　離乳の進め方の目安

出所）厚生労働省：授乳・離乳の支援ガイド，2019年３月公表

3）学童期

小学生を中心とする時期は，発育速度がゆるやかであるが運動量が増し，内臓器官の機能が発達することから学童期に分類され，「食事摂取基準」の年齢区分ではこの時期を６～７（歳），８～９（歳），10～11（歳）の３区分に分けている。この時期は成人後の体位にも影響するので，成長に必要な栄養素，必須アミノ酸，ビタミン類，無機質（主にCa，Fe）が不足しないよう配慮する。また学校給食[*1]が始まり，食習慣完成の時期でもあるから，３度の食事は規則正しく，欠食を避け，特に朝食，昼食を充実させる。砂糖や脂質，食塩の多いスナック類の間食は肥満症，[*2]虫歯，貧血の原因となるので留意する。学童期以降の肥満症は成人の肥満症へ移行しやすい。

4）思春期

中学生から高校生にかけて身体機能面で充実する時期で，男女の性差が顕著に現われる。12～14（歳）は男女ともに鉄[*3]の要求量が高く，男女ともに鉄欠乏性貧血に陥りやすい。

身体諸機能の発育は緩慢になるが，男子ではエネルギー所要量が最も多く，それに伴ってビタミンB_1，B_2などの消費量も増大する。女子はダイエット

＊1 学校給食　児童の成長・発育を考慮した「学校給食実施基準」（文部科学省）が定められ，この基準をもとに献立を作成し，給食が提供されている。

＊2 肥満症　近年の生活習慣病調査（東京都予防医学協会）によると，肥満傾向にある児童は高血圧が0.5～1.0%，脂質異常症が15%あることが認められている。

＊3 鉄　鉄の推奨量
男子　10.0mg/日
女子　月経なし8.5mg/日，月経あり12.0mg/日

による食事量の不足や栄養素のバランスを欠く事例もみられる。また，この時期は受験などを控えて食生活が不規則になりがちである。夜食は１日に必要なエネルギー量の10％程度に留める。

5）　成人期

20歳ころより成人として扱われることが多いが成人期の明確な定義はない。30歳ころを機に身体機能は衰退に入る。この時期は生活環境が多様化し，仕事中心の生活になりがちで，不規則な生活，運動不足，食事のアンバランス，ストレスなどが原因で生じる生活習慣病や慢性疾患に罹り易い。

生活習慣病を発症させないために，成人期の初期段階から食生活への継続的配慮が必要で，適正な栄養摂取と運動，休息を心がける。成人期半ばから，肥満症，高血圧症，糖尿病などの持病をもつ人が多くなるので，食生活には特に留意する。成人期の後半になるにつれて，生理的に必要なタンパク質，エネルギー量ともに減少傾向になる。

6）　高齢期

わが国では急速に高齢化が進展しており，高齢者の低栄養予防やフレイルとそれに関連するサルコペニアの予防が注目されている。高齢期は65～74歳

コラム３　日本料理・西洋料理の献立の変遷

日本料理は最も古くからある本膳料理，室町時代の茶事から派生した懐石料理（茶懐石料理），江戸時代に酒の宴席のもてなし料理であった会席料理の３つの流れがある。本膳の一汁三菜が現在の献立の基本として残っている。その他，精進料理（禅宗の僧侶が中国で習得した調理法で始まり，五法・五味・五色の組み合わせおよび季節感をもたせる），普茶料理（中国の僧隠元が中国の精進料理を教え，寺で人々に供したことに始まる。），卓袱料理（長崎で発達した料理で円卓を囲い，盛りあわせた料理を銘々で取り分けて食べる中国式食事様式である。）がある。

西洋料理はわが国独特の欧米料理の総称。代表はフランス料理である。フランス料理はエジプトに端を発し，ローマ帝国の料理を基盤とし，その後オスマントルコ，新大陸を発見したスペイン料理の影響も受けながら現在世界を代表する料理となった。西洋料理は大別すると英米料理，ラテン系料理に分けられる。

コラム４　行事食と世界の食に関するユネスコ無形文化遺産

年中行事は毎年決まった日に行われる催しをといい，その日に供される料理を行事食という。表1.8に主な行事食の例を示した。日本では平安時代に宮中で行われていたが，江戸時代に入り，広く大衆に広まり定着していった。行事食は「ハレの食事」と呼ばれるようになり，それ以外の日常食を「ケの食事」と呼ぶようになった。 平成25年12月に食に関するユネスコ無形文化遺産に「フランスの美食術」「地中海料理」「メキシコの伝統料理」，トルコの「ケシケキの伝統」に加え，「和食」が，世代を超えて受け継がれてきた慣習であることや，日本各地で「和食」の保護のための取り組みが行われていることなどが評価されて登録に至った。和食の４つの特徴は①多様で新鮮な食材とその持ち味の尊重，②健康的な食生活を支える栄養バランス，③自然の美しさや季節の移ろいの表現，④正月などの年中行事との密接な関わりがあることが明示された。そのほか，韓国の「キムジャン: キムチの製造と分配」，トルコの「トルココーヒーの文化と伝統」，グルジアの「クヴェヴリ」が新たに登録されている。

を前期高齢者，75歳以上を後期高齢者の２区分に分類される。一般に内臓器官が弱まり，歯の欠損による咀しゃく力やえん下機能低下，味覚・嗅覚・視覚など感覚機能の衰退，日常身体活動量の減少に伴う食欲不振，味覚閾値の上昇などがみられるが，この時期の健康状態には個人差が大きい。タンパク質の不足と動物性脂肪の過剰摂取に留意し，大豆製品，緑黄色野菜，海藻，牛乳などを摂り，タンパク質と微量栄養素が質的に充実する食事とする。調理操作では，切り方や加熱の方法で食べやすくし，やわらかい食事とする工夫も必要である。

咀しゃく・えん下困難の場合は，水のようにさらっとした液体にとろみ調製食品を用いて粘度をつけたり，刻み食やミキサー食にゲル化剤を用いてゼリー状に固めるなどの「介護食」[*1]や「えん下食」や「ソフト食」[*2]に切り替える配慮が必要である。食事は生活の楽しみとしての比重が高まるので，嗜好を尊重しながら適切な栄養摂取を心がける。

*1 介護食　小田原の潤生園で開発された摂食・嚥下機能が低下した高齢者のための食事である。

*2 えん下食やソフト食　介護食や病院や施設の状況に合わせて考えられた摂食機能が低下した高齢者のための食事の名称。

7）妊娠・授乳期

妊娠初期には「つわり」，妊娠中期から後期には子宮の増大による腸管の圧迫とプロゲステロンの増加による「胃もたれ」や「胸やけ」，「便秘」など大部分が一過性の症状が出現する。胎児の発育のため，また，妊娠・分娩・授乳・育児による母胎の消耗を補うために，エネルギー，タンパク質，カルシウム，鉄，ビタミン類などを多く摂取する。身体活動レベル別エネルギー，タンパク質必要量など栄養量をベースに，妊娠・授乳による付加量（「日本人の食事摂取基準」を参照）を加算して献立を立てる。

8）スポーツ栄養

スポーツ活動に伴う消費エネルギーの増大，筋肉・臓器など組織機能の補強のための栄養素の摂取，発汗などの生理状態に対応した食事管理が必要となる。脂肪エネルギー比は25～30％を基準とする効率的なエネルギーが摂取できるように工夫する。良質のタンパク質が不足しないように食品を選択し，無機質とのバランスを考えた水分補給などに配慮して，運動時に適応する献立とする。

参考図書

「日本人の食事摂取基準（2020年版）」策定検討会報告書（案），2019厚生労働省：https://www.mhlw.go.jp/stf/shingi2/0000209592_00004.html（2020.1.9）

菱田明・佐々木敏：日本人の食事摂取基準，厚生労働省「日本人の食事摂取基準（2015年版）」策定検討会報告書，第一出版（2014）

第一出版編集部編：日本人の食事摂取基準，厚生労働省「日本人の食事摂取基準（2010年版）」策定検討会報告書，第一出版（2009）

農林水産省：食生活指針（平成28年６月一部改正），2016　http://www.maff.go.jp/j/syokuiku/shishinn.html（2019.11.28）

日本栄養士会監修　武見ゆかり，吉池信男：「食事バランスガイド」を活用した栄養教育・食育実践マニュアル第3版，第一出版（2018）
健康日本21（第二次）国民の健康の増進の総合的な推進を図るための基本的な方針の全面改正：厚生労働省，2011，https://www.mhlw.go.jp/stf/seisakunitsuite/bunya/kenkou_iryou/kenkou/kenkounippon21.html（2020.1.9）
第3次食育推進基本計画：農林水産省，2017，https://www.maff.go.jp/j/syokuiku/dai3_kihon_keikaku.html（2020.1.10）
日本食品標準成分表2015年版（七訂）：文部科学省科学技術・学術審議会資源調査分科会報告，全官報2015
日本食品標準成分表2015年版（七訂）追補2018年：文部科学省科学技術・学術審議会資源調査分科会報告，全官報2018
授乳・離乳の支援ガイド：「授乳・離乳の支援ガイド」改定に関する研究会 厚生労働省，2019，https://www.mhlw.go.jp/content/000497123.pdf（2020.1.10）
小沼博隆・横山理雄片：医療食・介護食の調理と衛生，42サイエンスフォーラム（2002）
三輪里子監修　飯田文子，赤井恵子編：改訂版　あすの健康と調理　食を通して豊かなLife styleを，アイ・ケイコーポレーション（2013）

2　食品素材の調理による変化とサイエンス

I　植物性食品

I－1　炭水化物を多く含む食品素材のサイエンス

1　炭水化物の種類と調理過程の変化

炭水化物（糖質）は，地球上でもっとも多量に存在する有機化合物である。現在では，炭水化物に代わって，糖質というのが一般的であるが，食品成分表などではこれまでの経緯から炭水化物の名称が使われている。

炭水化物は，単糖類，オリゴ糖（少糖類），多糖類に分類（表2.1）される。穀類，イモ類，野菜類，海藻類などの植物性食品に多く含まれ，栄養的にはエネルギー源になるものが多い。セルロースやペクチンなどはエネルギー源にならないが，食物繊維として大きな役割を果たしている。

(1)　単 糖 類

単糖類は加水分解によってこれ以上分解できない最小単位の糖である。

表2.1　炭水化物の分類

単糖類	六炭糖（C6）	グルコース（ブドウ糖），フルクトース（果糖），ガラクトース，マンノース
オリゴ糖類（少糖）	二糖類	スクロース（ショ糖），マルトース（麦芽糖），ラクトース（乳糖）
	三糖類	ラフィノース
	四糖類	スタキオース
多糖類	消化されるもの	でんぷん，グリコーゲン
	消化されないもの	セルロース，イヌリン，グルコマンナン，ペクチン，寒天，アルギン酸

出所）高橋智子：「炭水化物の種類と調理プロセスでの変化」和田淑子・大越ひろ：三訂健康・調理の科学，149，建帛社(2013)（三訂版第3版第2刷2016）

コラム5　食物繊維：水溶性と不溶性

食物繊維は“ヒトの消化酵素で消化されない食物中の難消化性成分の総体”と定義されている。主な成分は，難消化性多糖類とリグニンである。食物繊維は水溶性と不溶性に分類される。水溶性のものには，イヌリン，グルコマンナン，寒天，植物ガム，カラギーナン，一部のペクチンがある。不溶性のものには，水溶性以外のペクチン，アルギン酸，キチン，セルロースがある。食物繊維はエネルギー源にはほとんどならないが，生理作用があり，生活習慣病予防の観点から大切な物質である。理想的な目標量は成人では24g/日以上と考えられるが，現在の日本人の摂取実態を鑑み，その実行可能性を考慮して，8～20g以上と低く設定されている。

主なものはグルコース（ブドウ糖），フルクトース（果糖），ガラクトース，マンノースである。グルコース[*1]は果実やハチミツに含まれ，オリゴ糖や多糖の構成糖として存在している。フルクトース[*2]は果実，ハチミツ中に多く含まれ，糖質のなかで最も甘味が強く，グルコースと結合してスクロース（ショ糖）を構成する。ガラクトースはオリゴ糖の構成成分として，マンノースは多糖マンナンの構成成分として食品中に存在する。

(2)　オリゴ糖（少糖）類

オリゴ糖類は二糖類，三糖類，四糖類に分類される。食品中には二糖類が多く，主なものはスクロース（ショ糖），マルトース（麦芽糖），ラクトース（乳糖）である。三糖類のラフィノース，四糖類のスタキオースはいずれも大豆に含まれる難消化性の糖である。

スクロース[*3]はグルコースとフルクトースが結合した還元性のない糖で，精製された砂糖は安定しているためいつまでも白く保たれ，甘味は温度の影響を受けない。そのため甘味度（表2.2）の測定基準になっている。マルトースはグルコース2分子が結合したもので，麦芽などの発芽中の種子に含まれる。ラクトースはガラクトースとグルコースが結合したもので，哺乳動物の乳汁にしか含まれない糖である。

表2.2　糖の甘味度（Watson）

ショ糖	100
ブドウ糖	49
果糖	103～150
乳糖	27
麦芽糖	60

(3)　多糖類

数十個から数百万個の単糖や誘導糖が結合した高分子化合物である。デンプン，デキストリン，グリコーゲンのような消化性多糖類と難消化性多糖類がある。

1)　デンプン

デンプンは，穀類，イモ類，豆類などの根，茎，種子などの細胞の主成分として含まれる貯蔵多糖類であり，ヒトのエネルギー源として最も重要な物質である。

デンプンの種類と特徴　デンプンはグルコースが多数結合したもので，結合の仕方によりアミロース[*4]とアミロペクチン[*5]に分けられる。デンプンのアミロースとアミロペクチンの比率は植物や品種などによって異なる。一般的なデンプンではアミロース含量が15～30％程度である。植物の種類によってデンプン粒の形，組成，性質などは異なる（表2.3）。

デンプンの糊化　デンプン粒に水を加えて加熱すると，約60～70℃（糊化開始温度）で水を吸収して膨潤し，分子のミセル構造がゆるんで粘度や透明度を増し半透明の糊液となる。この現象をデンプンの糊化[*6]という。糊化デンプンは消化酵素の作用を受けやすく消化が良い。

＊1 グルコース

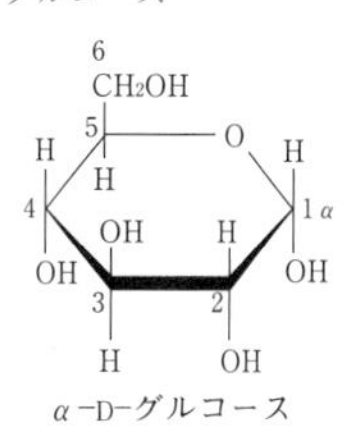

α-D-グルコース

数字はCの番号。太線を手前にして6角板状と考える。たて線は上下になる。β-グルコースは1番のHとOHが上下反対になったもの。水中でαとβは変わりあう。1のOHはグリコシド性OHといい，活性に富んでいる。水中で開いて，還元力を示す。

＊2 フルクトース

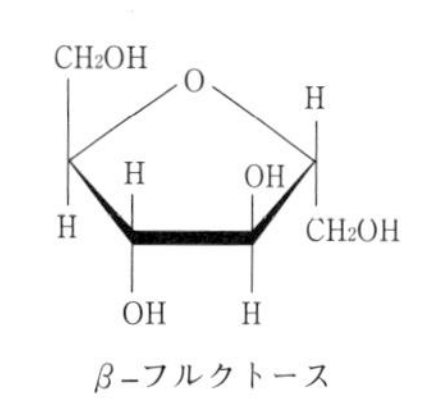

β-フルクトース

＊3 スクロース

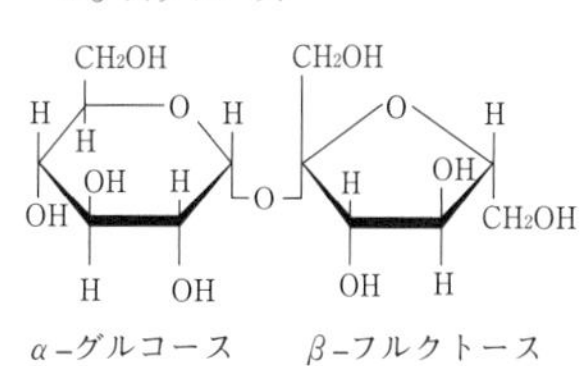

α-グルコース　β-フルクトース

＊4 アミロース　グルコースがα-1,4グルコシド結合により鎖状に長く数百個結合したもので，6個のグルコースで一巻きするらせん構造をしている。近年，分岐をもつアミロースの存在が明らかになった。

＊5 アミロペクチン　アミロースの所々がα-1,6結合で枝分かれした多糖類で�座状構造をしている。グルコースが数万個からなる巨大分子である。

＊6 デンプンの糊化　糊化には30％以上の水と，適切な加熱が必要である。糊化デンプンのことをα-デンプンといい，生デンプンのことをβ-デンプンという（ただし，この呼び方は日本での通称で，国際的には用いない）。

表 2.3　デンプンの種類と特徴

種類		粒形	平均粒径(μm)	アミロース(%)	でん粉６% 糊化開始温度(℃)	でん粉６% 最高粘度(BU)	ゲルの状態(でん粉７%)	透明度
種実でん粉	米	多面形	5	17	67.0	112	もろく，硬い	やや不透明
	小麦	比較的球形	21	25	76.7	104	もろく，軟らかい	やや不透明
	とうもろこし	多面形	15	28	73.5	260	もろく，硬い	不透明
	緑豆	卵形	15	34	73.5	900	もろく，非常に硬い	やや不透明
根茎でん粉	じゃがいも	卵形	33	22	63.5	2200	強い粘着性	透明
	さつまいも	球形，だ円形	15	19	68.0	510	強い粘着性	透明
	くず	卵形	10	23	66.2	450	弾力性，硬い	透明
	タピオカ*	球形	20	18	62.8	750	強い粘着性	透明
	かたくり	卵形	25	18	54.2	980	強い粘着性	透明
その他	さごやし	だ円形	31	26	71.0	135	さくっと割れやすい	透明～不透明

＊ キャッサバともいう。
BU：粘度（ブラベンダーユニット）。
出所） 黒澤祝子・村田道代・真部真里子：「でん粉」，木戸詔子・池田ひろ：調理学，103，化学同人（2016）

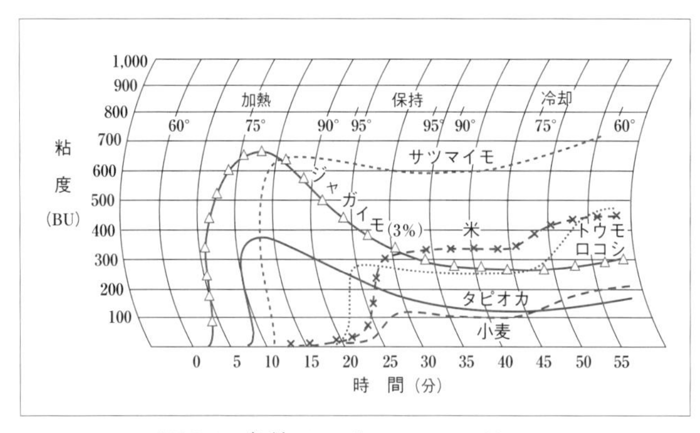

図 2.1　各種デンプンのアミログラム

出所） 二国二郎監修：微粉科学ハンドブック，37，朝倉書店（1977）

糊液の粘度はデンプン粒が最大に膨潤したとき最高粘度を呈する。図2.1に各種デンプンのアミログラムを示した。糊液は加熱速度や加熱時間，かく拌回数の増加に伴い，デンプン粒が崩壊して膨潤圧が低下するため粘度が下がる。これをブレークダウンという。ジャガイモデンプンでは最高粘度が大きく，ブレークダウンも大きい。コメやトウモロコシなどの種実デンプンでは最高粘度は低く，粘度も比較的安定している。糊化に伴い透明度は増加するが，根茎デンプンに比べ種実デンプンでは透明度は低い。

炭水化物を多く含む食品のPFC比　エネルギーを産生する栄養素（タンパク質・脂質・炭水化物（アルコールを含む））のエネルギー比率を「エネルギー産生栄養素バランス」として表す。これは，今まで「PFC（ピー・エフ・シー）バランス」として表してきたものが，「日本人の食事摂取基準（2015年度）」より，生活習慣病やその重症化を予防する目的で名称が変更され，目標値が新たに設定されたものである。エネルギーを構成する栄養素のとり方をチェックする大まかな目安として利用する。

糊化デンプンの粘度は，調味料の影響を受ける。

砂　糖　30%までの添加では粘度は増加するが，50%以上添加すると，砂糖の親水性が大きいため吸水が阻害されて粘度は低下する。

食塩　添加量が少ないため，ほとんど粘度に影響はないが，ジャガイモデンプンでは粘度の低下がみられる。

酢　pH3.5以下で加熱すると，酸による加水分解により粘度は急激に低下する。

油　脂　調味料（食塩，しょうゆ，食酢）に油を添加すると，分散した油滴によりブレークダウンが阻害され，粘度は安定する。

デンプンの老化　糊化デンプンを放置すると，徐々に粘性や透明度を失い，食味も悪くなる。これは加熱によって分散した分子に再配列が起こり部分的に結晶を回復し，元の生デンプンに近い状態に変化することを，老化[*1]という。

老化デンプンは生デンプンに似ているが，ミセル構造における結晶性は低い。老化は水分含量が30～60％，温度０～５℃で，アミロース含量が多い場合に起こりやすい。したがって，糊化デンプンを熱風乾燥や凍結乾燥により水分15％以下の結合水[*2]の状態にしたり，60℃以上の高温や０℃以下の低温に保つことで老化の進行が抑えられる。

デンプンのデキストリン化　水を加えずにデンプンを150～160℃の高温で加熱すると，デンプン分子が切断されてデキストリンが生じる現象をデキストリン化[*3]という。デキストリンは，デンプンの部分加水分解物であり，老化せず水に溶けやすい性質をもつ。

α化デンプン　デンプンに水を加えて糊化し，老化する前に乾燥させ，粉末にしたものである。冷たい水にも容易に溶けるので，液体に溶かし，加熱せずにとろみをつけることができる。

デンプンの調理機能　糊化による粘着性やゲルを利用して，デンプンはつぎのような調理機能もつ。

① 材料に調味液をからめる。
② 汁の実の沈殿を防ぎ安定させる。
③ 汁や材料の保温効果を高める。
④ 材料のつなぎの役目をする。
⑤ なめらかな口ざわりとのどごしを付与する。
⑥ 材料の水分を吸着させる。
⑦ ゲル化して形を保つ。

調理に適したデンプンの種類や濃度を表2.4に示した。

*1 老　化　老化したデンプンは固く，消化酵素も作用しにくいため消化が悪い。再加熱することによって糊化デンプンにすることができる。

*2 結合水　食品中の水分は自由水と結合水から成る。結合水は食品成分と結びついているため，容易に蒸発したり，微生物に利用されたり，溶媒として利用されることはない。

*3 デキストリン化　デンプンを酸，酵素，熱などによって分解して低分子化した多糖類（デキストリン）にすること。

表 2.4　でんぷんの種類と調理特性

調理特性	調理の種類	でんぷんの種類	使用濃度(％)	効果
粘着性（つなぎ）	かまぼこ，はんぺん	じゃがいも，さつまいも，とうもろこし	2～5	歯ごたえ，つなぎ
粘稠性	薄くず汁	じゃがいも	0.5～2	保温，舌触り，具の分散，誤嚥を防ぐ
	くずあん	じゃがいも，くず	3～6	材料に調味料をからめる，誤嚥を防ぐ
	くず湯	くず，じゃがいも	5～8	口あたり，誤嚥を防ぐ
	カスタードクリーム	とうもろこし，小麦粉	7～9	口あたり
ゲル化性（粘弾性）	ブラマンジェ	とうもろこし	8～12	歯切れ
	くず桜	くず，じゃがいも	15～20	口あたり，歯ごたえ
	ごま豆腐	くず	15～20	歯ごたえ，舌触り
	わらびもち	さつまいも	20	口あたり，歯ごたえ

出所）　中嶋加代子：「成分抽出素材の成分特性・栄養特性・調理特性」，中嶋加代子：調理学の基本第２版，99，同文書院（2014）

a　**高濃度デンプン糊液**

ブラマンジェ　透明度は悪いが，ゲル形成能が高く，白色で歯切れのよいゲルとなるトウモロコシデンプンを用いる。弾力性があり歯切れのよいテクスチャーにするために，100℃近くまで加熱して糊化させてから冷やす。材料として牛乳を加えると，65～70℃の糊化温度が5℃ほど高くなり，さらに砂糖が加わることで高い温度で糊化が完了する。

葛　桜　あんをクズデンプンの皮で包んだ和菓子である。クズデンプンは透明度がよく，歯切れのよい食感をもつ。クズデンプンのみで作る場合は，半糊化状態のデンプン糊液であんを包み蒸して完全糊化させると，流動性を失いゲル化する。

ごま豆腐　透明度が高く弾力性があって独特の歯ごたえのあるクズデンプンが適している。すって乳化したごま油が分散しているので，なめらかで弾力のあるゲルになる。椀だねや，冷やしてわさびじょうゆで食べる。

b　**低濃度デンプン糊液**

薄葛汁・かきたま汁　粘性が高く透明度の高いジャガイモデンプンを用い，糊液の粘稠性を利用したものである。かきたま汁では卵が沈まないように均一に分散させると同時に，対流を抑制して保温効果を高め，デンプンコロイドによるなめらかな口ざわりやのどごしを付与する。

葛あん・溜菜　日本料理の煮物にかけるあんや中国料理の溜菜などにはジャガイモデンプンが用いられる。デンプンでとろみをつけることで，口ざわりがよく，つやが出る。また，調味液に粘度があるため材料によく絡まる。ただ，デンプン糊液は時間に伴い急激に粘度が低下するので，短時間で供食することが望ましい。

2)　セルロース

植物の細胞壁の構成成分で，植物体の骨格物質であり，水に溶けないため酵素作用を受けにくい。セルラーゼをもたないヒトは，セルロースを消化吸収し，エネルギー源として利用することはできない。

3)　ペクチン

果実や野菜に広く含まれ，植物の柔組織の細胞壁及び細胞壁の隙間を埋めている物質である。ガラクツロン酸を主体とする複合多糖類で，果肉のみずみずしさを保つのに重要な役割を果たしている。

2　穀類の調理

穀類には，コメ，コムギ，オオムギ，ライムギ，トウモロコシ，ソバなどがあり，わが国ではコメ，コムギ，オオムギを主穀，それ以外を雑穀と呼んでいる。穀類は70％内外の炭水化物を含み，その大部分はデンプンで，主食として重要なエネルギー源となっている。

(1)　コ　メ

地球温暖化により，日本におけるコメの栽培地域に変化がみられるようになったが，日本人は古くからコメを主食として食べてきた。コメの種類には，丸みのある日本型（ジャポニカ）と，細長いインド型（インディカ）に分類される。日本人は，やわらかく適度に粘りがある日本型のコメを好み，インド型のコメは粘りが少ないため，ピラフに調理される方が好まれる。デンプンの構造上の違いから，日本型，インド型はともにモチ種とウルチ種に分類され，ウルチ種は20％前後のアミロースとアミロペクチンにより構成されている。一方，モチ種はアミロペクチンのみで構成されているので，糊化後に強い粘性を呈する。

コメは，栽培法の違いから，水稲（水田），陸稲（畑）に分けられ，また，水分量の違いから，硬質米（15％以下），軟質米（16％程度）に分けられる。

1)　コメの構造と種類

コメの外皮（籾殻）のみを取り除いたものが玄米である。玄米は糠（果皮，種皮，糊粉層）及び胚乳部と胚芽から構成されている。玄米の生の状態では食味や消化が良くないため，搗精（とうせい）によって糠（6.0％）と胚芽（2～3％）を取り除いた精白米（歩留まり90.0～92.0％）とし，デンプン貯蔵組織の胚乳部を食用として粒食している。

一般に日本では，精白米を炊飯して食べていることが多いが，搗精による栄養成分の損失を防ぐ目的から，五分つき米（95～96％），七分つき米（歩留まり92～94％），胚芽を80％残した胚芽精米が市販されている。また，近年の健康志向から，玄米を加工したものに，常圧で炊ける加工玄米，GABA含量の多い発芽玄米，籾つきで発芽させた籾発芽玄米がある。その他にも，これからの食生活の多様化に向けて，農林水産省が行った「スーパーライス計画」で新形質米の開発が行われ，ミルキークイーン，スノーパールなどの低アミロース米やホシユタカ，夢十色などの高アミロース米などが栽培されるようになった。新形質米の種類と特徴を表2.5に示す。

2)　コメの成分

コメは，炭水化物が約75％，タンパク質6～8％，脂質1％，灰分0.6％，水分15％を含み，その組成は，コメの品種，搗精度などによって異なる。胚乳部にあるタンパク質の一部はデンプンと結合している。タンパク質の約80％はオリゼニンで，リジンが第一制限アミノ酸になっている。脂質は少量ではあるが，オレイン酸，リノール酸などの多価不飽和脂肪酸が含まれているため，低温で貯蔵しないと酸化臭を生じる。

表 2.5　新形質米の種類と特徴

種類	特徴	利用法
低アミロース米	アミロース含量約5～13%，やわらかく粘りのある飯になり，老化しにくい。	膨化米，米菓
高アミロース米	アミロース含量25%以上，硬く粘り少ない飯になり，老化しやすい。	クスクス
香り米	香り成分はアセチルピロリンで，品種によって香りに強弱がある。	ピラフ，カレー，パエリア
色素米	黒紫米，赤色米。抗酸化能をもつ。	こわ飯，まんじゅう
巨大胚米	胚芽が大きく，ビタミンEなどが多い。	発芽玄米
大粒米	多収米で粒が大きい。硬く，粘りがある飯になる。	ドリア，リゾット，酒造米
低タンパク質米	タンパク質4%以下，グルテリンを含まない。腎臓病患者向。	酒造米，製菓
高タンパク質米	高グルテリン米として開発。栄養改善米。	
低アレルゲン米	アレルゲンとなるグロブリンを含まない。アレルギー患者向。	
リポキシゲナーゼ欠損米	胚芽の脂質酸化を抑制し，貯蔵性や加工性を向上。	

出所）平尾和子：「米」，長尾慶子：調理を学ぶ〔改訂版〕，15，八千代出版（2015）

(1)－1　ウルチ米の調理

1）炊　　飯

コメの水分量が15～16%程度であることから，コメのデンプンを完全糊化させるために加水が必要である。コメに水を加えて加熱し，水分量約60～65%の米飯にする調理過程を炊飯[*1]という。炊飯は「煮る」と「蒸す」をあわせた調理操作で，炊き上がったときに加えた水が一粒一粒の米粒に完全に吸収されていると食味がよい。

＊1 炊　飯　アジア各地では，米をいったん湯で煮てから湯こぼしして，その後蒸す方法の湯取り法で炊く。日本式の炊飯を炊き干し法という。

洗　米　米粒表面の糠やごみを十分に取り除くため，最初の1～2回目はたっぷりの水で糠やごみ，溶出したデンプンもしっかりと洗い流し，その後の3～4回目は水溶性ビタミンの流出を少なくするため，手早くすすぐ。この操作により，腐敗しにくく，光沢，香り，味のよい米飯になる。洗米により米重量の約10%の水が吸水される。

最近では，家事の軽減やとぎ水による水質汚染の防止になることから，通常の精白米から肌ぬかを取り除いた無洗米の利用が拡大している。

加水量　おいしく炊きあがった米飯の重量は，もとのコメの2.1～2.4倍で

コラム6　コメの種類：架橋デンプンなどの工業製品

最も一般的に使用される加工デンプンには，老化性を改善した耐老化性デンプンと粘度を安定化させた架橋デンプンがある。耐老化性デンプンは，酢酸デンプン，ヒドロキシプロピル化デンプンなどが麺やチルド・冷凍食品に利用されている。一方，代表的な架橋デンプンであるリン酸架橋デンプンは，たれ，ソースの粘度安定化，畜肉・水産加工品の弾力性の向上に寄与している。デンプン糊を構成しているデンプンの高分子鎖が撹拌や熱，pHで分解してしまうため，糊の粘性が急激に低下する。このような条件下で安定した粘性を得るために，架橋デンプンが開発された。

加工デンプンは，一般に冷蔵・冷凍保存を伴うため，耐老化性デンプンと併用する場合が多い。このような複合型デンプンは，高い粘度安定性に加え，耐老化性も兼ね備えており，冷凍食品やチルド食品向けの増粘剤として，広く利用されている。そのほかにも，酸化デンプンやα化デンプンがある。

ある。したがって加水量[*1]は，炊飯中の蒸発量10～15％を考慮して，コメ重量の1.5倍，コメ容量の1.2倍が標準である。ただし，無洗米では，洗米による吸水がないため，米重量の1.6倍とする。

＊1 加水量　飯の硬さや粘りは嗜好によって異なる。硬めの加水比（重量比）の少ない飯ほど老化の進行は早い。

浸　漬　米粒の表面組織は硬く，内部への水の浸透が遅いため加熱前に浸漬し，米粒の中心まで十分に吸水させる必要がある。これにより，加熱時の熱伝導がよくなり，米粒内のデンプンの糊化を促進させる。図2.2からわかるように，吸水速度は水温が高いほど速く，浸漬して30分間ほどで急速に吸水し，２時間程度で飽和に達することから，水温により30分～２時間以内での浸漬が望ましい。長時間浸漬しすぎると，コメの表面組織が崩れやすくなり，食味の悪い飯になる。うるち米では20～25％を吸水する。

加　熱　デンプンを完全に糊化させるには，図2.3のように火力調整を行い，四段階の加熱が必要である。

a　**温度上昇期**　強火あるいは中火で８～12分程度で沸騰させることにより，コメがさらに吸水して膨張し，糊化に必要な水分が中心部まで浸透する。コメの量の多少にかかわらず沸騰までの時間が同じくらいになるように火力を調節する。大量炊飯の場合は，湯炊き[*2]にすることが多い。

＊2 湯炊き　炊き水を沸騰させ，その中に洗った米を入れ，温度差が生じないように上下を混ぜ平均に吸水させて加熱する方法をいう。

b　**沸騰期**　沸騰がつづく程度の中火にして５分間保つと，米粒は沸騰水中を動き回ることで，吸水，膨潤，デンプンの糊化が進み，米粒は粘性を増して動かなくなる。

c　**蒸し煮期**　弱火にして鍋の温度が98℃以下にならないように15分間保つ。コメの糊化に必要な温度と時間は，沸騰期と合わせて98℃以上で20～30分である。コメに吸収されずに残っている水分は少なくなり，コメは蒸気で蒸されている状態になる。この時期は残存水分が少ないので，ごく弱火にしないと焦げやすい。

d　**蒸らし期**　消火後，ふたを開けずに95～100℃を10～15分間保つ。この

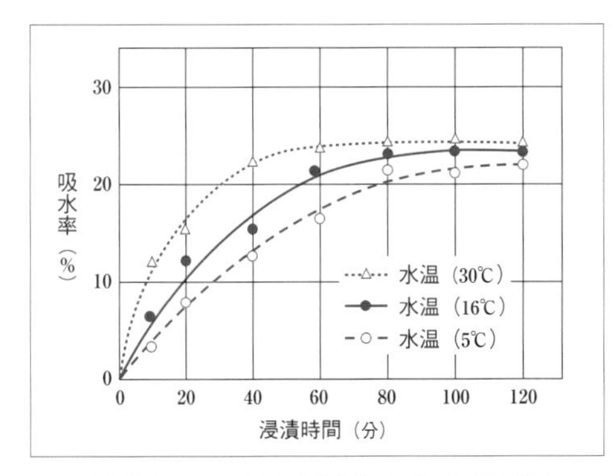

図 2.2　コメの水浸漬による吸水状態

出所）松元文子ほか：調理と米，87，学建書院（1979）

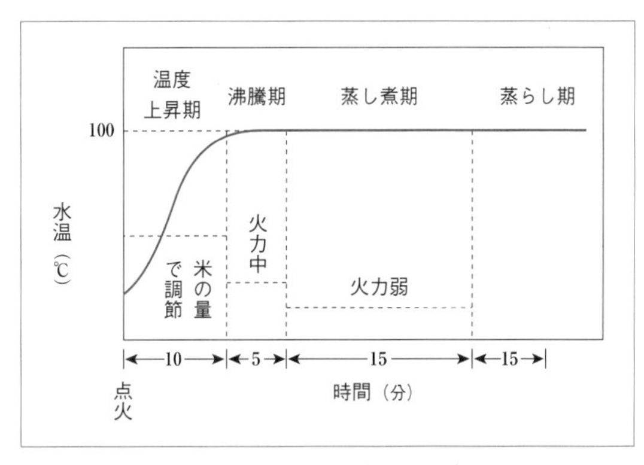

図 2.3　炊飯の加熱曲線

出所）図2.2と同じ。

間に米粒の表面にわずかに残る水分は内部に吸収され，コメ一粒一粒の中心部のデンプンは完全に糊化してふっくらとした飯になる。蒸らしが長すぎると食味が悪くなるので，蒸らし期終了後，直ぐにふたを開けてしゃもじで全体を軽く混ぜ，余分な水分を逃がす。

2）かゆ（粥）

普通の飯より加水量を多くして炊いた軟らかい飯で，常食のほか茶がゆ，七草がゆ，小豆がゆなどの行事食や病人食（牛乳がゆ），離乳食などに用いられる。コメの容量に対する加水量は，全がゆ（5倍），七分がゆ（7倍），五分がゆ（10倍），三分がゆ（20倍）である。おもゆ（重湯）は，五分がゆか三分がゆをこして米粒を除いた粘り気のある汁である。

3）味つけ飯

味つけ飯には炊飯前に調味する炊き込み飯，さくら飯，ピラフなどと，炊飯後に調味するすし飯，炒飯などがある。

a　**炊き込み飯**　コメに獣鳥魚介類，野菜などの具（米重量の30～40%）を加え，ショウユや食塩などで調味して炊きあげた米飯である。ショウユや食塩は浸漬中のコメの吸水を妨げるため水のみで浸漬し加熱直前に調味して炊く。（図2.4）また，ショウユ添加では，沸騰時の泡立ちが少ないため焦がしやすくなるので火力に注意する。調味は食塩に換算して，米飯の0.6～0.7%，コメ重量の1.5%，また，加水量の1%が基準となる。清酒を加水量の5%程度添加すると，米飯の風味がよくなる。副材料の水分量によって加水量を加減する。

b　**すし飯**　白飯に合わせ酢を混ぜて味をつけたものをすし飯といい，握りずし，ちらしずし，のり巻き，いなりずしなどに用いる。合わせ酢を加えるため，米重量の1.2～1.3倍，米容量の1.1倍の加水量で硬めに炊き，5分ほど蒸らした熱い飯に合わせ酢をかけ，1～2分飯に十分吸収させてから，粘りが出ないように，切るように手早く混ぜる。その後，うちわであおいで余分な蒸気を除くと，米粒の表面につやのあるすし飯になる。このとき，木製のすし桶を使うと，より効果が上がる。合わせ酢の基本的な配合は，米重量に対して，酢10～15%，砂糖5～8%，塩1.5～2%（コメ容量に対して，酢10～12%，砂糖2～6%，塩1.2～2%）であるが，すしの種類や地域によって合わせ酢の割合は異なっている。

c　**炒め飯**　コメをバターなどの油脂で炒めて炊いたものをピラフといい，飯を油脂で炒めたものを

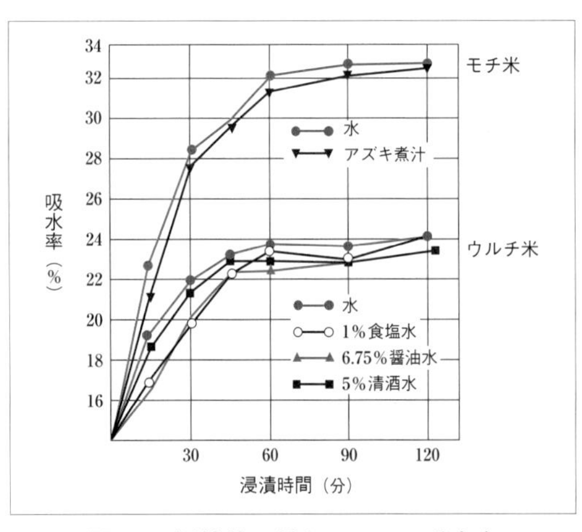

図2.4　浸漬液の異なるコメの吸水率

出所）貝沼やす子，調理学研究会編：調理科学，248，光生館（1984）

炒飯という。

①ピラフ　生米を7％程度の油脂で炒めると，表面の細胞が破損し糊化は進むが，中心部への吸水が悪くなって芯のある飯になりやすい。そのため，コメの重量の1.3倍の熱したスープストックを加え，蒸し煮期を長くすることで十分に糊化させる。

②炒飯　炒飯の飯は粘りが出ないように，米重量の1.3倍の加水量で炊いた硬めの飯か冷や飯を用いる。飯の7～10％の植物油かラードを加えて強火で炒め，パラパラとした食感に仕上げる。

(1)－2　モチ米の調理

もち米のデンプンはアミロペクチン100％であるため膨潤しやすく，粘りが強く，老化しにくい。モチ米を蒸した米飯類を“お強（こわ）”（古い時代の蒸し飯の強飯（こわいい）からきたもの）という。お強には，山菜を加えてショウユ味で仕上げた“山菜おこわ”，クリを加えて塩味で仕上げた“クリおこわ”，アズキを加えた“赤飯”などがある。

1)　こ わ 飯

モチ米を水に浸漬した後に蒸す，あるいは炊いたものをこわ飯という。こわ飯のでき上がり重量は，モチ米重量の1.6～1.9倍であり，加水量は蒸発量10％を加えても0.7～1.0倍となる。そこで，デンプンは30％以上の水分があれば加熱により糊化することから，モチ米がウルチ米に比べて吸水量が多く，2時間浸漬すると30～34％吸水する（図2.4）ので，一般的にモチ米は蒸す方法で糊化させる。蒸す場合は，モチ米を2時間以上水に浸漬させ，蒸し加熱中に2～3回ふり水をする（図2.5）ことで不足する水分を補うようにする。炊く場合，モチ米のみに1.0倍の水では少ないため，米粒が水面から出てしまい均一な糊化が難しい。そこで，ウルチ米をモチ米の30～50％加えることで，加水量を1.1～1.2倍にして炊飯しやすくする。

2)　もち（餅）

モチ米を蒸してつき，丸めたり，のしたりして成形したものをもちという。蒸したモチ米をこねたり，ついたりすると，アミロペクチンが互いに絡み合い，もち独特の強い粘りが出る。もちを放置すると，デンプンが老化し，硬くなって弾力を失うが，焼く，煮るなどの加熱操作をすると，再度糊化することができる。おいしいもちには，糊化したデンプンがペースト状に広がっている部分と，もち米の粒組織構造が適当な割合で混在している。

(1)－3　コメ粉[*1]の調理

モチ米の粉には白玉粉（寒晒し粉），道明寺粉（蒸して乾燥した後，粗く砕いた粉），みじん粉（乾燥後，細かく挽いた粉）があり，ウルチ米の粉は上新

＊コメ粉　最近では，細かく粉にする技術が進化し，パンやケーキなどの様々な加工品が作られている。

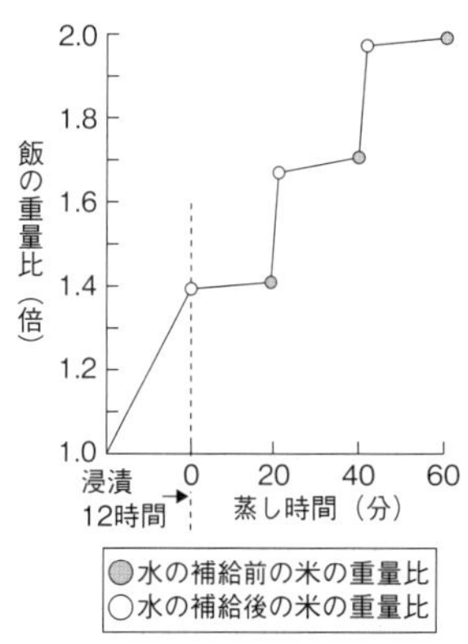

図2.5　加熱中のこわ飯のふり水による重量変化

出所）石井久仁子・下村道子・山崎清子：家政学雑誌，29（2），84（1978）

粉という。和菓子やだんごに用いられ，だんごは上新粉と白玉粉の両方を使って作られる。

1）上 新 粉

ウルチ米を洗い乾燥させた後，少量の水を加えて粉砕し，製粉してからふるい分けて粒度を整えたものである。粒度の細かいものほど吸水量は大きい。上新粉は水でこねても粘りが出ず，まとまりにくいため，粉の0.9～1.1倍の熱湯でこねると吸水量を増し，デンプンの一部が膨潤糊化して粘性をもち，まとまりやすくなる。これをこねて丸めた後，よく熱が通るように平らにし，さらに15～20分蒸したら，またこねて粘りを出し，だんごや和菓子をつくる。こね回数が多い生地ほど軟らかくなめらかになる。

2）白 玉 粉

モチ米を洗い一晩浸漬した後水挽し，80～100メッシュのふるいに通し，さらに圧縮して乾燥させたものである。白玉粉は粗い塊状となっているため80～90％の水を加えてかたまりをつぶし，均一に吸水した後よくこね，耳たぶくらいの硬さにする。熱湯を加えるとかたまりの表層部のみが糊化し，内部まで水分が浸透しないので水を用いる。こねて成形し，沸騰水中でゆでて冷水にとり，みつ豆やぜんざいなどに用いる。求肥は白玉粉に２倍の水を加えて湯せんで加熱し，さらに粉と同量の砂糖を加えて練り上げたものである。砂糖の添加により，生地は軟らかくなり，デンプンの老化が遅れる。

上新粉と白玉粉はデンプンの構造の違いから，含まれるデンプンが異なっている。上新粉が主材料の製品では弾力が大きく老化が速く，白玉粉が主材料の製品では粘性が大きく老化が遅い。この両方の米粉を適当な割合に混合してそれぞれの特徴を生かすことによって，弾力性が変化して独特のテクスチャーをもつようになる。

(2)　コ ム ギ

コムギは，コメと同じイネ科植物の種子で，生産量は穀類中世界第１位である。コムギの構造（図2.6）は，胚乳，胚芽，外皮から構成されている。外皮は６層からできていて強靭であり，内部に入り込んだ粒溝があるため，やわらかい胚乳を保持して外皮を取り除くことは困難であった。そこで，粒全体を粉砕する技術が発達し，コムギを粉砕したものからふるい分けて，デンプンの蓄積している胚乳のみの粉をコムギ粉として利用している。

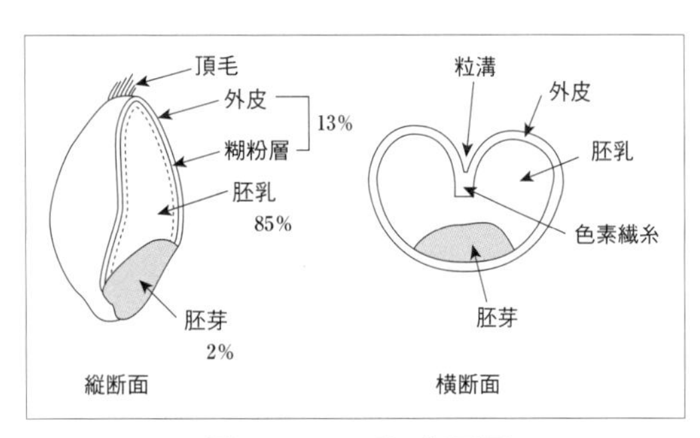

図 2.6　コムギの断面図

1）コムギ粉の分類と用途

コムギ粉の主成分は炭水化物のデンプンを約70～75％，ほかにタンパク質を約７～13.5％，脂質約２

%，食物繊維2.5～2.9%を含んでいる。タンパク質には，水溶性のアルブミンとグロブリン（約15%），不溶性のグリアジンとグルテニン（約80%）などがある。コムギ粉は，タンパク質含量により薄力粉，中力粉，準強力粉，強力粉に分類され，さまざまな用途がある（表2.6）。

2)　グルテンの形成

グルテンは，ほぼ同量ずつ含まれている不溶性のグリアジンとグルテニンからなる。水を吸収させると，グリアジンは流動性と粘着性を生じ，糸状にのびるようになり，グルテニンは硬いゴム状の弾力性をもつ物質となる。

コムギ粉に水を加えると，強い親水性をもつグリアジンとグルテニンが吸水膨潤し，こねることによってタンパク質間でSH基とS-S結合が交換反応し，S-S結合が増加する。これが架橋を形成し，縦横に絡み合い網目構造を形成する（図2.7）。その他にも水素結合，疎水結合，イオン結合などが関連し，これらの結合力が物性に関与している。コムギ粉中のタンパク質含量が多いほどグルテン形成は多くなり，グルテンの網目構造は，デンプンやこねたときに混入した空気やガスなどを気泡の形で保持し，めんやパンの骨格となる。

3)　コムギ粉生地の性状

コムギ粉に水を加えてこねたものを生地という。コムギ粉に50～60%の水を加えた硬い生地をドウ（dough），100～250%の水を加えた流動性のある生地をバッター（batter）という。用途によっては水以外の副材料を使用する。生地の性状は，加水量，粉の種類，水温，こね方，ねかし時間，副材料などによって異なる。

表2.6　小麦粉の分類と用途

分　類	たんぱく質含量(%)	グルテンの質	粒　度	主な用途
薄力粉	7.0～ 8.5	軟　弱	細かい	ケーキ，ルー，天ぷらの衣
中力粉	8.5～10.5	軟	やや細かい	うどん，そうめん
準強力粉	10.5～11.5	強　い	やや粗い	中華めん，菓子パン
強力粉	11.5～13.5	強　靱	粗い	食パン，ふ
デュラム粉	11.5～12.5	柔　軟	極めて粗い	マカロニ，スパゲッティ

出所）品川弘子・川染節江・大越ひろ：調理とサイエンス，54，学文社（2001）を一部改変。

a　水　温　グルテン形成には30～40℃が適している。水温は高い方がグルテン形成にはよいが，70℃以上になるとタンパク質のためグルテンが熱変性し，デンプンも糊化して生地は硬くなる。

b　混ねつとねかし　加水直後のドウは硬く，ちぎれやすい。混ねつを続けると生地はなめらかになり，伸びやすくなる。混ねつし過ぎると網目構造が壊れ品質は低下する。こねた生地をねかすと，伸長抵抗は低下し，伸長度は

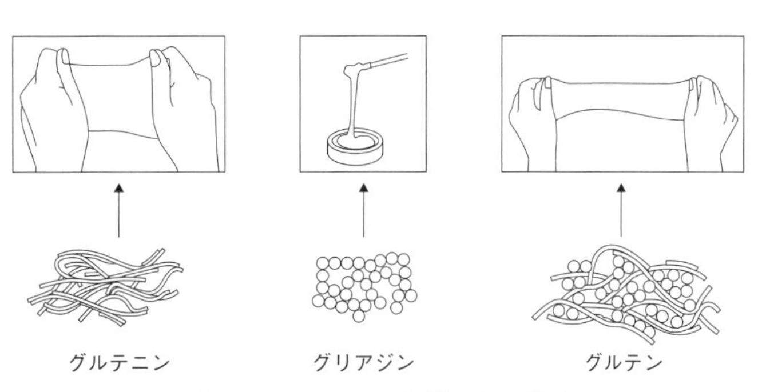

図2.7　グルテンの特徴と網目構造

出所）冨永美穂子：「植物性食品の成分特性・栄養特性・調理特性」
中嶋加代子：調理学の基本　第2版，60，同文書院（2014）

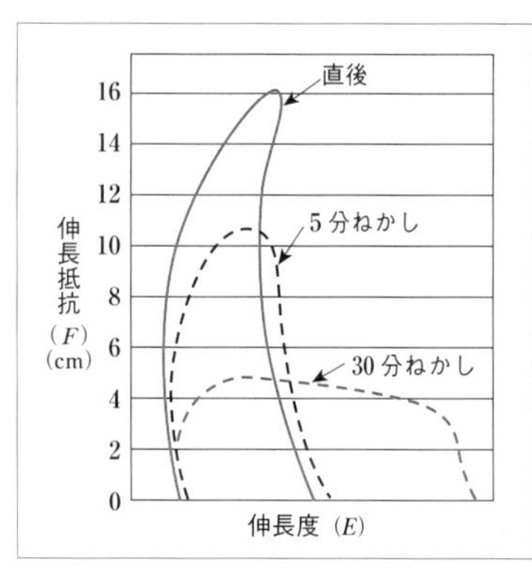

図 2.8　ドウのねかし効果（エキステンソグラム）

出所）松元文子他：家政誌，11，350（1960）

増大する（図2.8）。その間にコムギ粉中のプロテアーゼによってグルテンの網目構造がゆるみ，アミラーゼがデンプンに作用して生地を軟らかくする。めん類，ぎょうざの皮などでは，ねかしにより，生地が伸びやすく，成形しやすくなる。

c　添加材料の影響

食　塩　食塩はグリアジンの粘性を促し，グルテンの網目構造をち密にする。生地の粘弾性や伸展性が増大し，生地のつなぎと伸びがよくなるため，めん類やぎょうざ，しゅうまいの皮，パン生地には食塩を加える。

砂　糖　砂糖は保水性が高いため生地中の水分を奪い，グルテン形成を遅らせ粘弾性を減少させるが，伸展性を増す。品質は軟らかく，もろい物性となり，クッキーなどの食感はよくなる。また，砂糖の適度な添加により膨化をよくし，つやや焼き色をよくする。

油　脂　油脂は，疎水性であるからタンパク質と水との接触を妨げてグルテンの形成を阻害し，品質にもろさを与える。

卵・牛　乳　これらは水分が多いので，水としてドウの軟らかさに関与する。卵では，卵黄レシチンやリポタンパク質の乳化作用でドウの伸展性が高くなる。牛乳では，含有する脂質とタンパク質によってより伸展性が高まる。ホットケーキやスポンジケーキでは焼き色や風味をよくする。焼き色は牛乳中のアミノ酸と還元糖が反応して，褐色物質のメラノイジンを生成するためである。

アルカリ　中華めんにかん水*を用いるのは，グルテニンの伸展性を促し歯切れをよくするためである。

＊ かん水　炭酸ナトリウム，炭酸カリウムを溶かした液体のことで，アルカリ性を示す。

添加順序　材料の添加順序がグルテン形成に影響を及ぼす。小麦粉に砂糖や油脂を混ぜてから水を加えてこねるとグルテン量は減少するが，グルテンを形成したドウに砂糖や油脂を加えてもほとんど影響しない。グルテンの形成を抑制したいスポンジケーキやクッキーを作るときには小麦粉を最後に加える。

換水値　副材料には，水と同じように生地を軟らかくする働きがある。副材料の生地を軟らかくする作用の強さを，水を100として割合で示したものが換水値（%）である（表2.7）。換水値は，生地調整時の温度で多少異なる。

4）コムギ粉の調理

コムギ粉の調理は，主成分のタンパク質とデンプンのどちらを主にするかによって表2.8のように分けられる。

a　コムギ粉の膨化

コムギ粉の調理には，生地を膨化させ，スポンジ状の多孔質にすることで，

表 2.7　副材料の換水値

材料	水分(%)	換水値(%)
水		100
牛乳	88.0	90
卵	74.7	80〜85
バター	16.3	70〜80
砂糖	0.8	30〜40

出所）楠瀬千春：「小麦粉」，長尾慶子：調理を学ぶ〔改訂版〕，35，八千代出版（2015）

表 2.8　コムギ粉の調理例

利用する主成分	主な調理性	調理例
グルテンが主（デンプンを副）	粘弾性・伸展性・可塑性 スポンジ状組織の形成	めん類，パスタ，ギョウザの皮 パン，中華まんじゅうの皮
デンプンが主（グルテンを副）	スポンジ状組織の形成 糊化デンプンの粘性 デンプンの吸水性，糊化膜 接着性（つなぎ）	スポンジケーキ，揚げ物の衣 ソース，スープ ムニエル，から揚げ 肉だんご，つみれ

やわらかいテクスチャーにする調理が多い。コムギ粉生地の膨化にはいくつかの方法がある。

化学膨化剤による膨化　重曹やB.P（ベーキングパウダー）*1 中の炭酸水素ナトリウム（$NaHCO_3$）と水が反応すると，二酸化炭素（CO_2）を発生し，生地を多孔質に膨化させる。重曹の場合，生地がアルカリになるため，小麦粉中のフラボノイド色素が黄変し，苦味が出ることから，B.Pでは酸性剤（中和およびガス発生促進剤）と緩和剤（デンプン）を混ぜている。蒸しパン，ドーナツ，まんじゅうなどに利用される。化学膨化剤は小麦粉の2〜4％使用する。

*1 B.P　重曹に酸性剤（ガス発生促進剤）と緩和剤（デンプン）を加えて改良した膨化剤である。

イースト*2（パン酵母）による膨化　イーストがアルコール発酵により発生する炭酸ガス（CO_2）によって生地が膨化する。適温は28〜30℃で，高温ではイーストが失活し，低温では発酵しにくい。内部からの強い圧力を受けて膨化するため，粘弾性の強い強力粉を使う。パン，ピザ，中華まんじゅうなどに利用される。

*2 イースト　「生イースト」は，65〜70％の水分を含み，分解されやすいため，冷蔵保存し，新しいうちに使用する。「ドライイースト」は，4〜8％の水分で保存性が高い。

気泡による膨化　全卵や卵白を泡立てると，卵タンパク質（オボトランスフェリン，オボグロブリンなど）が変性し，不溶性の膜を形成して空気を包み込んだ気泡となる。生地に入り込んだこれらの気泡中の空気の熱膨張と，気泡を核とした水蒸気圧による膨化である。160℃くらいのオーブンで生地を焼き上げると，多孔質でふんわりと軟らかく弾力のあるスポンジ状になる。かるかんは，ヤマイモの気泡を利用している。この膨化では，グルテン形成が多いと気泡の膨化が小さくなるため，タンパク質含量の少ない薄力粉が適している。

蒸気圧による膨化　生地中の空気の熱膨張と加熱時に発生する水蒸気圧を利用したもので，シュー皮やパイがある。シュー生地は，水とバターを加熱し，小麦粉を加えてペースト状にする（第一加熱）。これを65℃まで冷まして卵を加えて加熱する。さらに200℃の高温で加熱（第二加熱）すると，外側が固まりかけたときに内部に水蒸気圧が発生して膨張し空洞状のキャベツ形になる。油脂を折り込んだパイは，高温で加熱すると油脂が生地に溶け込んでできたすき間に生地から蒸発した水蒸気が充満し，水蒸気圧と熱膨張により膨化する。

b　ルー（roux）

薄力粉をバターなどの油脂で炒めて小麦粉の粘性を利用したもので，ソー

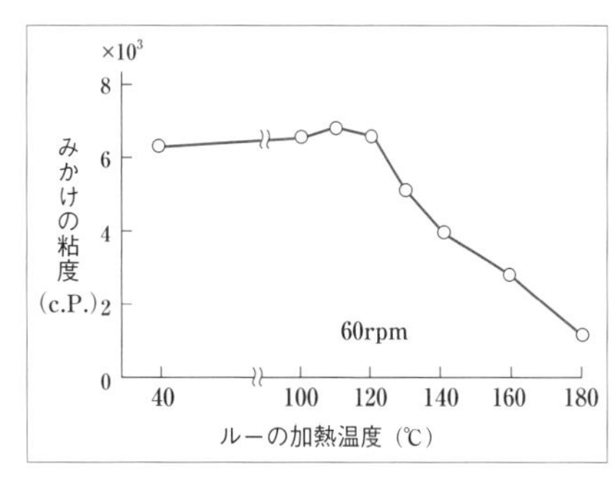

図 2.9　ルーの加熱温度によるホワイトソースの粘度変化

出所）赤羽ひろ：食品の物性，9，22（1983）

スやスープに濃度となめらかさを与える。加熱温度により，ホワイトルー（120～130℃），ブロンドルー（140～150℃），ブラウンルー（170～190℃）に分類される。

炒めることにより，タンパク質は変性してグルテンを形成しなくなり，デンプン粒の膨潤が抑えられ粘性の低いさらりとした食感になる。加熱が進むに伴いデンプンの一部がデキストリン化して可溶性となり，粘度は低下する（図2.9）ソースに粘性をつける簡単な方法にブール・マニエ[*1]がある。これを60℃前後の牛乳やスープストップに混合するとルーの分散性がよいのでダマになりにくい。クリームコロッケを成形しやすくするには低温にして降伏応力[*2]を高めると作りやすい。揚げたてのコロッケの降伏応力は低下し，とろりとしたテクスチャーとなる。

*1 ブール・マニエ　小麦粉にバターを練り合わせたもの。

*2 降伏応力　ソースを肉や魚にかけたときに，一定の厚さを保ちながら，表面を覆う現象をいう。

c　天ぷらの衣

薄力粉に卵水を加えて作った衣で材料の表面を覆い，高温の油で揚げたものが天ぷらである。揚げると，衣の水分は脱水され，代わりに油が吸収されて，からっとした軽い食感に仕上がる。15℃程度の低温にした卵水（卵１：水２～３）を薄力粉重量の1.5～２倍加えて衣を調整することで，小麦粉のグルテン形成が抑えられ，揚げ加熱中に水分と油の交換がスムーズに進行して軽い衣になる。衣の調整は揚げる直前に行う。

d　めん類

めん類はドウの粘性と伸展性を利用したものである。中力粉に食塩を加えてこねたものが日本のめんで，太さ，形状から，うどん，ひやむぎ，そうめんなどに分類される。中華めんは，炭酸カリウムや炭酸ナトリウムを含むかん水をこね水として製めんしたものである。かん水のアルカリ性により，小麦粉中のフラボノイド色素が黄変する。マカロニ類は，デュラム小麦や強力粉を用い，いろいろな形に成形したものである。食塩水でゆでることでアルデンテに仕上げ，ゆでた後は水洗いしない。

(3)　その他雑穀等

穀類の中から主穀（コメ，コムギ，オオムギ）を除いたものを雑穀と呼んでいる。雑穀には，イネ科のアワ，ヒエ，キビ，トウモロコシなどと，イネ科ではないが，穀類と同程度のデンプンを含むアマランサス，キノア，トウモロコシ，ソバなどが擬似穀物として含まれる。雑穀は，食物繊維やビタミン類，ミネラルなどが豊富であることから，健康食品としてコメと一緒に炊飯できる雑穀をブレンドしたものが市販されている。また，コメやコムギをアレルゲンとする患者のために，米飯やコメ粉，およびコムギ粉の代替として，雑穀による代替食品の利用が増加している。

表 2.9　主なコメの加工品

①上新粉：うるち玄米を精白し，そのまま製粉した目の細かい米粉。もち菓子の原料*。
②白玉粉：もち玄米を精白，水洗，浸漬後，水を加えながら磨砕，ふるい分け後，圧縮および熱風乾燥を行ったもの。だんごや求肥（ぎゅうひ）の原料。
③寒梅粉：もち玄米を精白，水洗，浸漬後に蒸してからもちに仕立て，焦がさないように焼き上げ，粉砕したもの。落雁（らくがん）や押し菓子，豆菓子の原料となる。粒子の粗いものをみじん粉という。
④道明寺粉：もち玄米を精白，水洗，浸漬後に蒸し，このまま乾燥後，2～3つに割ったもの。桜もちなどの原料。
⑤上南粉：道明寺粉を粉砕し，200℃前後で焦がさないよう焙煎したもの。打ち菓子やおぐらもちなどの原料。
⑥ビーフン：うるち白米を水に浸漬，水挽き，糊化したものを多孔の押し出し口から押し出した後に加熱乾燥した麺状食品。アミロース含量の高いインディカ米を使用。
⑦α化米：炊飯した米を熱風乾燥したもので，お湯をかけるだけで手軽に食べられるもの。非常食や登山用として利用。
⑧パーボイルドライス：もみ米を水に浸漬し，糠層や胚芽に含まれるビタミンを胚乳部に移行し，蒸して乾燥させたもの。
⑨無洗米：洗米を必要とせず，省力と汚染が発生しないため環境保全によいとされている。
⑩強化米：精白米に欠ける B_1，B_2 などの栄養を強化した米。
⑪米粉パン：小麦粉の代用として米粉を使用したパン。活性グルテンを添加し，生地の膨化を促進する。

＊ せんべいはうるち米粉，あられはもち米粉を用いる。
出所）矢内和博：「穀類」，谷口亜樹子：食品学各論・食品加工学，11，光生館（2017）

(4)　加 工 品

穀類は植物の種子を食用にしたもので，主成分はデンプンである。穀類の加工品の種類は多く，世界中で広く利用されている。

コメは，生産量の90%以上が主食の米飯として消費されているが，その他にもさまざまな加工品がある（表2.9）。コムギ粉加工品には，グルテン形成を利用した食品の麩や中華めんがある。オオムギでは，ビールや麦焼酎，麦茶，麦ミソの原料となり，玄麦を焙煎・粉砕した麦こがしから麦落雁が作られる。トウモロコシは，粉の挽き方によって，コーングリッツ，コーンミール，コーンフラワーがある。メキシコ料理のトルティーヤやコーンフレークなどに利用される。また，スナック菓子や製パンなどの材料としても広く利用されている。ソバは麺にしたソバとして食するのが一般的である。

3　イモ類の調理

イモ類は主成分のデンプンを15～27%，水分を70～80%と多く含むため，イモ自身の水分で糊化することができる。日常用いられているイモ類はジャガイモ，サツマイモ，サトイモ，ヤマイモなどである。タンパク質や脂質が少なく，カリウムやカルシウムなどの無機質が多い。ジャガイモやサツマイモにはビタミンCが多く，調理による損失は15～25%で，加熱に対して比較的安定である。

(1)　ジャガイモ

ジャガイモは糖や繊維が少なく，味が淡白であるため調理に広く利用される。男爵や農林1号のような“粉質イモ”はマッシュポテトや粉フキイモに適している。一方，メークインや紅丸のような“粘質イモ”は煮物，揚げ物，炒め物に適している。同一品種でも，新イモはデンプンの成熟度が低く，粘質性で，不溶性のプロトペクチン*が多いため，粉ふきイモやマッシュポテ

＊ プロトペクチン　未熟な果物や野菜の組織に多く含まれ，成熟に伴いペクチニン酸，さらにペクチン酸に変化する。

トには向かない。

ジャガイモの外皮（とくに緑色の部分）や新芽の部分に存在するソラニン*1（グリコアルカロイド）は苦味があり，有毒である。皮は厚くむき，芽の部分を除去する必要がある。ジャガイモの切り口を空気中に放置すると切り口が褐変するのは酵素的褐変*2に起因する。

*1 ソラニン　有毒配糖体で，調理のさいの剥皮によって70%は除去され，加熱によって1/2程度分解される。中毒症状としては，熱は出ないが，腹痛，めまい，眠気などが起こる。

*2 酵素的褐変　チロシナーゼのような種々のフェノール類の酸化反応を触媒する酵素によって，空気中で生じる褐変現象のことをいう。ジャガイモ中のチロシンが空気中で酸化し酵素チロシナーゼの作用で酸化重合して褐色のメラニン色素を生成する。リンゴやモモなどの果物にもみられる。チロシナーゼは水溶性であるから水に浸けると，褐変を防ぐことができる。

粉ふきイモ・マッシュポテト　軟らかくゆでたイモの表層の細胞を分離させたものが粉ふきイモ，イモ全体を細胞単位に粒状化したものがマッシュポテトである。イモの温度が高いうちに行うと，細胞間隔のペクチンに流動性があるため，容易に細胞単位に分離する。しかし，イモの温度が下がるとペクチンに流動性がなくなり，細胞間を再び粘着するため，細胞が分離しにくくなる。無理に力をかけると細胞が壊れて，細胞内にある糊化デンプンが外に押し出され，粘りを生じるようになり，食味の悪いマッシュポテトとなる。

煮込み　食塩を添加して長時間加熱するとナトリウムイオンがペクチンの溶出を促進するので，煮くずれしやすくなる。一方，イモを牛乳で煮ると水煮よりも硬くなる。これは牛乳中のカルシウムイオンとイモのペクチンの架橋結合により煮汁中に溶出しにくくなるためである。また，加熱途中で消火したり，60～70℃で加熱すると軟らかくならず，“ゴリイモ”（冠水イモ）*3となることがある。これは，細胞壁組織内のペクチンメチルエステラーゼの作用でペクチンの脱エステル化反応が起こり，遊離の状態になったカルボキシル基にカルシウムイオンやマグネシウムイオンが結合して新たな架橋構造を作ることによる。

*3 冠水イモ　生育中に畑が洪水や大雨で水をかぶってしまうと“ごりいも”と同様に硬化現象が生じる。

揚げジャガイモ　フライドポテトやポテトチップスは，水または薄い食塩水に漬けて表面のデンプンや還元糖，アミノ酸等を除去し褐変*4を防ぎ，水気を十分切った後油温160～180℃で揚げたものである。

*4 褐変（非酵素的褐変）　ジャガイモを揚げたときの褐変は，ジャガイモ表面の糖とアミノ酸によるアミノカルボニル反応である。

(2)　サツマイモ

サツマイモはデンプンのほかショ糖，ブドウ糖，麦芽糖などを含むため甘く，カロテン，ビタミンB_1やC，食物繊維も多い。焼きイモ，蒸しイモ，スイートポテト，きんとんなど甘さを生かした調理に用いられる。

サツマイモを切断すると内皮付近から白色乳液のヤラピン*5という樹脂配糖体が出る。水に不溶で空気に触れると黒くなるため，皮を厚めにむいて色よく仕上げる。また，サツマイモの切り口が褐変するのはクロロゲン酸が切断で溶出したポリフェノールオキシダーゼの作用により，空気中で酸化重合してキノン体を生じるためである。褐変を防止するためには切断後直ちに水に浸すとよい。クロロゲン酸はアルカリ性では緑色を呈する。このため，重曹を入れた天ぷらの衣や蒸しパンではサツマイモのまわりが緑色になる。

*5 ヤラピン　サツマイモの乳液が手や器物に付着すると粘って黒くなり，後でとれにくくなる。一方，ヤラピンは緩下剤の作用があり，サツマイモの食物繊維とともに便秘を防ぐ効果がある。

サツマイモ中のβ-アミラーゼが加熱中にデンプンに作用して麦芽糖を生

成するので甘くなる。酵素の最適温度は50～55℃であるが，70℃程度まで酵素作用は続く。“石焼きイモ[*1]”の甘味が強いのは，水分蒸発による糖の凝縮と緩慢長時間加熱のためである。イモを丸のままあるいは大きく切ると加熱時間が長くなるため酵素が働き，甘くなる。電子レンジ加熱では短時間で温度が急激に上昇するため，早期に酵素が失活し，麦芽糖の生成が抑制されるので甘味が少ないイモになる。

きんとんのように美しい黄色に仕上げたいときはくちなしの実と一緒にゆでるとよい。また焼きミョウバンを0.5%程度加えると，アルミニウムイオンがサツマイモ中のフラボン系色素に作用して錯塩を作り，黄色が美しくなる。同時にアルミニウムイオンが細胞壁及び細胞間隙のペクチンと結合して，ペクチンの溶出を抑制するため煮くずれも防げる。

*1 石焼イモ　サツマイモ中のデンプンは約80℃で100%糊化する。イモが可食状態になるまでゆっくり時間をかけて加熱すると麦芽糖（マルトース）の生成量が増大することになる。“石焼きイモ”は一度加熱されて熱くなった石でサツマイモを間接的に加熱するため，100℃になるまで約60分もかかり，その間に甘味が増加される。

(3)　サトイモ

サトイモの主成分はデンプンであるが，粘質物[*2]をもつためジャガイモやサツマイモとは食味が異なる。

サトイモの粘質物はガラクタンやムチンを主体とする糖タンパク質である。これがサトイモを煮るとき，加熱の初期に溶出して，煮汁の粘度を高めることで泡立ち，ふきこぼれの要因となり，また熱の伝導や調味料の浸透などを悪くする。これを防ぐには，ゆでこぼし[*3]をする，食塩水か酢水で下ゆでするなどの方法がある。

*2　粘質物　サトイモやヤマイモの粘質物が手に付着すると，かゆくなることがある。これはシュウ酸カルシウムの針状結晶が皮膚を刺激するからで，酢か塩をつけて剥くとよい。加熱すると結晶は溶解するため刺激がなくなる。

*3 ゆでこぼし　本格的に煮る前の予備操作として行う調理。熱湯で一度煮立て，その煮汁を捨てること。

(4)　ヤマイモ

ヤマイモの粘質物は糖タンパク質にマンナンが結合したもので，生のまま組織を破壊すると粘性が出るが，加熱すると粘性を失う。

生のヤマイモをすりおろすと高い粘弾性と曳糸性を生じ，口当たりやのどごしのよい“とろろ”や“麦とろ[*4]”になり，生食できる。またすりおろした粘質物の起泡性を生かして“かるかん”や“じょうよまんじゅう”，“はんぺん”などの膨化に利用される。その他，ソバのつなぎなどに用いられる。

チロシンとチロシナーゼを含み褐変しやすいので，酢水に浸して防ぐとよい。またサトイモと同様，シュウ酸カルシウムを含むため，手がかゆくなる。

*4 麦とろ　すりおろしたとろろ汁がぼそぼそした硬い麦飯をねばねばした汁で包みこんで口当たりやのどごしを向上させ，嗜好性を高めた食べ方である。

(5)　コンニャクイモ

コンニャクイモの加工品としてコンニャクがある。コンニャクを調理する際は，塩でもむ，下ゆですると独特の臭みが抜け，味もしみこみやすくなる。味をしっかりつけるためにコンニャクを手でちぎったり，表面をかのこ切りにして，調味液との接触面積を多くしたりする。

4　マメ類の調理

マメ類とは，マメ科の植物の完熟した種子のうち，食用になるものをいう。

完熟マメの分類では，タンパク質と脂質含有量が多いもの（ダイズ，ラッカセイなど）とデンプン含有量の多いもの（アズキ，エンドウマメ，インゲンマメなど）がある。また未熟マメ[*1]，モヤシには完熟豆に含まれないビタミンCが多く，野菜類に分類されている。

マメ類は栄養価が高く，穀類に不足しているリジンを多く含むため，穀類と一緒に摂取すると栄養効果が高い。特にダイズはイソフラボン，サポニン等の生理活性物質が含まれる。イソフラボンは高い抗酸化性を示すとともに弱いエストロゲン活性を示すので，女性の更年期障害や骨粗鬆症，がんの予防の点から注目されている。しかし，生の豆にはトリプシンインヒビター[*2]が含まれ，未加熱の場合下痢を起こすので，十分に加熱する必要がある。

(1)　マメの吸水

乾燥豆の組織は硬いので，加熱前に吸水させておく必要がある。豆類の吸水量は豆の種類によって異なる（図2.10）。

ダイズ，インゲンマメは浸水5～6時間までの初期の吸水は早いが，その後はゆっくりと吸水し乾燥豆とほぼ同重量の水を吸水する。アズキは種皮が強靭で吸水は側面の胚座（種瘤）からのみ行われるので，6時間までは徐々に，その後胚座から種皮が切れると急激に吸水する。内部の子葉が先に膨潤して胴割れを起こしやすいことと長時間の浸漬による変質を避けるためにアズキは浸漬せずに加熱する。

(2)　デンプン性のマメ

アズキ，シロインゲン，エンドウマメなどデンプンの多い豆はあんをつくるときに用いる。マメを煮ることにより細胞壁のペクチンが分解しさらに溶出して，細胞単位に分離したものがあんである。アズキをゆでる場合は，浸漬を行わずに水からゆでて一度煮立ったらゆで水を捨て，新しく水を取り換える“渋きり[*3]”を行う。アズキのデンプン粒はその表面を熱凝固性が高いタンパク質に覆われているため，加熱してもデンプンが糊状になりにくい。一般に「あん」といえば，生の“こしあん[*4]”のことで，これに50～60%の砂糖を加え加熱したものを“練りあん”という。

(3)　タンパク質性のマメ

タンパク質性のマメ（ダイズ等）は煮豆に向いている。煮豆は豆の4～5倍の水に5～8時間浸漬し吸水させてから加熱し，途中で“びっくり水[*5]”を加え，表皮にしわがなく，ふっくらと軟らかく，煮くずれしないように仕上げる。

ダイズの煮熟の過程では煮汁中に起泡性のあるサポニンが溶出するためふきこぼれやすいので注意する。ダイズを軟らかく

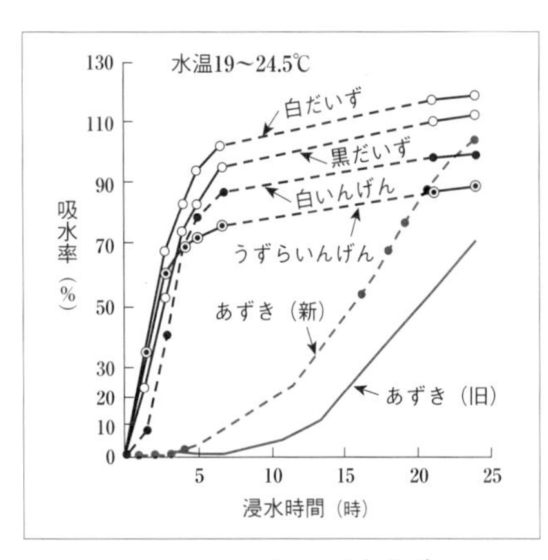

図2.10　豆類の吸水曲線

出所）松元文子：全訂調理実験，柴田書店（1966）

*1 未熟マメ　若い実を利用するものに枝豆（ダイズ）やグリンピース（エンドウ），さやごと利用するものに，サヤインゲンやサヤマメがある。

*2 トリプシンインヒビター　消化酵素トリプシン（膵臓から分泌）を不活性化させる有毒物質で下剤や膵臓肥大を起こす。最近は豆乳や豆腐などの豆加工品にはトリプシンインヒビターの活性が残っていて，糖尿病や膵臓がん予防に効果があることが知られている。

*3 渋きり　沸騰した煮汁を捨てて，タンニンやあんの風味を害する水溶性成分を流し出す操作のこと。

*4 こしあん　豆の形のまま煮上げるものを「粒あん」，豆をすりつぶし種皮が混合しているものを「つぶしあん」，種皮を除いたものを“こしあん”という。これをさらに水にさらした後，乾燥させて保存性を高めたものを「さらしあん」という。

*5 びっくり水　加熱中の煮豆に加える水のこと。マメの表皮の温度を下げることで豆の内部と表皮のあいだに歪みをつくり，吸水と膨張を促進させ軟化が早まる。

煮る方法として1％程度の食塩水に浸漬してから煮る，ダイズ重量に対して0.3％程度の重曹を加えた水に浸漬してから煮る，圧力鍋で煮るなどの方法がある。食塩添加により吸水が速やかに進み軟らかくなるのは，大豆タンパク質のグリシニンが塩溶性であり，食塩水に溶けて子葉が膨潤しやすくなるためである。重曹等アルカリ性の溶液は，煮豆の軟化を促進し，0.2～0.3％程度の添加では，ビタミンB_1の損失も少ない。圧力鍋を利用すると内部温度が高温（115～120℃）となり，短時間加熱で軟化させることができ，甘みが強く，ねっとりした食感になる。

煮豆の調味は豆が十分軟化してから行う。調味する場合は急激に糖濃度を高くすると液の浸透圧で豆が収縮して硬くなるので，砂糖は数回に分けて加えるか，最初から低濃度の糖液で加熱し，濃度を徐々に上げる方法をとる。

黒豆を煮るとき，鉄鍋を用いたり鉄釘を入れたりするのは皮のアントシアニン系色素クリサンテミンが鉄イオン（Fe^{3+}）と結合して錯塩を作り，美しい黒色になるためである。

(4)　その他の大豆加工食品

大豆加工食品には，きな粉，豆乳，豆腐，湯葉，凍り豆腐，納豆，ミソ，ショウユなどがある。

1)　豆腐・湯葉・凍り豆腐

豆腐*1は保水性が高く，崩れやすい滑らかな口触りと独特の弾力がある。豆腐は高温（90℃以上）で長時間加熱すると硬くなるだけでなく，すだちが起こりなめらかな食感が失われる。これを防ぐには，食塩（0.5～1％）を添加するか，1％のデンプン溶液で煮るとよい。湯葉*2は豆乳を85℃付近で加熱し，液面にできる皮膜をすくったものである。凍り豆腐（高野豆腐）は豆腐を凍結してから乾燥したものである。タンパク質の凍結変性により，豆腐とは異なるスポンジ状構造を持つキセロゲル*3である。湯温50℃位で5分戻してから調味液で煮る。

2)　納　豆

納豆菌を利用して煮熟したダイズを発酵・熟成させてつくる糸ひき納豆，テンペ（東南アジアにみられる），麹菌を主要発酵菌としてつくる塩納豆（大徳寺納豆，浜納豆など）がある。糸ひき納豆の粘質物はポリグルタミン酸とフラクタンの混合物質である。

3)　ミソ・ショウユ

ミソは蒸したダイズに麹と塩を加え，発酵，熟成させた調味料で麹の原料により，米ミソ，麦ミソ，豆ミソに分類される。また，食塩量により甘ミソ，辛ミソ，色により白ミソ，赤ミソなどといわれる。米ミソの甘ミソに西京ミソがあり，豆ミソに三州ミソ，八丁ミソがある。麦ミソは田舎ミソなどと呼

*1 豆　腐　豆腐はダイズを浸漬してすりつぶし，加熱ろ過してえられる豆乳に凝固剤を加え固めて，ゲル化したものである。木綿豆腐は絹ごし豆腐より若干水分が少なく，タンパク質，脂質が多く組織は不均質で舌ざわりは粗い。

*2 湯　葉　豆乳の水分を蒸発させてダイズタンパク質を熱変性させると，疎水部分が表面に配向し，親水部分が液中に配向して皮膜が成長する。浮いた皮膜をすくった生湯葉とそれを乾燥した干し湯葉がある。

*3 キセロゲル　ゲルを乾燥させたものをいう。凍り豆腐のほか，棒寒天，シリカゲル（乾燥剤）などがある。

ばれる。食塩含量5～12％である。

ミソ，ショウユ*ともに発酵によりタンパク質が分解し，ペプチド，アミノ酸によるうま味があり，香りも複雑でアジアの代表的調味料である。近年，新しいうま味成分であるメイラードペプタイドもミソから生成されている。

＊ ショウユ　ミソをつくるときの出るたまりから派生したもの。蒸したダイズに炒ったコムギを混合し麹を加え食塩含量17％くらいで発酵させる。7カ月くらいで濾し，生ジョウユとなる。溜りショウユ，再仕込みショウユ，白ショウユなどの種類がある。アジアには魚やエビを使ったショウユ，ナンプラーやニョクマムもある。

Ⅰ－2　ビタミン・無機質を多く含む食品素材のサイエンス

ビタミンや無機質は，微量であるがヒトの代謝調節機能に重要な役割を果たしている。野菜，果物，キノコ，藻類は，エネルギー源にはならないが，ビタミンならびに無機質のほか食物繊維の給源になる。これらの天然の美しい色や独特な芳香とテクスチャーは，料理の色彩を豊かにし，風味を増し食欲増進の役割としての価値も高い。

1　ビタミンの種類と調理過程の変化

ビタミンには脂溶性と水溶性があり，水溶性ビタミンは，洗浄，浸漬，ゆでる，煮るの操作で汁や煮汁に溶出して食品から失われる。熱や光，酸，アルカリ，空気中の酸素や酵素作用に不安定なものもある（表2.10）。

一般に，調理時間が短い炒め物や揚げ物，電子レンジ加熱はビタミンの損失は少ない。

(1)　ビタミンA（レチノール，カロテン，クリプトキサンチン）

脂溶性ビタミンは水に溶出せず，熱にも比較的安定しているので，ゆでたり蒸したりしてもその損失は少ない。とくに，カロテンを含む食品は油炒めなどの油を用いて調理すると，吸収がよくなるため栄養上有効である。

表2.10　主なビタミンの特徴と供給源

	種　類	特　徴	多く含む食品
脂溶性	ビタミンA	熱にやや不安定，酸化・乾燥・高温で壊れる	レバー，緑黄色野菜，うなぎ，卵黄，バター
	ビタミンD	光・熱・空気・酸化に弱く，分解する	レバー，イワシ，カツオ，シラス干し，マグロ
	ビタミンE	アルカリ，紫外線で分解する	胚芽油，綿実油
	ビタミンK	空気・熱に安定，アルカリ・紫外線にも安定	納豆，ブロッコリー，ホウレンソウ
水溶性	ビタミンB_1	アルカリで分解，弱酸性で安定	胚芽，豆類，緑黄色野菜，豚肉
	ビタミンB_2	光・アルカリに不安定，熱や酸にはやや安定	胚芽，肉類，緑黄色野菜，レバー，ウナギ，サバ，納豆
	ビタミンC	熱・空気・アルカリ・酸素に不安定，酸・低温ではやや安定，水に溶けやすい	ミカン，イチゴ，野菜，ジャガイモ，サツマイモ
	ナイアシン	熱・酸化・光に安定，酸・アルカリに安定	レバー，緑黄色野菜
	葉　酸	熱・空気・光に不安定	レバー，ナノハナ，モロヘイヤ，ブロッコリー，ホウレンソウ，アスパラガス，エダマメ，焼きのり

出所）七訂食品成分表，女子栄養大学出版部（2019）より作成。

1)　レチノール

レチノールは主として動物性食品（レバー，ギンダラ，ウナギなど）に含まれる。従来ビタミンAと呼ばれていたが，これは生理的効果を表すときに使用し，食品成分表では国際的に物質名称と認められているレチノールを使用する。栄養計算にはレチノール活性当量（μgRAE）を用いる。

2)　カロテン・クリプトキサンチン

α－カロテン，β－カロテン，β－クリプトキサンチンなどは体内でビタミンAに変わるのでプロビタミンAと呼ばれる。β－カロテンはビタミンA効力が高いので栄養上とくに重要である。カロテンは，ニンジン，ホウレンソウ，コマツナ，ナノハナなどの緑黄色野菜に多い。

表2.11　各種調理操作によるビタミンB_1の残存率

（%）

食品	水分	ビタミンB_1残存率					
		油炒め	油揚げ	蒸す	煮る 煮汁別	煮る 煮汁とも	焼く
サツマイモ	65.4	92.8	91.8	87.6	85.4	97.5	81.4
ジャガイモ	81.1	90.9	87.2	88.0	85.5	94.6	79.2
レンコン	79.0	—	91.2	—	78.8	96.7	—
クリカボチャ	83.0	—	90.1	88.8	80.8	96.5	80.1
ホウレンソウ	91.7	79.2	—	78.2	71.7	92.1	—
タマネギ	92.8	80.8	85.6	92.8	79.5	97.3	—
サヤエンドウ	79.6	90.1	89.2	87.8	86.1	97.5	—
乾エンドウ	13.2	—	88.3	—	80.7	92.0	69.7
大豆	12.6	—	85.1	—	70.6	93.4	61.3
サンドマメ	90.2	87.3	91.3	89.2	78.7	97.6	—

出所）足利千枝：調理科学，光生館（1984）

トマトのカロテノイド系色素リコペン（リコピン）にはビタミンA効力はないが，抗活性酸素成分がβ－カロテンの約2倍である。

(2)　ビタミンB群（B_1，B_2，B_{12}）

水に浸漬や加熱すると水中に溶出するが熱に対して比較的安定なので，煮汁を利用する調理の工夫により損失を少なくすることができる（表2.11）。

1)　ビタミンB_1

軟化やあく抜きの目的で重曹（炭酸水素ナトリウム）を加えると分解されて損失が大きくなる。また，ワラビや貝類に含まれるアノイリナーゼで分解されるが，生食しなければ問題ないとされている。ぬかみそ漬けの野菜にはぬかのB_1が移行し増加するものもあるが，ぬかを適宜補うことが必要である（表2.12）。

2)　ビタミンB_2

光で分解されやすいので，B_2を多く含む牛乳などの食品は冷暗所に保存する。

表2.12　ぬかみそ漬けの野菜のビタミンB_1

食品名	生（mg）	糠漬け（mg）	増加率
カブ	0.03	0.03	－
キュウリ	0.03	0.03	－
ダイコン	0.02	0.33	16.5倍
ナス	0.05	0.10	2　倍

出所）七訂食品成分表，女子栄養大学出版部（2019）より作成。

(3)　ビタミンC（アスコルビン酸）

水に溶出しやすく空気，熱，光に不安定で，通常の調理での損失が多い（表2.13）。

酸化防止剤に用いられるがビタミンC自身は酸化されやすい。アルカリ性では不安定であるが，酸性ではとくに低温で安定である。

キュウリやニンジンはアスコルビン酸酸化酵素をもつため，すりおろしてダイコンおろしと混ぜるとビタミンCが著しく酸化される。しかし，塩類や酸によって抑制されるので，少量の食塩やレモン汁をふりかけるとよい。近年，ビタミンCの抗活性酸素の機能が注目されている（コラム7）。

表2.13　各種調理操作によるビタミンCの損失割合

（%）

野菜名	ゆでる	煮る	蒸す	炒める	揚げる	漬物
キャベツ	37	42	—	25	—	23
ハクサイ	43	53	—	26	—	60
モヤシ	42	36	—	47	—	—
タマネギ	34	33	—	23	30	—
カボチャ	29	37	—	17	—	—
ジャガイモ	15	45	12	30	10	—
サツマイモ	17	30	26	20	4	—
レンコン	35	29	—	28	—	—
ダイコン	33	32	—	38	—	—
ニンジン	18	10	—	19	—	—

出所）吉田企世子：野菜と健康の科学，養賢堂（1994）

2　無機質の種類と調理過程の変化

無機質は，Ca，P，Na，K，Mg，Fe，S，Cuなどの元素の酸化物の集まりをいう。生体内では有機化合物の一部として存在することが多い。たとえば，鉄はグロビン（タンパク質）と結合して血液中にヘモグロビンとして存在している。無機質は，人体内の構成元素のうち数％を占めているにすぎないが，ビタミン同様人体にとって重要な役割を担っている。無機質は水溶性のものが多いので，洗い水やゆで汁に溶出し，10～20％程度損失する。

無機質は「あく」の成分のひとつでもあり，あく抜きを行う際に溶出する（表2.14）。無機質のなかで栄養価にとくに注意しなければならないものはカルシウムと鉄である。野菜のカルシウムは，牛乳・乳製品に比べて吸収率が悪い（表2.15）。

表2.14　野菜・果物の「あく」成分とその除去法

	食　　品	あく成分	あくの除去法
苦味	フキ，クワイ	カテキン，クロロゲン酸，サポニン	熱湯でゆで，水さらしをする
えぐ味	ホウレンソウ，シュンギク	シュウ酸とその塩類，カリ塩	〃
	ワラビ，ゼンマイ	サイカイシン（発がん性）	木灰（きばい）あるいは重曹を加えた熱湯でゆでる
	タケノコ	ホモゲンチジン酸 クロロゲン酸	コメのとぎ汁（小麦粉，米糠を加えてもよい）でゆでる
	ダイコン，カリフラワー	シュウ酸	コメのとぎ汁（小麦粉を加えてもよい）でゆでる
渋味	カキ	シブオール	アルコール（酒）を噴霧し，密封放置し，シブオールを不溶性にする
	未熟な野菜・果物	タンニン	追熟する

表2.15　代表的な無機質と供給源

種　類	多く含む食品
カルシウム	牛乳・乳製品，小魚，生揚げ，京菜
鉄	肝臓（牛・豚・鶏），肉類，ひじき，大豆製品，小松菜
カリウム	牛乳・乳製品，バナナ，スイカ，納豆類，豆乳
ヨウ素	海藻類，魚介類
マグネシウム	魚介類，肉類，ホウレンソウ，種実類

出所）七訂食品成分表，女子栄養大学出版部（2019）より作成。

コラム7　活性酸素と抗酸化物質

「活性酸素」はヒトが酸素を利用して生きていく上で，必ず生成されるものであるが，過剰につくられた「活性酸素」は病原菌だけでなく，正常な細胞までも攻撃し，酸化させ，細胞内のDNAを傷つけたり，がん細胞を発生させたり，体内のコレステロールや中性脂肪を酸化させて血管をもろくしたり，内臓や皮膚，骨などのあらゆる組織にダメージを与え，老化やがん，生活習慣病につながるといわれている。活性酸素の発生要因は，喫煙（伏流煙），ストレス，食品添加物，不規則な生活，飲酒，農薬，排気ガス，電磁波（携帯電話，パソコン，電子レンジ），紫外線，激しい運動などがあげられる。

「抗酸化物質」は活性酸素を無害なものに変える働きをするもので，SOD（スーパーオキシドディスムターゼ），カタラーゼ，グルタチオンなどの体内の酵素と，活性酸素を防ぐ成分（抗酸化ビタミン，無機質，ファイトケミカル：ポリフェノールなど植物に含まれる苦み，香り，色素）とがある。人間は抗酸化ビタミンを体内で合成することができないので，普段の食事から十分に摂取する必要がある。主な食品例を以下に示した。

- 抗酸化ビタミン（V.）①V.C：レモン，イチゴなどの果物，緑黄色野菜　②V.E：ゴマ，ウナギ，ピーナッツ　③カロテノイド（V.A）：緑黄色野菜の色素成分，トマトのリコペンは注目。
- 無機質（ミネラル）①亜鉛：カキ，ウナギ　②セレン：シラス干し，小麦胚芽
- ファイトケミカル　①アントシアニジン：赤ワイン　②カテキン：緑茶　③クロロゲン酸：ナス，コーヒー　④サポニン：ダイズ，ミソ，ショウユ　⑤イソチオシアネート：ブロッコリー，ナノハナ

3　野菜類の調理

野菜は食用とする部位によって葉菜類，根菜類，茎菜類，花菜類などに分けられる。カロテン含量が600μg未満であっても，摂取量及び使用頻度から緑黄色野菜としているものもある（グリーンアスパラガス，サヤインゲン，オクラ，シシトウガラシ，トマト，ピーマン，メキャベツなど）。

表2.16　野菜・果物の色素とその特徴

色　素		主な色素名	所在食品
クロロフィル（青緑～黄緑色）		クロロフィル a クロロフィル b	日光を受けて育った葉の緑色部に多い 緑黄色野菜
カロテノイド系	カロテン類（橙赤色）	α-カロテン	ニンジン，茶葉，かんきつ類
		β-カロテン	緑茶，ニンジン，唐辛子，かんきつ類
		γ-カロテン	ニンジン，アンズ，かんきつ類
		リコピン	トマト，スイカ，カキ
	キサントフィル類（黄～赤色）	ルテイン	緑葉，オレンジ
		ゼアキサンチン	トウモロコシ，カボチャ，緑葉
		クリプトキサンチン	ポンカン，トウモロコシ
		リコキサンチン	トマト
		カプサイシン	唐辛子
		フコキサンチン	こんぶ，わかめ
		クロセチン	くちなし，サフラン
フラボノイド系（無・黄色）		ケルセチン	タマネギの黄褐色の皮
		ルチン	そば，トマト
		アピイン	パセリの葉
		ヘスペリジン	ミカン，ダイダイ，レモン，ネーブル
		ノビレチン	ミカンの皮
		ナリンギン	ナツミカンの皮，グレープフルーツ
		ダイジン	ダイズ
アントシアン系（赤・青・紫色）		ナスニン	ナス
		シアニジン	赤カブ，イチジク
		シソニン	赤ジソ
		オエニン	赤ブドウの皮
		フラガリン	イチゴ
		クリサンテミン	黒ダイズの皮，クワの実

出所）下村道子・和田淑子：改訂調理学，85，光生館（1998）

(1)　野菜の色

野菜や果物の美しい色は，料理に彩りを添え，食欲を増進させる。とくに，日本料理では素材のもつ自然の色を生かす配慮がなされる。野菜・果物に含まれる主な色素とその所在を示した（表2.16）。

1)　クロロフィル

クロロフィルは，ポルフィリン環の中央に Mg^{2+} が入った構造をしており，長い側鎖のフィトールがついているため（図2.11），水に溶解せず脂溶性である。植物体内に存在するときは，タンパク質とゆるく結合しており，クロロフィル a と b が存在する。a は青緑色を，b は黄緑色を呈し，a が多く存在し，b は a の約3分の1程度である。

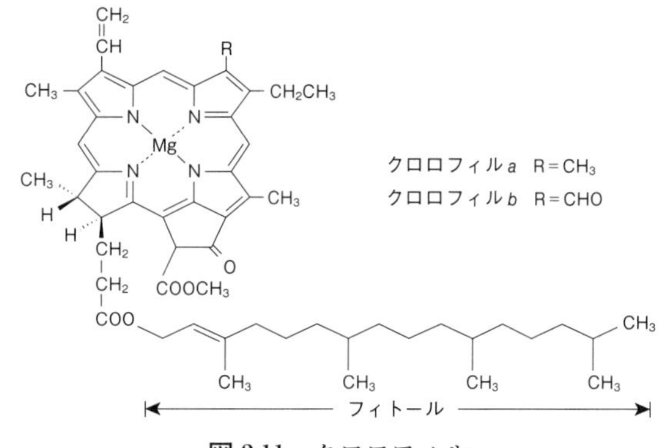

図2.11　クロロフィル

クロロフィルは，長時間の加熱，酸素，酸，酸化酵素，クロロフィラーゼなどの影響を受ける。

緑色野菜は，長時間煮たりゆでたり，酢の物にすると，分子内の Mg^{2+} が2原子のHで置換されてフェオフィチンになるため退色[*1]して黄褐色になる。一方，熱湯に短時間通すブランチング処理[*2]では緑葉中のクロロフィラーゼが活性化し，クロロフィルの一部が分解してクロロフィリドになるので鮮緑色になる。ワラビ，ヨモギなどを重曹などのアルカリ性溶液中で煮るとクロロフィリンとなり，緑色が鮮やかになり，早く軟化する。

*1 退　色　キュウリのピクルスは，調味液中の酢の作用により，皮の緑色が茶色に変色する。

*2 ブランチング処理　湯通しをすること。

2)　カロテノイド

カロテノイド系色素の主なものは，α－カロテン，β－カロテン，γ－カロテン（カロテン類）とクリプトキサンチン（キサントフィル類）で，いずれもビタミンA効力をもつ。カロテノイドは熱に安定で調理に使う程度の酸やアルカリでは影響を受けないが，ペルオキシダーゼなどの酸化酵素で分解されるので，冷凍保存するときは加熱処理が必要になる。

3）　フラボノイド

フラボノイドは無色あるいは淡い黄色を示す色素で，カリフラワーやタマネギなどに含まれている。酸性液中で白，アルカリ性液中で黄色になる。カリフラワーをゆでるときに酢を加えるのは白く歯ざわりよく仕上げるためである。重曹を用いた蒸しパンが黄色く着色するのは，小麦粉中のフラボノイドが重曹により弱アルカリ性となるためである。また，フラボノイドは金属の影響を受けて変色するため無色のフラボノイドが発色する。野菜や果実の缶詰類にみられる変色は，フラボノイドが鉄イオンと反応して褐色あるいは緑色になったものである。これは，鉄製の包丁で野菜を切る場合にもみられる。

4）　アントシアニン

アントシアニンは，赤，青，紫色の色素で，熱に弱く，酸性液中で鮮やかな赤色を示す。pHが低い赤カブの酢漬け，梅干し，[*1]しば漬け[*2]は赤い色である。中性では紫や藍色，アルカリ性では青や緑色に変色する。また，鉄やアルミニウムなどの金属イオンとキレート化合物を生成し，青色や暗緑の安定した色になる。ナスのぬかみそ漬けでは鉄くぎをぬか床に入れたり，ミョウバン（アルミニウム化合物）をナスにすりつけたりすると，錯塩を形成して色は安定になる。黒豆を煮る場合にも鉄釘を入れる。

＊1 梅干し　ウメを塩漬けし，溶出した梅酢にアカジソを混ぜ込むと，梅酢のクエン酸やリンゴ酸などの有機酸が作用して酸性となり，鮮やかな赤色に発色する。一度塩漬けした梅をこの溶液に漬け込んで色を染込ませた後，土用干しして仕上げたもの。

＊2 しば漬け　原料中のナスやアカジソの色が乳酸発酵による乳酸や酢酸などの有機酸が作用して酸性となり，独特な赤紫色に発色する。酸味の強い京都名産の漬け物で，昔ながらの方法で自然発酵させたものを「生しば漬け」，調味液で漬けたものを「味しば漬け」と呼んでいる。

(2)　野菜の香り

野菜には特有の香りを有するものが多い。これらは素材そのものの香りを賞味したり，料理に添えることによって料理の風味を引き立てたり，不快な香りをマスキング[*3]するために用いられる。

＊3 マスキング　元の不快な香りを封じ込めて感じさせなくすること。

野菜の主な香りの成分は，アルコール類，エステル類，含硫化合物などで細胞中に存在する。すりおろしたり切ったりすることによって細胞が破れると香り成分が外に出る。香味野菜にはタマネギ，ニンニク，パセリ，セロリ，ショウガ，ミヨウガ，シソ，ナガネギ，ニラ，ミツバなどがあり，薬味やマスキングに用いられる。

(3)　野菜の加熱

野菜は加熱によって組織が軟化し，不味成分である「あく」も除去できるうえ，タンパク質の変性やデンプンの糊化が起こるので食べやすくなる。野菜の軟化にはペクチンの質的・量的変化のほか，軟組織中の細胞壁の微細構造や維管束の形態などの変化が関与する。ペクチンは植物の細胞膜に多く含

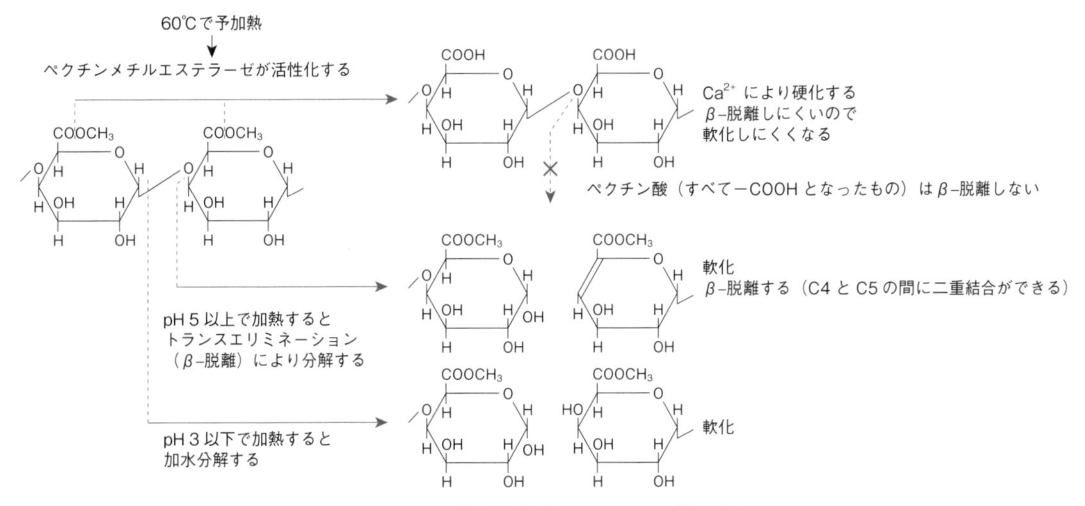

図 2.12　野菜類の軟化とペクチン質の分解

まれており，細胞と細胞を接着し植物の組織を支え，セルロースやヘミセルロースとともに組織に適当な硬さを与える物質で，ガラクツロン酸がα－1,4グルコシド結合した中性糖の側鎖をもつ多糖類である（図2.12）。

ペクチン質のうちガラクツロン酸の一部がメチルエステル化しているものをペクチン[*1]という。ペクチンは加熱溶液が酸性か，中性か，アルカリ性かによってテクスチャーが異なる。野菜を中性またはアルカリ性の液で加熱するとペクチンがトランスエリミネーション（β-脱離）によって細胞間の結合がゆるむため軟化するが，アルカリ性ではこの反応がさらに促進するため，さらに軟化する。pH 3 以下ではペクチン質が加水分解することによって軟化する。レンコンやゴボウを酢水で煮ると硬くて歯切れがいいのは，弱酸性（pH 4 付近）ではトランスエリミネーションや加水分解が生じないからである。ジャガイモを60～70℃で加熱し続けると軟化しにくいという硬化現象がみられる。これはペクチンメチルエステラーゼが活性化し，ペクチンが低メトキシルペクチン（LM ペクチン）となるため，Ca^{2+} と結合したりトランスエリミネーションが起きにくくなるからである。

＊1 ペクチン　メトキシル基の含量が高いもの（7％以上）を高メトキシルペクチン（HM ペクチン），低いものを低メトキシルペクチン（LM ペクチン）という。

野菜を加熱すると，細胞膜は半透性を失い，調味料の拡散によって浸透するので，拡散の遅い調味料から先に入れるとよい。根菜類を煮る場合は，一般にさ（砂糖）・し（食塩）・す（酢）・せ（醤油）・そ（味噌）の順に調味するのは理にかなった方法である。砂糖を食塩より先に加えるのは，砂糖の分子量（342.3）が大きいため食塩（分子量 58.4）より拡散が遅く甘味の浸透が遅いからである。酢・ショウユ[*2]・ミソは長時間の加熱で風味が失われやすいため後のほうで加える。

＊2 ショウユ　肉じゃがを調味する際，最初からショウユを加えるとジャガイモの煮崩れを防ぐことができる。これはペクチンとショウユの pH（酸性側）に起因する。

タマネギのように加熱すると甘味を増すものもある。これは生タマネギの刺激成分である硫化物がプロピルメルカプタンに変化することに起因する。

ゆでタケノコの表面に白い沈殿物がつくことがある。これはチロシンで，冷めると白濁するが害はない。

(4)　**野菜の褐変**

ジャガイモやレタスの切り口を放置しておくと茶色に変色する。これは食品中に含まれるフェノール物質が食品中のオキシターゼ（酸化酵素）の作用によって酸化され，さらに重合，縮合して茶色の色素に変化する酵素的褐変に起因する。褐変反応の原因となる物質を基質といい，一般に「タンニン」[*1]とも呼んでいる。褐変すると色彩を悪くし，食欲の減退にもつながる。これは果物についてもいえる。野菜・果物の褐変防止操作を表2.17に示した。

＊1 タンニン　植物の褐変に関与するポリフェノール類をいう（カフェイン酸，クロロゲン酸，カテキン，カテコールなど）。

4　果物類の調理

適度に熟成した果物は，生の果肉そのものが賞味されることが多い。果物のおいしさは，色彩や適度な甘味と爽やかな酸味，多汁によるみずみずしさ，特徴的な香りによるところが大きい。果物の水分含量は80〜90％で，ビタミンやミネラルなども多く，食物繊維，ポリフェノールやカロテノイドなどのファイトケミカルも含まれている。酸味は果物の爽快なフレーバーに重要で，クエン酸，リンゴ酸が多く，酒石酸，キナ酸などの多くの有機酸が寄与している。

果物の熟成過程では，デンプンが分解され糖類の増加により甘味が増し，酸味の減少，苦味や渋み成分の不活性化，色素成分の変化など多くの成分の変化が起こると共に組織が軟らかくなり，揮発性物質（香気成分）が生成する。未熟な果物のペクチン質は硬く，酵素によって分解されると軟らかく熟した状態となる。ペクチンについては野菜の加熱で述べた（図2.12）。

日本料理では果物のことを水菓子[*2]と呼んでデザートとして供卓される。キウイフルーツなどにはタンパク質分解酵素（プロテアーゼ）[*3]が含まれており，肉類の軟化に利用することもある（表2.18）。

＊2 水菓子　古くは果物と菓子は混同して使われていた。しかし，江戸時代に菓子が“和菓子”として独自に発展したので，果物を“水菓子”というようになった。

＊3 タンパク質分解酵素　この酵素を含む生の果物により口腔内や唇の周りがただれることがある。また，ゼラチンを溶かすのでゼラチンゼリーに利用するときは加熱して酵素を失活させる必要がある。

(1)　**果物の色**

果物の美しい色は料理に彩りを添え，食欲を増進させる。表2.16に示したように，赤色系果物（イチゴ）ではフラボノイド/アントシアニン系色素が多

表 2.17　野菜・果物の代表的な褐変防止操作

①水に浸漬	空気中の酸素との接触を遮断することで酸化を防ぎ，同時に水溶性の酵素を水中に溶出させる。
②食塩水や酢水に浸漬	食塩や酢は酵素の活性を抑制し酵素反応を抑える働きがある。
③ブランチング	酵素は熱に不安定であるから加熱すれば活性を失う。
④レモン汁を振りかける	レモンのビタミンCが還元作用を持つため酸化が抑制される。
⑤金属の接触を避ける	鉄や銅などの金属イオンは酵素反応を促進するため，鉄製の包丁よりステンレスやセラミック製がよい。
⑥袋に入れて脱気する	酸素を除き酸化を防ぐ。

く，黄色系/淡赤系果物（オレンジ，スイカ）ではカロテノイド系色素が代表的な色素である。また，トマトのように果皮，果肉全体がカロテノイドであるものやスイカのように外果皮にはクロロフィル，果肉にはカロテノイド系の赤や黄色になるものがある。

表2.18　食品に含まれるタンパク質分解酵素

食　品	酵　素
キウイフルーツ	アクチニジン
パインアップル	ブロメライン
パパイヤ	パパイン
メロン	ククミシン
イチジク	フィシン
ショウガ	ショウガプロテアーゼ

(2)　果物の香り

果物の香気成分は種類が異なっても共通することが多く，その量比が異なることによりそれぞれ特有な香りになる。柑橘類ではテルペン炭化水素やテルペンアルコールの種類や量が多く，リンゴ・イチゴ・バナナ・メロンなどはエステル類，モモはラクトン類が特徴的な香気成分であるが，これらの香気成分はほかの果物にも存在していることが多い。表2.19に代表的な果物の特徴と香気成分を示した。

(3)　果物の甘味

甘味の主要成分は糖類で，ショ糖（スクロース：砂糖），ブドウ糖（グルコース），果糖（フルクトース）やソルビトールである。果糖がもっとも甘味が強いとされ，冷やすと甘味が増す。果物を食べる前に冷蔵庫で冷やしておくと甘味が増しおいしく感じる。その理由は，果物中の果糖は冷やすとα型からβ型（甘味がα型果糖に比べ2倍高い）に変わるからである。表2.20に甘味の強さと特徴を示した。ショ糖は温度による甘味度の変化が少ないので基準とされている。

果糖の多い果物にはリンゴ・日本ナシ・ビワなど，ブドウ糖が多い果物はオウトウ・ウメなど，ショ糖が多い果物にはウンシュウミカン・オレンジ・ナツミカン・カキ・モモ・バナナ・パインアップルなどがある。また，ブドウ糖と果糖がほぼ同量なものはブドウ・イチゴなどである。ソルビトールはオウトウ・リンゴ・日本ナシ・スモモなどに多い。

一般に未熟な果物にはデンプンが多く含まれているが，生育や熟成過程で酵素によってデンプンが糖類に分解され甘く感じられるようになる。バナナや西洋ナシは追熟*1過程で糖量が増加する。ミカンやその他柑橘類のように酸の含有量が多いものは貯蔵すると甘味が増すように感じられるが，実際には有機酸が分解されて減り，糖酸比*2が大きくなることに起因する。果物を長期間貯蔵しておくと「味がぼける」のは，有機酸が分解され酸味が減るためである。

一方，果物の甘味の目安を「糖度」として示すことがある。これは糖用屈折計（Brix計）を用いて果汁中に溶けている甘味成分・固形分の総量をBrix値（ブリックス値）*3で表示される。水に溶けている砂糖濃度により屈折率が変化する性質を利用したものなので，光の屈折率に比例する。つまり，砂糖や食塩だけでなく，他の水溶物の量が多ければ多いほど屈折率が高くなるの

*1 追　熟　収穫後に完熟させることをいう。追熟が必要な果物にはメロン，キウイフルーツ，バナナ，アボカド，マンゴー，パパイヤ，ドリアンなどがある。バナナはやや未熟なうちに収穫して輸送中に追熟させる。未熟なメロンは常温で追熟し，食べる直前に冷蔵庫で冷やすとよい。未熟なアボカドを冷蔵すると低温障害をおこし追熟しないことがある（早く追熟させたい場合は，リンゴや熟したバナナ〈エチレンガスを発して追熟を促す〉などと一緒にビニール袋に入れておくとよい）。

*2 糖酸比　果物の成熟度を示す指標として果汁の糖度と酸度を計り，糖度の値を酸度の値で割った値（比）のこと。果実のおいしさを客観的に表す食味の指標のひとつとして用いることができるが，糖度と酸度が共に低い値，あるいは共に高い値であれば，同じような数値になるので糖酸比だけで判定するには注意が必要である。おいしいとされる糖酸比の目安は，ミカン10～14，ブドウ30以上，リンゴは30～40，ナシは15以上，モモは13以上。

*3 Brix値（ブリックス値）　糖用屈折計で示される糖度の値で，国も認める正式な値として使用されている。「果実飲料の日本農林規格（農林水産省 HP）」には「糖度を糖用屈折計で測定し，Brix値（ブリックス値）で表示する」と記載されている。

表 2.19　代表的な果物の特徴と主な香気成分

果　物	特　　　　徴	香　気　成　分
ユ　　ズ	日本調理用柑橘の代表，爽快な酸味と快い独特の香気をもつ	リモネン，リナロール，微量のチモール，ペリラアルデヒド
アンズ 別名（アプリコット）	種子が少なく，果肉は果汁を多く含み，淡いクリーム色で軟らかい	リナロール，ゲラニオール，ネロールなどのアルコール類，ベンズアルデヒド，パラサイメン
スイカ	果肉は紅肉と黄肉があり，紅肉種が90％を占め，利尿作用の高いカリウムが豊富	アルデハイド類，アルコール類，ケトン類
西洋ナシ	果皮は黄色系，日本ナシのサクサクとした食感とは正反対で，ねっとりとして軟らかい	エチル及びメチル　トランス-2，シス-4-デカジエノエート，その他高級脂肪酸のエステル
日本ナシ	赤ナシ系は果皮が茶褐色で甘味が強い，青ナシ系は緑褐色で多汁，ザラザラした食感	ヘキシルアセテート，ゲラニルアセテート，シトロネリルアセテート
グレープ	巨峰やキャンベル，デラウェア（黒・赤色），緑のマスカットなど，種なしもあり，多汁で甘い	エチル アセテート，メチルアンスラニレートなどのエステル類，リナロール，ヘキサノール，フラネオール
メロン	果皮に網目のあるマスクメロン，なめらかなプリンス，夕張など，独特の香りに特徴がある	cis-6-ノネナール，3，6-ノナジエン-1-オール，cis-3-ヘキセノール，その他酢酸エステル類
モ　モ	白鳳系は甘みが強く肉質が軟らかく多汁，白桃系は果肉の色が白くやや硬め	エステル類，ラクトン類，アルデヒド類（未熟の時は，エステル類が多く成熟するとラクトン類が増加する）
マンゴー	特有の強い香りがあり甘く軟らかく，アイスクリーム，ゼリー，キャンディ，チャツネにも利用	アセトイン，ターピネン，酪酸，ラクトン類
リンゴ	赤リンゴ（歯ごたえ），黄リンゴ（軟らかい），青リンゴ（甘い）など多様な品種が流通，適度な果汁・酸味と甘み・シャキッとした食感	新鮮香はヘキサノール，ヘキサナール，完熟香はエチルブチレート，ブチルアセテート（デリシャス系はエステル類，国光や紅玉はイソアルコール類が多い）
キウイフルーツ	キウイの名前はニュージーランドの珍鳥「KIWI」に由来，果皮に茶色のうぶ毛が密集，果肉は緑と黄色の２種，ビタミンC・カリウムを含む	エチル n-ブチレート，エチルベンゾエート，メチルベンゾエートなどのエステル類やアルコール類，特異な成分としてベーターダマセノンを少量含む
バナナ	皮も果肉も黄色いもの，皮が赤いもの，小型のモンキーバナナ，デンプンを多く含む料理用バナナもあり，炭水化物・カリウムが豊富	甘い香気は酢酸，プロピオン酸，酪酸などのアミルエステル，完熟感はオイゲノール，オイゲノールメチルエーテル，エレミシンなどのフェノールエーテル類
ウンシュウミカン	日本独自の果物，果皮は手でむきやすく種子無しが多い，多汁で酸味・甘味があり，ジュース・シロップ漬け・陳皮に利用	リモネン，特徴的な微量成分としてはリナロール，脂肪族アルデヒドのデカナール
イチゴ	学名通りに香りの良い果物（フラグラント＝芳香の意味）だが，香りは変化しやすく，傷みも早い，新鮮な朝摘みが美味	エステル類（酢酸エチル，酢酸ブチル，カプロン酸メチル），アルコール類，酢酸，甘い香りはラクトン類
パインアップル	多汁で甘く独特な香り，表面が松ぼっくり（パインコーン）に似ていて，味が「アップル」のように甘酸っぱいことからこの名が付いた	カプロン酸のメチル，エチルエステルが多い，3-メチルチオプロピオン酸（微量だが重要），完熟香は2.5-ジメチル-4-ヒドロキシ-3（2H）フラノン
レモン	果皮果肉共に黄色，酸味が強く（pH2），甘味は少ないが爽やかな香気が特徴，果汁は料理や飲料用フレーバーに利用	シトラールが主，その他アルコール類，アルデヒド類，ケトン類，エステル類
ドリアン	果物の王様ともいわれ，外観は円錘形のトゲに覆われた東南アジアの果物の代表，強烈な匂いを持つが果肉はチーズ・生クリーム様，一度食べると病みつきになるとされる	フルーティーな香り（酪酸エチル，2-メチル酪酸エチル，カプロン酸エチルなど），タマネギ様の香り（メチルエチルトリサルファイド，エタンチオールなどの硫黄化合物）が独特の香りとなる

で，厳密には砂糖濃度だけを示す値ではない。しかし，一般的には同じ果物で比較する場合，糖度が高ければ糖の量が多いとされ，「糖度＝甘さの目安」と考えられている。

(4)　果物の加工

果物というと生食のイメージが強いが，実際にはさまざまな加工食品がある。果物は水分が多く肉質がやわらかいため腐敗がすぐに始まりやすいので，長期間保存できる加工食品として利用することは理にかなっているといえる。

表 2.20　甘味の強さと特徴

種　類	甘味度	特　　徴
ショ糖	1	自然でソフトな甘味で舌に残る
ブドウ糖	0.64～0.74	爽やかな甘味，容易に吸収利用されてエネルギー給源になる
果　糖	1.15～1.73	あっさりとした甘味
ソルビトール	0.6	清涼感のある甘み。成長期に増加し，貯蔵中では減少する

1)　ジャム・マーマレード・ゼリー

果物に含まれるペクチンが酸と糖によってゲル化する性質を利用して作られる。水分30～35％に対し，ペクチン0.5～1.5％，糖分50～70％，有機酸0.5～1.0％，pH2.8～3.5で効率よくゲル化する。ペクチンのゲル化にはこれらのバランスが重要であり，必要に応じて市販ペクチンや酸，糖を添加して調製するとよい。一般にペクチンや酸が少ないナシやカキなどの果物はジャムに適さないとされる。

ジャムの糖濃度が50～70％と高いにもかかわらず冷凍しても結晶化しないのは，砂糖の一部が果汁の有機酸で分解し転化糖になっているからである。

① ジャム　果実に砂糖や蜂蜜を加え，ゼリー状になるまで煮詰めたもの。イチゴ，ブルーベリー，アンズ，リンゴ，オレンジ，ブドウなどの果物を用いた甘いものが一般的で，パンに塗ったり，ヨーグルトなどに添えて食される。果肉が残っているジャムをプリザーブという。

② マーマレード　柑橘類の果実を用いたジャムの一種で，果皮が含まれるものをいう。オレンジ，グレープフルーツ，夏ミカン，ユズなどの柑橘類の果皮を細かく切り砂糖などを加え煮詰めたもの。ジャムと比べて苦みがある。

③ ゼリー　本来はペクチンや酸の多い果物に砂糖を加えて煮つめたものをゼリーと呼んでいたが，近年はゼラチンや海藻抽出物などに砂糖，果汁，香料などを加えて凝固させたゼリーも一般にゼリーと呼ばれている。

2)　果実飲料

a　ジュース

本来は「野菜や果実の汁」という意味であり，果汁のみの絞り汁のことをいう。料理にかけるレモン汁やショウガ汁なども「ジュース」*といえるが，家庭で作る場合はジューサーを用い，果肉から果汁を絞り出すのが一般的である。一方，スムージーは果皮を含む丸ごとの果物に氷や水などを補いミキサーで混合した飲み物である。ジューサーやミキサーは図4.31に示した。

＊ ジュース　日本の食品表示基準では「ジュース」は100％果汁のことを指すと定められている。果実が50％以上入っているものを「果汁飲料」と言い，10～50％のものを「果汁入り清涼飲料」と呼ぶと定められている。

① ジュース類の原料　ジュースの材料としては多汁で甘みや酸味が強い果物が使用しやすい（リンゴ，オレンジ，ウンシュウミカン，グレープフルーツ，ブド

ウなど)。混合したものをミックスジュースという。飲料として飲むことが多いが，酒と混合してカクテルの原料にしたり，料理に使用したりすることもある。

②**ネクター**　細かくすり潰したピユーレ状の果肉を一定量残して濃厚な飲み口にするものをいう。モモ，リンゴ，バナナ，イチゴ，パパイヤ，マンゴー，オレンジなどのジュースによく利用される。

③**エード（レモネード）**　エード（英語：ade）とは果汁を薄め甘味料を加えた飲み物のことをいう。果汁の種類によりレモネード（レモン＋エード），オレンジエード，グレープエード，チェリーエード，ライムエードと呼ぶ。砂糖，シロップ，ハチミツなどを加え，水やソーダを混合したソフトドリンク＊1で，国によって炭酸水を含んだり含まなかったりする。日本ではレモネードに冷水の代わりに熱湯を混合すれば「ホットレモネード」（またはホットレモン），炭酸を使うと「レセンスカッシュ」になる。

b　果実酒（かじつしゅ）＊2

家庭でも自家用に作ることができる果実酒はホワイトリカー＊3やブランデーなどの蒸留酒に果実を漬け込んで作るもので，ブドウ（ヤマブドウを含む）以外の多種多様な果物が使われる。ただし，これら自家製の果実酒を税法上は販売してはならないとされている。代表的な果物には，春（イチゴ，サクランボ，ウメ），夏（ブルーベリー，アンズ），秋（リンゴ，カリン），冬（ミカン，ユズ，キンカン），通年（オレンジ，レモン，その他：ショウガ，ペパーミント，コーヒー，紅茶，緑茶）などが挙げられる。

①**梅　酒**　青ウメと氷砂糖を交互に入れ，蒸留酒に漬け込む。冷暗所に保存し琥珀色に変われば飲みごろである。目安は標準3カ月以上で，ウメの実は1年後に取り出す。料理や菓子の隠し味にも利用される。

②**リモンチェッロ**　レモンの果皮を蒸留酒に一定期間浸漬した後取り出し，砂糖水を加えて1週間～1カ月程度置く。レモンの香りがし，甘味もあるので口当たりが良い。イタリアの食後酒で名産品のひとつ，よく冷やしストレートで飲む。

③**アンズ酒**　氷砂糖と蒸留酒に漬け込む。アンズはクエン酸を多く含むので甘酸っぱい味で，3カ月以上熟成させる。乾燥果実を使用すれば一年中作楽しめる。

④**カリン酒**　カリンの果肉は堅く，そのまま食べるのは適さないが，果実酒にすると独特な香りと，ほどよい渋味，酸味が溶けあい美味となる。輪切りにして漬けこみ6カ月以上熟成させる。咳や痰など喉の炎症に効くとされ，のど飴に配合されていることが多い。

＊1 ソフトドリンク　明確な定義はないが，アルコール分1％未満の飲料（一般的に清涼飲料水と同義語，乳酸菌飲料などを含む）を指していることが多い。

＊2 果実酒（かじつしゅ）　狭義には果汁からつくる醸造酒のことで，酒税法上の品目で「果実酒」と言われているものには，ワイン（原料：ブドウ），シードルは（原料：リンゴ）などがある。これらの果実酒を蒸留してアルコール度数を上げたものをブランデーと呼ぶ。

＊3 ホワイトリカー　焼酎甲類のことで，糖蜜を発酵させて得たエタノールに加水し36％未満としたお酒。無味無臭に近く，果実がもつ甘味や酸味，香り，味わいを邪魔しないので果実酒をつくるときに使うのに向いている。焼酎乙類はイモやコメ，ムギなど原料の風味を色濃く残したものなどで果実酒には不向きとされる。

3)　果物の砂糖漬け

果物を砂糖に漬けたものは，シロップ漬けとも言われる。一定の砂糖濃度の中では細菌が繁殖できないため果実を長期間保存することができる（冷蔵庫で1カ月～半年程度）。ミカン，オレンジの皮，サクランボ，クリ，アンズ，パインアップル，リンゴなどが利用される。皮だけ（オレンジ，レモン）や，果実を丸ごと（キンカン，梅の実）漬けるものもあり，家庭でも多く作られている。マロングラッセや甘納豆のように直接食するものや，オレンジピールやアンゼリカ[*1]のようにケーキなどの飾り付けや風味付けに利用することも多い。砂糖漬けのピールをチョコレートで包んだ菓子はオランジェットと呼ばれる。日本各地の名物にはブンタン漬け[*2]（鹿児島），初夢漬け[*3]（千葉）などがある。

4)　乾燥果物（ドライフルーツ）

ドライフルーツは，果物を天日や砂糖などで脱水して乾燥させ，保存性をもたせた食品の総称であるが，その他に油で揚げたり，近年ではフリーズドライなどの技術を利用したものも多い。家庭では，レモン，バナナ，リンゴなどをスライスしてオーブンを用い，余熱なしで焼くとよい（低温でゆっくり焼くと酵素活性時間が長くなり甘さが増す）。また，ドライフルーツは1種の加工食品だけでなく，フルーツグラノーラ[*4]やケーキ類のように他の食品と組み合わせ，異なった食べ物に変身させることもできる。

①干しブドウ（レーズン）　ブドウを天日あるいは熱風などの人工的手法で乾燥させたもので，ブドウの種類によって，緑，黒，青，紫などのものがある。直接食されるほか，パンやクッキーに加工されるものもある。サラダやピラフ，カレー料理にも利用される。その他にラムレーズン，レーズンバターが挙げられる。

②干し柿　そのままでは食べられない渋柿は乾燥させることにより，可溶性のタンニン（シブオール）が不溶性に変わり渋味がなくなり，甘味が強く感じられるようになる（甘さは砂糖の約1.5倍とされる）。乾燥させずに生食される甘柿とは異なり風味や食感が異なる。表面に付着している白い粉は柿の糖分が結晶化したもので，マンニトール（マンニット），ブドウ糖，果糖，ショ糖を含む。

③乾燥ライム・干しレモン　1個丸ごと，またはスライスして，または粉末状で香辛料として使用される。アラビア料理やイラン料理（シチューやスープ）の伝統的な食材で，料理に酸っぱさを加える香辛料として使用される。

④陳　皮　漢方薬の原料のひとつである。日本では熟したウンシュウミカンの果皮を乾燥させたものを代用しているが，中国ではマンダリンオレンジを用いる。日本薬局方では，ウンシュウミカンの成熟した果皮と定義されている。七味唐辛子や五香粉[*5]の材料のひとつとしてもよく使われている。

*1 アンゼリカ　セイヨウトウキをシロップ煮にしてから乾燥させた製菓材料，セイヨウトウキ由来の香りと鮮緑色が特徴。日本ではフキの甘露煮を乾燥させて代替品とすることもある。ケーキ，ジンジャーブレッド，プディング，スフレなどに使われる。

*2 ブンタン漬け　ブンタン（ザボン）の皮を砂糖で煮詰めて砂糖漬けにしたもの。

*3 初夢漬け　ヘタつきの小茄子を丸のまま砂糖漬けにして，さらに上から砂糖をまぶした菓子。

*4 フルーツグラノーラ　グラノーラ（オートミールにハチミツやメープルシロップなどの甘味料と植物油を加えてオーブンで焼いたもの）に，さらにドライフルーツやナッツなどを混合したもの。

*5 五香粉（ウーシャンフェン）主に中国料理で使われる混合スパイスで，必ずしも5種類というわけではなく，チンピ，シナモン，クローブは共通で，その他スターアニスやフェンネルが用いられることが多い。

5） 果物の冷凍

イチゴやメロン，ミカン，その他さまざまな果物が冷凍果物として加工される。身近に手に入るものは家庭でも作ることができ食材としても利用価値が高い。家庭の冷凍庫で作る場合は急速凍結が難しいので1カ月以内に食することが望ましい。

5　キノコ類の調理

(1) キノコの種類と味

キノコの種類は非常に多く数千種類もあり，「食用キノコ」「薬用キノコ」「毒キノコ」の3つに大別される。そのうち食用とされるものは百数種あり，さらに「天然キノコ」「栽培キノコ」に分けられる。マツタケやトリュフ以外のほとんどが人工栽培されて市場に出回っている（表2.21）。キノコの味を左右するのは，旨味や香り成分，独特なテクスチャー（食感）とされる。た

＊ ホンシメジ　生きた木の外生菌根菌であるために栽培が非常に困難であり，ほぼ天然物に限られ稀少なため高級品とされる。香味成分や旨味成分が，ブナシメジよりも多く含まれる。

表 2.21　キノコの種類と特徴

種　類	特　徴
シイタケ（生）	身近な「キノコ」の代表，独特な強い香りを有する。商品には必ず原木栽培品か菌床栽培品かを表示することが義務付けられている。煮たり，焼いたり，揚げたり（天ぷら）と汎用性が高い（鍋物・茶碗蒸し・酢豚・釜めし）。
シイタケ（干し）	生シイタケを乾燥させたもので，乾燥によって旨味・香り成分が化学的に増す。出汁に利用したり，水戻し後に煮物や佃煮にする。陽に当てて干すことによって，ビタミンDも増える。成長程度の違いから，冬菇（どんこ）：肉厚でかさが開ききっていない，香信（こうしん）：薄手でかさが開いている，香菇（こうこ）：両者の中間のものの区別がある。スライスしてから乾燥させたものもある。
ブナシメジ	穏やかな旨味とほのかな苦みを有し，香りにクセがないので和洋中と幅広く使える。「香りマツタケ，味シメジ」といわれているのは「ホンシメジ」＊のことで，マツタケより味が良いとされる。
エノキダケ	細長い瓶の中に菌床を入れ，日光に当てず気温5℃の冷蔵庫の中で栽培される。旨味がありクセがないので幅広く使え，汁物のだし代わりにもなる。
マイタケ	香りに優れ，食感も良く，鍋・炒め物・天ぷら・ホイル焼き・炊き込みご飯などで食される。アクが強いので煮汁は真っ黒になるが，この中に栄養が多く含まれる。タンパク質分解酵素を含むため茶碗蒸しが固まらないので，加熱処理してから用いるとよい。
マッシュルーム	旨味成分のグルタミン酸が多く含まれ，よいだしが出るので洋風スープのだしの代わりにもなる。通年で栽培されているが，旬は4～6月，9～11月。ホワイト種，ブラウン種共に新鮮なものは生食でき，サラダにも使われる。切り口の変色防止にはレモン汁や酢をかけておくとよい。
エリンギ	歯ごたえが良く食感はマツタケや加熱したアワビによく似ているが，食材そのものの香りは弱いため，種々の味付け・香り付けを施して調理される。フランスやイタリア料理の定番食材のひとつである。日本では全てが栽培品で，ソテーやスープ，和食や中国料理の具材として利用する。食用に際しては加熱が必須で，生食により食中毒を起こす場合があるとされる。
マツタケ	日本人が好む特有な香りを有し旨味や栄養も豊富。人工栽培ができないうえ，10～11月とわずかな時期しか出回らない。主産地は広島，岡山，京都などで，近年は韓国，中国，カナダからも輸入される。カサが開ききっていない「つぼみ」の状態が食感も味もよく，かさが開いている「開き」は香りが強いとされる。土瓶蒸やマツタケご飯，蒸焼などにして食すことが多い。
トリュフ	和名はセイヨウショウロという。地中に発生し人工栽培はできないため，訓練された犬や豚が探し当てる。キャビア，フォアグラと並ぶ世界三大珍味のひとつである。味はほとんど無いが紅茶に似た強く高貴な香りを有し，食用油に香りを移してサラダなどに振りかけたり，スライスして料理にかけたりして使用する。近年は，イタリア産の白トリュフやフランス産の黒トリュフの代わりに中国産のイボセイヨウショウロを代用品として用いることも多い。

とえば，キクラゲ[*1]（木耳）の味は淡泊で無味であるが，こりこりした食感や彩が賞味される。

*1 キクラゲ　黒色と白色があり，中国では不老長寿の食べ物として珍重されている。一般には乾燥品を微温湯で戻して用いる（5倍程度に増える）。新鮮なものは寒天質であるが，乾燥すると軟骨質になる。

キノコの旨味成分となる代表的な遊離アミノ酸は，核酸関連物質の5′－グアニル酸とグルタミン酸で，その他にアスパラギン酸，スレオニン，セリンを含み，これらの成分の相乗作用により特有な旨味が生じる。シイタケのグアニル酸は昆布のグルタミン酸，鰹節のイノシン酸と並ぶ三大うま味成分のひとつである。干しシイタケ[*2]とコンブを使うことでうま味が強くなり美味なだしとなる。

*2 干しシイタケ　水戻しの際にグアニル酸に酵素が作用し特有の香りと濃厚な旨味を生成するため，出汁の一部としても利用される。水戻しには5℃で5～10時間，20～25℃で2～3時間程度が望ましいとされる。煮物では，酵素の働く温度50～70℃をなるべく長く保つように加熱するとよい。高温で長時間水戻しすると苦みのある疎水性アミノ酸の割合が増える。

甘味成分としてはトレハロースやマンニットを含み味に関与している。

(2)　キノコの香り

ほとんどのキノコは「キノコ臭」を有し生シイタケ臭がその代表とされるが，有名なマツタケやトリュフなどの香りは格別である。木材様の樹脂臭と菌糸特有の香りが入り混じった「混合臭」として感じられ，多くの日本人が好む香りである。代表的なものを表2.22　キノコの香り（成分）に示した。

(3)　キノコの機能性

1)　第1次機能（栄養特性）

生のキノコは水分が多く（90%），エネルギー源としては期待できないが，タンパク質，食物繊維，ビタミンB群，ナイアシン，抗酸化成分や紫外線が当たるとビタミンDに変化するエルゴステロールを含んでいる。低カロリーの健康食品のひとつといえる。

2)　第2次機能（嗜好特性）

キノコは特有な旨味と香り，テクスチャーを有し，これらの特性が賞味される。香りが強いキノコの王様はマツタケで，次いで干しシイタケといえるが，シイタケのレンチオニンは20分程度の煮沸によって大部分が消失するので，香りを残すためには煮沸時間を短くするとよい。

表2.22　キノコの香り（成分）

キノコ	香り（成分）
シイタケ（生）	キノコ臭 成分：レンチオニン
シイタケ（干し）	硫黄様のニンニク臭 成分：レンチオニン
ブナシメジ	生臭い穀粉臭 成分：―
エノキダケ	甘い粉臭 成分：―
マツタケ	爽やかな樹脂香（マツタケ臭） 成分：1-オクテン-3-オール（マツタケオール），桂皮酸メチル
マッシュルーム	キノコ臭 成分：1-オクテン-3-オール（マツタケオール）
エリンギ	アンズ果実様の香り 成分：ベンズアルデヒド
マイタケ	タール様キノコ臭 成分：ベンゾチアゾール
トリュフ（黒）	ガス臭いノリの佃煮臭 成分：ジメチルスルフィド
トリュフ（白）	生臭いニンニク臭 成分：ビスメチルチオメタン

3)　第3次機能（生理機能）

① 栄養成分　食物繊維は血中コレステロール値を抑えることができるといわれている。便通が良くなることが確認され，生活習慣病の予防効果もあるとされる。カリウムが多いため，塩分の過剰摂取を抑制することも期待されている。

②薬効成分　近年，マンネンタケ，メシマコブ，アガリクス（ヒメマツタケ）などのキノコ類は健康的な機能性効果を発揮することが動物実験などによって立証され，サプリメントとしても利用されている。日本の薬事法で認可されているキノコ関係の医薬品は，クレスチン，[*1] レンチナン，[*2] シゾフィラン[*3] の３種類である。現在知られている代表的なキノコの薬効成分を表2.23に示したが，人間では直接的な実験が制限されるため，一部はマウスを使った実験とされる。

＊1 クレスチン　カワラタケの菌糸から得られる抗がん剤・糖タンパク質の一種で，免疫力を高めるとされる経口剤。欧米でも広く用いられている。

＊2 レンチナン　シイタケの子実体から採った免疫賦活剤で，注射薬で直接体内に入れる。

＊3 シゾフィラン　スエヒロタケの培養ろ過液から採った抗腫瘍剤の一種。放射線治療法と併用して筋肉注射を用いる。

＊4 β－グルカン　糖を形作る分子の環がたくさん連なった多糖類の一種で，数万から数百万の分子量からなるものが多い。

＊5 抗腫瘍作用　直接に癌細胞をたたく薬用成分があるわけではなく，β－グルカンという多糖体が体の中にはいると，免疫細胞の数が増え癌細胞の増殖を押さえる効果があるとされる。なお，β－グルカンに対する免疫細胞の活性化反応にも個人差がある。

＊6 抗 HIV　マイタケから抽出した多糖体をもとにエイズ薬・グリフロンが作られ市販されている。

＊7 抗酸化作用　体内の活性酸素は細胞壁を痛めつけ，老化を促進したり，癌化を促進することが知られている。この機能についてはシイタケがよく知られている。煮た場合，成分が汁にでるので，煮汁ごと摂取するのがよい。

表2.23　代表的なキノコの薬効成分

	薬効	成分	キノコ名
1	抗ウイルス作用	タンパク質，β－グルカン，[*4] レンチシン，レンチナシン	シイタケ，マンネンタケ（霊芝）
2	強心作用	ボルバトキシン フラハトキシン	フクロタケ エノキタケ
3	コレステロール低下作用	エリタデニン	シイタケ，マッシュルーム
4	血糖降下作用	プロテオグルカン，トレハロース，ペプチドグリカン	マイタケ マンネンタケ（霊芝）
5	血圧降下作用	糖タンパク質 トリテルペノイド	マイタケ，マンネンタケ（霊芝） マンネンタケ（霊芝）
6	抗血栓作用	エリダニン	シイタケ，マッシュルーム
7	認知症予防作用	ヘリセノン	ヤマブシタケ
8	抗腫瘍作用[*5]	β－グルカン タンパク質複合体 レンチナン	各種キノコ アガリスク（ヒメマツタケ） シイタケ，マイタケ スエヒロタケ，カワラタケ
9	抗ウイルス，抗 HIV[*6]	プロテオグルカン 糖タンパク質複合体	マイタケ，メシマコブ シイタケ
10	抗酸化作用[*7]	β－グルカン	ハナビラタケ

出所）川岸洋和監修：キノコの生理活性と機能性の研究，シーエムシー出版（2011）より作成。

6　藻類の調理

(1)　藻類の種類

海藻は色の違いによって藍藻類，緑藻類，褐藻類，紅藻類に大別され，日本近海から産するものは約1,200種である。代表的な藻類の種類を表2.24に示した。

(2)　藻類の成分

生藻類の水分は90%，乾物は３～15%。カルシウム，カリウム，ヨウ素，鉄分などの無機質や食物繊維を多く含み，低カロリー食品のひとつである。ビタミンはカロテンが多く，ビタミンＢ群やＣを含み，グルタミン酸，イノシン酸，グアニル酸も含む。

表 2.24　代表的な海藻類の種類と特徴

種類	海藻名と特徴
藍藻類	**スイゼンジノリ**＊1（**別名カワタケ**）：板状に干したものが一般的，水で戻したものを使う。酢の物や刺身のつま，吸い物に用いられ，高級素材とされる。
褐藻類	**コンブ**＊2：出汁，昆布巻きなど。旨味成分のグルタミン酸を多く含み，表面に付着の白い粉は旨味成分のマンニット。コンブとカツオ節の出汁は日本料理の基本とされる。 **ワカメ**＊3：酢の物，汁物，サラダなど。乾燥品や塩蔵品は水戻し後に熱湯をかけ，冷水にさらすと鮮やかな緑色となる。 **ヒジキ**：炒め物，煮物，サラダ，炊込み飯など。生の渋みを煮出してから乾燥品とする。 **モズク**：酢の物，和え物など。「沖縄モズク」が主に使われる。ぬめりは水溶性食物繊維のアルギン酸やフコダインに起因するが，コンブの5～6倍ある。
紅藻類	**アマノリ**（**アサクサノリ**）＊4：海苔巻き，味付け海苔，そのまま食べても美味。 **テングサ**：寒天，ところてんの原料。寒天培地の基本素材となる。 **フノリ**（**オゴノリ**）＊5：刺身のつま，汁物。寒天の原料。 **エゴノリ**：オキュウト＊6の原料（テングサも使用）。
緑藻類	**アオノリ**：汁物，天ぷら，ふりかけ，佃煮。汽水地域に分布，養殖も行われている。 **アオサ**：酢の物，汁物。アオノリの代用とされる。沖縄ではアーサーと呼ぶ **ヒトエグサ**：汁物，天ぷら，ふりかけ，佃煮。アオノリの名称で使用されている。

＊1 スイゼンジノリ　熊本市水前寺公園では絶滅し下流の上江津湖で天然記念物として保護されている。福岡県で養殖，食用とされている

＊2 コンブ　産地は北海道と東北地方の太平洋沿岸。「えながおに昆布（羅臼昆布）」「がごめ昆布」「長昆布」「細目昆布」「真昆布」「三石昆布（日高昆布）」「利尻昆布」が代表的なもので，刻み昆布，おぼろ昆布，とろろ昆布，塩昆布，佃煮，昆布茶に加工される。

＊3 ワカメ　主産地は岩手，宮城，徳島。乾燥ワカメ（素干し・灰干し），カットワカメ，湯通し塩蔵ワカメ（別称・生ワカメ），茎ワカメ，めかぶワカメなどが代表的なものである。

＊4 アサクサノリ　海苔の原料は「アサクサノリ」や「スサビノリ」などの海藻で，そのほとんどが養殖。浅草海苔の由来は，本種（アサクサノリ）が江戸湾で養殖され，板状に加工したのが浅草界隈であったためとされるが，近年の主産地は「有明」「瀬戸内」。

＊5 フノリ　古くから交易の品物として取り扱われ，延喜式には「大凝菜卅」（オゴノリ）という名で記載され，万葉集では「てぐさ」と呼ばれている。糊としては，お相撲さんの廻しにつけるさがりという部分を糊付けする場面で，現在も使われている。洗髪剤，化粧品の付着剤にも利用。

＊6 オキュウト　海藻コンニャク様のもので，短冊に切り酢じょうゆや酢みそで食す。福岡の名産だが，新潟，佐渡，能登でも利用される。

1)　色素成分

すべての藻類はクロロフィルとカロテノイド色素を含み，紅藻類は緑（クロロフィル）・黄（カロテノイド）・青（フィコシアニン）・赤（フィコエリスリン）の4色を含む。

① **紅藻類と藍藻類**　色素タンパク質であるフィコエリスリン（赤色）やフィコシアニン（青色）を含む。「アサクサノリ」を加熱すると鮮やかな青緑色になるのは，赤色が酸化され青色のフィコシアニンやカロテノイドが目立つようになるからである。古くなるとクロロフィルやフィコシアニンが分解されて赤紫色になる。

② **褐藻類**　クロロフィルの他にカロテノイドを含んでいるが，フコキサンチンというカロテノイドは生きた細胞の中では赤色で存在するため，「生のワカメ」は褐色である。熱通しするとフコキサンチンは本来の黄色に戻り，「緑色のワカメ」に変化する。

③ **緑藻類**　比較的水深の浅い海域に生息しているアオノリやアオサにはクロロフィルが多く含まれるため緑色である。

2)　香気成分

藻類は磯の香りといわれる。アオノリの香りはジメチルサルファイドで，ふりかけや海苔の佃煮にはアオノリやヒトエグサを原料にするのでこの香りが強い。褐藻類にはテンペル類，紅藻類や緑藻類には含硫化合系の香りが強い。

3)　呈味成分

藻類の多くはアミノ酸類のほか若干の苦味や渋味成分を含む。コンブに含

まれるグルタミン酸やアスパラギン酸，5′-ヌクレオチド類，無機質，マンニットなどが出汁のおいしさを構成している。うま味成分は「UMAMI」として世界に知られている。

(3)　藻類の加工品

代表的な加工品を表2.25に示した。紅藻類を原料とする粉寒天の用途は非常に多く，スープ・飲料やゼリーなどの増粘安定剤，ゲル化剤としてさまざまな食品の加工に使用される他，工業用，医薬用，化粧品用にも用いられている（表2.26）。

表 2.25　藻類の代表的な加工品

	乾燥	塩蔵	佃煮	菓子・飲料
藻類	干しノリ，カットワカメ 寒天（角寒天・粉寒天）	塩蔵ワカメ ウミブドウ	ノリ コンブ	おしゃぶりコンブ 昆布茶

表 2.26　粉寒天の用途

和菓子	洋菓子	乳製品	惣菜	介護食
あんこ，羊羹，あんみつ，ところてん	プリン，ゼリー	ヨーグルト，アイスクリーム	寄せ物，昆布巻き	高齢者向けソフト食品

Ⅱ　動物性食品―タンパク質を多く含む食品素材のサイエンス

1　タンパク質の種類と調理過程の変化

(1)　タンパク質の種類

食品中のタンパク質[*1]は動物性（獣鳥肉，魚介類，卵，牛乳など），及び植物性（ダイズ，コムギ，トウモロコシなど）タンパク質に大別される。特に動物性タンパク質はアミノ酸価[*2]が高く良質なタンパク質である。

タンパク質は，多数のアミノ酸がペプチド結合をしたポリペプチド鎖からなる高分子化合物であり（1次構造：分子量1万以上で固有のアミノ酸配列を持つ），これらのペプチド鎖が水素結合によりらせん構造（α-ヘリックス）や並行に並んだβ構造（2次構造）をとり，α-ヘリックスやβ構造が密に折りたたまれ球状になったドメイン構造（親水性基が表面，疎水性基が内側の構造でさらに隣り合ったSH基がS-S結合をしている），3次構造，さらにサブユニット（単量体）が数個集合して多量体を形成している4次構造をとる。

*1 タンパク質　ペプチド鎖がコイル状に巻いて球状を保っているタンパク質を〈球状タンパク質〉と呼び，長いペプチド鎖が相互に作用しあって線維状をなすタンパク質を〈線維状タンパク質〉と呼ぶ。食用となるタンパク質のほとんどは球状タンパク質で，毛髪や結合組織，腱などは線維状タンパク質である。また他に，生体膜を構成している膜タンパク質もある。

*2 アミノ酸価（アミノ酸スコア）　タンパク質の栄養価を表す指標のひとつ。ヒトにとって理想的と考えられるアミノ酸の構成比を想定し，各アミノ酸が基準値に対してどの程度含まれるかを示す。基準の値に対するその割合が最も低い必須アミノ酸（第一制限アミノ酸）の値をその食品のアミノ酸価とする。

(2)　タンパク質の調理

タンパク質は加熱，攪拌，調味，乾燥，加圧，凍結，マイクロ波，酸・アルカリなどの調理操作によって影響を受け，分子の結合が破壊されたり弱められたりして生理活性が失われ，物理的・化学的変化が起こる。このような不可逆的変化をタンパク質の変性という。変性の模式図を図2.13に示した。

1)　加熱による変性

球状タンパク質を加熱するとS-S結合以外の水素結合，イオン結合，疎水結合などが切断されて立体構造が変化し，ランダムに引き伸ばされた糸状になる。内部の疎水基が露出するため，水溶性の性質が失われる。さらに加熱すると分子相互間の絡み合いが多くなり，粘度を増してゲル化したり，分子間に新たな結合ができ凝固する。加熱による変性の代表的なものはゆで卵にみられる熱凝固である。一般にタンパク質は熱凝固するものが多く凝固温度はタンパク質の種類により異なり（約50～70℃）グロブリンやアルブミンが加熱変性を受けやすい。加熱すると含硫アミノ酸（システイン，シスチン，メチオニン）から硫化水素が生成し，不快臭が発生する。高温で加熱すると，構成アミノ酸の種類により独特の香気が出る。糖類とともに加熱すると，アミノカルボニル反応（メイラード反応）により料理に香りと色を与える。

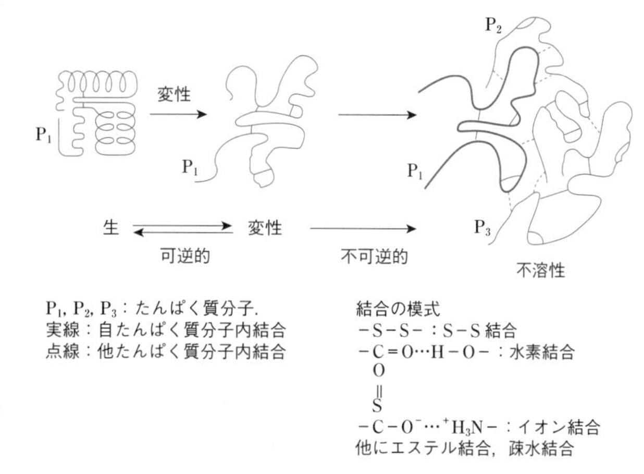

図 2.13　変性の模式図

出所）長谷川千鶴他ほか：調理学，62，朝倉書店（1990）

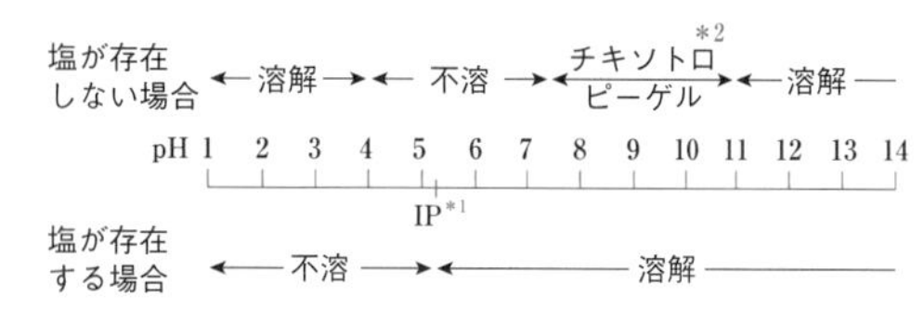

図 2.14　ミオシンの溶解度（Bailey, 1994）

出所）柳沢幸江・柴田圭子編：改訂第2版　調理学　―健康・栄養・調理―，アイ・ケイコーポレーション（2017）

近年では，こく味を呈するメイラードペプタイドも発見されている。しかし，牛乳中のカゼインやダイズグロブリンのように熱を加えても凝固しないものもある。

*1 IP　等電点（isoelectric point）の略。

*2 チキソトロピーゲル　調理操作のサイエンス（流動特性）の頁参照。静置で流れないが力を加えていくと流れるようになるゲル。

2）　酸や塩類による変性

タンパク質は等電点（表4.1，113ページ）で凝固し，それより酸性またはアルカリ性で溶ける性質がある。調理でpHを操作することにより食感を変えることができる。酸や塩類による変性の代表例は「しめサバ」や「豆腐」にみられる。前者は，「しめサバ」をつくるとき魚肉を酢に浸漬すると不透明な白色に変化する現象（図2.14），後者は「豆腐」を作るとき「にがり」を加えると固まる現象にみられる。また，「つみれ」や「かまぼこ」をつくるとき，すり身に食塩を加えてよく磨砕すると粘りが出てくるため，まとめやすくなる現象も後者の例である。

塩じめ　食塩の作用により，脱水およびタンパク質の可溶化が起こることを利用した調理法を塩じめ[*3]という。食塩濃度1％以下では，魚肉タンパク質のミオゲン（筋形質タンパク質 sarcoplasmic protein）が溶出する。一方，食塩濃度2～6％ではミオシンとアクチン（ともに筋原線維タンパク質 myofibrillar protein）がよく溶出し，これらが結合してアクトミオシンを形成する。図2.14にミオシンの溶解度を示した。すり身におけるアクトミオシンは粘度の高いゾルであるが，放置しておくと弾力のあるゲル状となり〈すわり〉がよくなる（図2.15）。生の魚肉では塩の脱水作用により身が締まる。ただし，食塩濃度が15％くらいに高くなると，アクトミオシンの形態が阻害されタンパ

*3 塩じめの方法
ふり塩　魚に直接塩をふりかける。
たて塩　魚を5～15％の食塩水に浸漬する。
紙塩　食塩をふったバットに和紙をのせ，その上に魚介類をおき，さらにその上に和紙をかけて塩をふっておく。拡散により塩が均一に浸透し，うま味成分の溶出も防げるので，高級白身魚の切り身（タイ，ヒラメなど）やアユの塩焼きなどに用いられる。

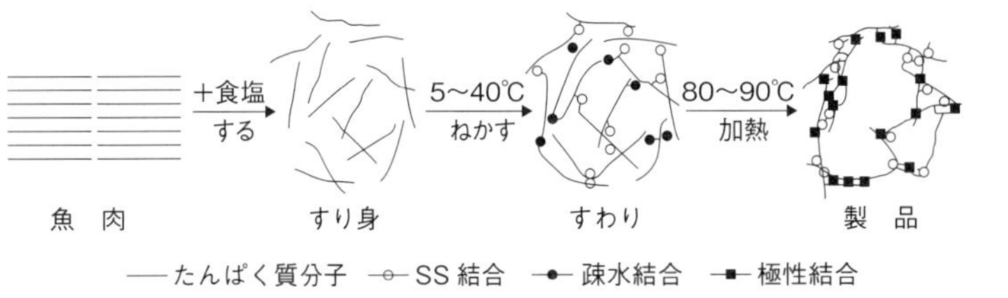

＋食塩する　5〜40℃ねかす　80〜90℃加熱
魚　肉　すり身　すわり　製　品
—たんぱく質分子　—○— SS結合　—●— 疎水結合　—■— 極性結合

図 2.15　かまぼこ製造の各過程におけるタンパク質分子の挙動

出所）丹羽栄二：ジャパンフードサイエンス，1982-12，41，1982）
川端晶子ほか編：時代とともに歩む新しい調理学　第2版，148，学建書院（2015）

ク質の不溶化が起こり，食塩の脱水作用によって水和水が少なくなるためタンパク質が沈殿する。したがって，目的に適した食塩濃度を選択することが重要である。

酢じめ　あらかじめ塩じめを行った生の魚肉をさらに酢に漬け，塩と酢によってタンパク質の変性を促し，同時に調味と保存性を高めた調理法を酢じめという。

酢の作用で魚肉のまわりが白くなるのは，酢の酸性によってタンパク質が沈殿を起こすためであり，これにはタンパク質の等電点が関与する。等電点ではタンパク質の変性が起こりやすく，溶液の粘性や表面張力が変化したりする。食品のタンパク質の多くはpH4.0〜6.5の等電点をもち，いずれのタンパク質もそれぞれの等電点より酸性あるいはアルカリ性で水に溶けやすくなる。しかし図2.14に示すように食塩の存在下では等電点以下で不溶，等電点以上で溶解となり，酢じめができる。

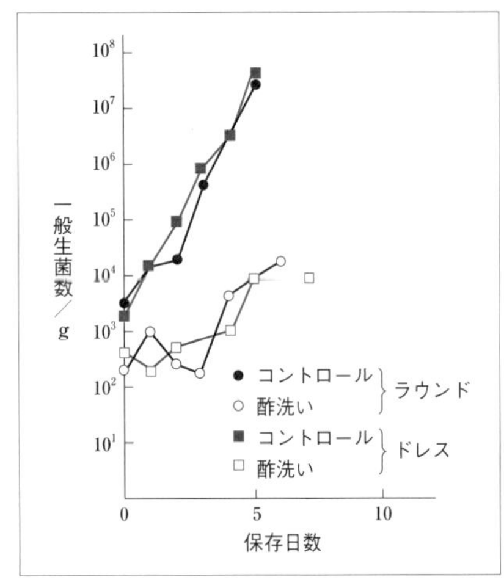

図 2.16　アジの5℃保存における背肉の一般生菌数の推移と酢洗いの効果

出所）山崎清子・島田キミ子：調理と理論，208，同文書院（1983）

酢洗い　酢をそのまま，あるいは水で薄めた酢水で魚介類の表面を洗うことを酢洗いという。これは生の魚介類の殺菌と保存性を高めるため，酢の物をつくるときの下処理として行われる。酢洗いにより魚介類の表面タンパク質が変性すると同時に，表面に付着している細菌類の菌体タンパク質も変性されるため殺菌することができる（図2.16）。酢じめや酢洗いは殺菌および身を引き締めるという2つの作用がある。ただし，酢による殺菌効果は付着菌数，漬け込み時間，酢酸濃度などによって異なる場合があるので，安全であるとはいいきれない点に注意を要する。

3）　磨砕，混ねつ，攪拌による変性

魚肉のすり身や獣鳥肉の挽肉などは，すりつぶすなどの磨砕（まさい）を行うと，筋原線維タンパク質のミオシンとアクチンが結合し，粘性と弾力性をもったアクトミオシンのゲルを形成するようになる。この現象は食塩の存在下で促進される。ハンバーグステーキに二度挽きした肉を用い，塩を加えて十分に混ぜ合わせるのは以上の理由による。混ねつによる変性では，小麦粉に水を加えてこねるとグルテンを形成し粘弾性のあるドウになる現象がみられる。また，攪拌による変性は，卵白を泡立器でかく拌することによって得られる泡立てた卵白にみられる。

4)　凍結による変性

緩慢凍結によってつくられた獣鳥・魚肉に多くみられる現象で，肉質は変化し解凍したときにドリップ*が多くなる。また，脂肪の多い獣鳥・魚肉では，冷凍保存中に脂質の酸化がタンパク質の変性を促して油やけを起こすので問題となる。〈凍り豆腐〉はタンパク質の凍結による変性を利用してスポンジ状とした後に乾燥したもので，凍結乾燥のよい例である。

＊ドリップ　冷凍食品を解凍する際，食品内部から分離流出する液汁をドリップという。ドリップ量が多いと，水分とともに細胞内の可溶性成分（タンパク質，エキス分，ビタミン類など）が細胞外に流出して，食品本来の風味やうま味が落ち，栄養成分も流出する。ドリップの多少は凍結状態を判定するひとつの基準となる。

5)　乾燥による変性

一般の干し魚や干し獣鳥肉は乾燥によって変性し，水に漬けても生のときの状態にはもどらない。また，塩を加えて磨砕を行っても生のときのように粘らず，生のようなゲルを形成しない。肉タンパク質の乾燥時間が長くなるに従って，塩溶出タンパク質及び筋原線維タンパク質が不溶性となるために生じる現象である。干しニシンや干しタラがそのよい例である。脱水によりタンパク質同士が互いに結合しあうため，タンパク質が不溶性となると考えられている。一方，近年では乾燥によるタンパク質の変性を抑制する研究が進み，タンパク質保護物質としてスクロース５％，ポリリン酸塩0.2％を添加し，真空凍結乾燥法による鮮肉性魚粉が開発され製品として市販されている。これらは生のゲルと同様なゲルを形成し，従来の凍結すり身の代わりや稚魚の餌としても利用されている。

6)　酵素や加圧による変性

タンパク質分解酵素をもつショウガや果物によりペプチド鎖が分解される。また，酵素による変性の例として，牛乳に凝乳酵素レンニンを加えてつくるチーズがあげられる。

加圧による変性は，加熱の代替や殺菌効果を高める手法として近年注目されており，実用化にむけて研究が行われている。牛肉や豚肉を高圧で処理すると色調は白っぽくなり，ハムに似た弾力性に富む特有のテクスチャーをもつようになる。魚肉の場合も高圧処理により白濁して不透明になり，魚肉すり身も塩の存在下で加熱ゲルと同様に弾力のある加圧ゲルが得られる。

2　獣鳥肉類の調理

(1)　食肉の種類

主として，食用になる獣鳥類の筋肉を食肉といい，日本ではウシ，ブタ，ニワトリが一般的でほかにヒツジ（ラム・マトン），ウマ，カモなどが食されている。ヨーロッパではウサギ，シカ，ウズラ，ホロホロチョウなども食用である。近年，副産物の消化管や心臓といった内臓（モツ），舌（タン），尾（テール）なども比較的食されている。

食肉に含まれるタンパク質は，筋原線維タンパク質，筋形質タンパク質，肉基質タンパク質から構成される。表2.27に動物性食品のタンパク質組成を示した。肉タンパク質の約50％が筋原線維タンパク質で占められている。これは横しま模様の線維が束となっており，横紋筋とよばれている（図2.17）。さらに，筋原線維の間は筋漿とよばれる細胞液（筋形質タンパク質）で満たされており，ミオグロビンやミオゲン（各種の酵素）などのタンパク質のほか，グリコーゲンやミトコンドリアなどの成分が存在する。肉基質は筋束と筋束をつなぎ合わせる役目をしており，コラーゲン*を主成分とする靭帯や膠原線維などで構成される。コラーゲンは加水加熱（湿熱）調理により溶出しゼラチンとなる。

＊ コラーゲン　肉を構成する筋線維，結合組織，脂肪組織のうち，結合組織に多く含まれている硬いすじ状の物質で，長時間の湿熱加熱で可溶性ゼラチンとなる。

肉の硬さは，筋肉を構成するタンパク質の状態や筋線維のあいだに含まれる脂肪の量，雌雄，老若などによって異なるが，肉の熟成との関係がおいしさにおいては重要である。

表 2.27　動物性食品のタンパク質組成

（%）

食品名			ブタ	ウシ	ニワトリ	タラ	サバ	ハマグリ
組織	タンパク質の区分	タンパク質の種類	タンパク質含有量					
			18	18～19	21	16	19.8	12
筋原線維	筋原線維タンパク質	ミオシン アクチン トロポミオシン など	50	68	62	76	67	33
筋漿	筋形質タンパク質	ヘモグロビン ミオグロビン ミオゲン など	20	17	33	21	30	50
結合組織	肉基質タンパク質	コラーゲン エラスチン	29	15	3	3	3	11

出所）筆者作成。

(2)　食肉の熟成

動物は屠殺後に死後硬直を起こし肉質が硬くなる。これは，呼吸による酸素の供給が止まると，嫌気的解糖により筋肉中のグリコーゲンが分解され乳酸が増加し，さらに乳酸の蓄積とATPの分解に伴って産生したH+によりpHが著しく低下して，アクチンとミオシンが結合し筋肉が収縮して硬直現象を起こすことによる。硬直中の肉は硬く，うま味も少なく，ドリップが多いのでこのままでは食用に適さない。筋肉は最大硬直（極限pH）に近づくと筋肉内の酸性プロテアーゼによるタンパク質分解が始まり，アクトミオシンの分

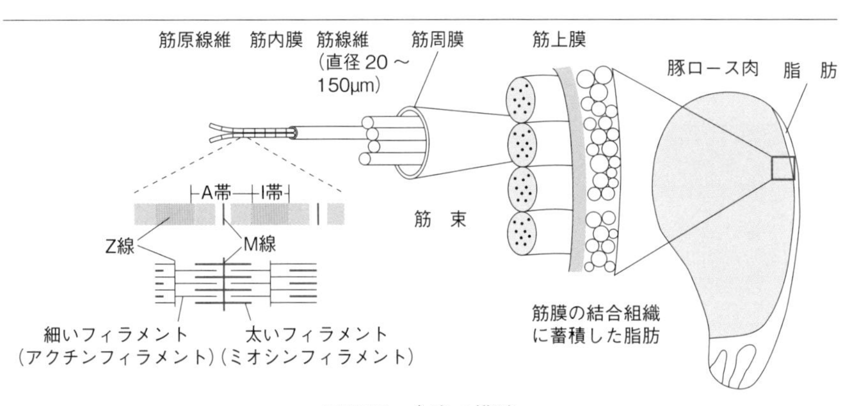

図 2.17　食肉の構造

出所）畑江敬子ほか編：新スタンダード栄養・食物シリーズ6　調理学，134，東京化学同人（2016）
大谷貴美子ほか編：栄養科学シリーズNEXT　食べ物と健康，給食の運営基礎調理，101，講談社（2017）

解やZ線（図2.17）の崩壊が進行し肉は軟化するが，この現象を解硬という。また，これと平行しATPが分解し5′-IMP（イノシン酸）の生成，タンパク質の分解によるペプチド・アミノ酸の生成によりうま味成分が増加する。このとき筋肉のpHはやや上昇し，保水性が増し，風味もよくなる。図2.18に肉の熟成とpH，保水力の変化を示した。死後硬直の後に食用に適する食味やテクスチャーのよい肉になることを肉の熟成という。

熟成中の温度が高いと，成分の変化が速く細菌の汚染による腐敗が起こりやすいので，熟成は低温で行う。表2.28に主な食肉の熟成期間を示した。

図 2.18　肉の熟成とpH，保水力の変化

出所）E. Wierbicki. et al.（1956）：*Food Technol.* 10. 80.

(3)　食肉の色

食肉の色の変化は図2.19に示した。生肉の赤紫色は，主としてミオグロビン（肉色素）とヘモグロビン（血色素）に起因する。生肉の切り口の表面の色は空気中の酸素にふれると鮮赤色を呈する。これはミオグロビンが酸素と結合してオキシミオグロビンになるためである。この反応を酸素化もしくはブルーミングと呼ぶ。さらに長時間放置しておくと切り口の色は酸化され赤褐色のメトミオグロビンとなる。

表 2.28　主な食肉の最大硬直と熟成期間

肉の種類	最大硬直	熟成期間
牛　肉	12〜24時間	7〜10日
豚　肉	2〜3日	3〜6日
鶏　肉	6〜12時間	0.5〜2日

冷蔵温度：0〜7℃

肉を加熱するとタンパク質のグロビンが熱変性を起こし，灰褐色の色素メトミオクロモーゲンとなる。加熱による肉の色の変化は温度によって異なる。表2.29に肉の加熱程度と内部の色との関係を示した。加熱による変色は60℃〜65℃程度の範囲で起こる。

ハム*の色がきれいな桃赤色を呈しているのは，加工過程のひとつである「塩漬け」のさいに添加された硝酸塩によって肉の色がニトロソミオクロモーゲン（桃赤色）に変化し安定となるためである。発色剤として用いられている硝酸塩は，肉色の固定のほかにフレーバーの改善，ボツリヌス菌の増殖抑制作用がある。その反面，アミン類と反応し発ガン物質ニトロソアミンを生成する危険性があるので，使用基準を厳守するように食品衛生法で規定されている。

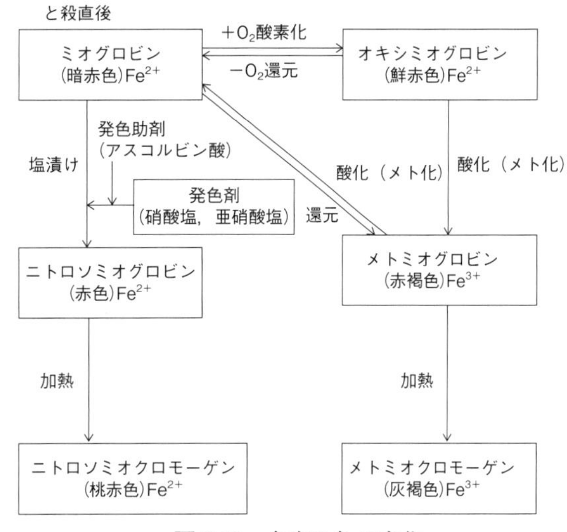

図 2.19　食肉の色の変化

＊ハ　ム　欧米では普通ハムは加熱しないが，日本では骨付きハム以外のハムは加熱して食用としている。

(4)　食肉の脂肪

食肉類の脂肪は肉の種類によって異なり融解温度に差があるが，主としてパルミチン酸・ステアリン酸からなり，飽和脂肪酸が多いため，室温では固体である。表2.30に動物性脂肪の融解温度を示した。融解温度が人間の体温

表 2.29　牛肉の加熱程度と内部の状態

加熱程度	中心部温度（℃）	中心部の色	状　態	体積の収縮	両面焼き時間
レア	60	鮮　赤　色	生焼きの状態 やわらかく肉汁が多く出る	ほとんどなし	3～4 分
ミディアム	65～70	淡　紅　色	中等度の加熱状態 淡紅色の肉汁が多少出る	わずかに収縮	5～7 分
ウエルダン	77	赤色が全然なく灰色	加熱十分な状態 肉汁は少なく，硬い	収縮が大	8～10 分

出所）大沢はま子：調理科学，319，光生館（1984）

表 2.30　動物性脂肪の融解温度

種　類	融解温度（℃）	種　類	融解温度（℃）
牛　脂	40～50	馬　脂	30～43
豚　脂	33～46	鶏　脂	30～32
羊　脂	44～55	バター（乳脂）	28～38

出所）渋川祥子・杉田浩一編：調理学，175，同文書院（1974）

表 2.31　牛肉の部位別脂肪の融点
（℃）

部位	平均±標準偏差	最大	最小
皮下脂肪	11.2±8.1	31.0	1.5
筋間脂肪	20.4±7.9	37.3	1.6
筋肉脂肪	22.6±4.1	31.8	14.0
大網脂肪	33.9±6.0	44.5	22.8
腎周囲脂肪	39.4±3.7	46.5	22.0

出所）小林正人ほか，山形県畜産研究報告（2003）

に近いブタ，ニワトリ，ウマ，乳の脂肪は口中で融けるので口ざわりも良く，脂肪には，香りや味物質などが溶け込んでいるためロースハムなどのテクスチャー・風味を高める。また，日本独特の霜降り（marbling）は筋肉組織全体に細かく脂肪が分散するよう黒毛和牛を肥育したものであるが，そのため，加熱しすぎてもやわらかく，すき焼きのように煮る調理に適している。また脂肪に溶け込んだ香り成分により独特の甘い香りがする。

(5)　食肉の部位

ウシ，ブタ，ニワトリの肉の硬さは部位により異なる（図 2.20）。「かた」「もも」「すね」などは，脂肪が少なくコラーゲンを含む肉基質が多いため硬い。「ヒレ」「ロース」などの背中の肉は筋線維を多く含み，肉質が軟らかく上質で，脂肪が多いため硬さを感じさせないが肉質そのものは硬い。内臓肉は結合組織を取り除くと，肉質は軟らかいが特有の臭みがある。

鶏肉は筋肉層に脂肪が少ないので，従来は脂肪の少ないタンパク質食品と考えられていたが，今日では皮付きのまま調理することが多く，この皮下に脂肪が多いので必ずしも脂肪が少ない肉の代表とはいいがたい。

肉の硬さは嗜好性に影響するので，目的に適した部位を選び，同時にそれに適した調理操作を行うことが重要である。

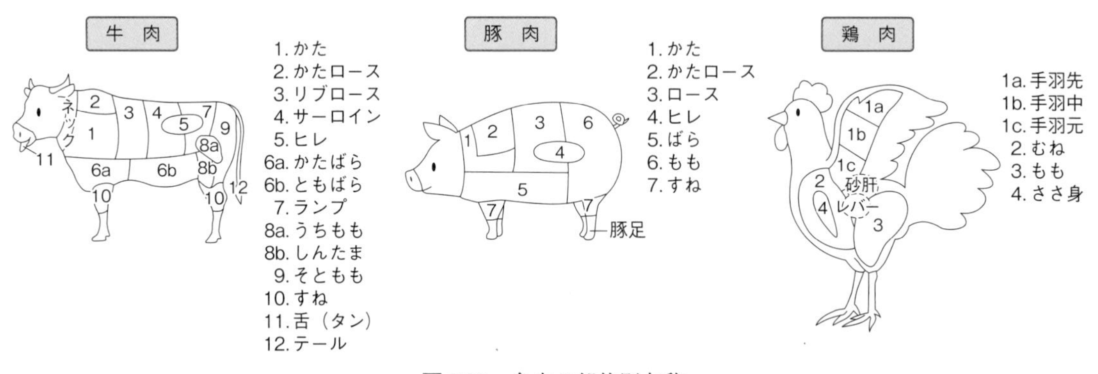

図 2.20　食肉の部位別名称

出所）山崎英恵編：Visual 栄養学テキストシリーズ　食べ物と健康Ⅳ　調理学食品の調理と食事設計，96，中山書店（2018）

(6)　食肉の軟化操作

適度に熟成した肉を選ぶことはいうまでもないが，つぎのような調理操作によって嗜好性を高めることが可能となる。

加　熱　肉は加熱しないほうが軟らかく，肉組織は加熱によって縮み硬くなる。しかし，コウシ，ブタ，ニワトリなどの淡い色の肉は特有の臭みがあり，旋毛虫[*1]や有鉤条虫[*2]などの寄生虫が多く，食中毒となる危険性があるので十分に加熱したほうがよい（中心温度75℃・1分以上）。一方，ウシやヒツジ，カモのように濃い赤色の肉はレア程度の加熱により軟らかく食することができる。すね肉のように肉基質の多い肉は水中で長時間加熱してコラーゲンを分解溶出させると一段と軟らかくなり呈味も増す。

切り方　肉の線維に直角に切り，歯で噛み切りやすくする。スジは，肉たたきでたたいたり，包丁で切り目を入れ，首やすね肉のように硬い肉は挽肉（ミンチ）とする。

調味料に漬ける　マリネが一般的である。マリネとは魚介類，肉類，野菜などを酢，油，香味野菜，香辛料を合わせた汁（マリナード）に漬け込んでおくことをいう。2～4日マリネした肉はpHが下がり，保水性が増すため肉質が軟らかくなる。また，ミソ，ショウユ，酒，ワインなどに漬ける方法も同様の効果が期待できる。

酵素の利用　肉にタンパク質分解酵素をふりかけて軟らかくする方法がある。酵素はミートテンダライザーとして市販されている。パイナップルやショウガなどのようにタンパク質分解酵素を含む植物を利用するのもよい。表2.31にショウガを利用した焼き肉の硬さを示した。

そのほか　タマネギ，ニンニクなど含硫化合物を含むものは，肉が加熱により収縮するさい筋肉どうしのS-S結合を阻害するため硬くなるのを防ぐ。

(7)　軟らかい肉の調理

ステーキ，ロースト，各種焼肉などの調理は，肉そのものの味を賞味するものであるから，なるべくスジのない良質の軟らかい部位を選ぶことが大切である。調理器具は前もって十分に加熱し，タンパク質の熱凝着[*3]を防ぐため油脂を塗っておく。熱凝着は温度が高くなるほど強くなる。

ビーフステーキ　肉の筋線維に直角に厚さ2 cm前後に切った肉片150g以上の塊肉を好みに焼き上げた料理である。肉質が悪い場合には加熱前に上記軟化操作を行う。塩は味の付与のほかに加熱による熱凝固を早めるので，肉汁が流出するのを防ぐ。強火で表面を焼き，肉の表面のタンパク質を凝固させ，うま味成分を含んだ肉汁の流出を防ぐことが重要である。

＊1 旋毛虫　ブタ，クマ，イヌなどに寄生する寄生虫で，感染動物の肉を十分に加熱せずに食べると感染する。感染初期には腸の炎症，発熱，嘔吐，下痢，腹痛を起こす。数週間後に高熱と筋肉痛，筋肉運動障害などの症状を引き起こす。

＊2 有鉤条虫　ブタを中間宿主とする条虫で，頭部体節に4個の吸盤と鉤を持ち，多くの体節からなり，体長は2～3 mに達する。豚肉を加熱不十分な状態で食べると感染する。腸内寄生の成虫による大きさにより消化障害，腹痛，下痢，貧血を引き起こし，肝臓，肺，眼球，脊髄，脳などに嚢虫が形成されたときは危険である。

＊3 熱凝着　タンパク質が高温の網や鉄板に強く吸着する性質を熱凝着という。

表2.32　ショウガ搾り汁で処理した焼き肉の硬さ

試料	作用時間	剪断応力（kg）
対照肉		2.84±0.73
処理肉	15分	2.07±0.68*
対照肉		2.20±0.28
処理肉	30分	1.50±0.18**

しょうが搾り汁は肉の3％を使用し，食塩1％をふり作用させた後，180℃の電気天火で肉の中心が82±2℃になるまで加熱した。
Warner-Bratzler meat shear test meterで剪断応力を測定した。
＊95％の信頼度，＊＊99％の信頼度で有意差あり。
出所）大沢はま子・館岡孝・小林美子：調理学，7，193（1974）

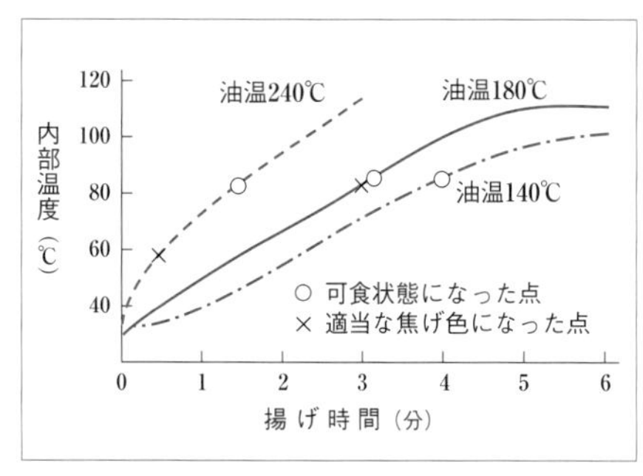

図 2.21　トンカツの内部温度の変化
出所）太田静行：油化学，12，446（1963）

ローストビーフ　焼き上がったとき，筋線維に直角に切り分けられるような肉塊（700g 以上）をたこ糸などでしばり形を整え180～200℃のオーブンで40～50分加熱した料理である。乾熱による水分の蒸発を防ぐために肉塊のまわりに香味野菜を添える。肉の内部の肉汁を落ちつかせるため，焼き上がってから５～10分程度アルミホイルなどで覆って蒸らす。

すき焼き　日本独特の肉料理である。鉄鍋を用い霜降り牛肉の薄切りと野菜などを一緒に短時間で焼き，ショウユや砂糖で調味する。牛肉のタンパク質は60～65℃で熱変性し，変色しはじめる頃合のものが軟らかくて味が良い。「あしらい」*はくずれやすいものを後で入れる。シラタキやコンニャクに含まれるカルシウムイオンは肉のタンパク質を硬くする作用があるとされているが，あらかじめゆでたり，カルシウムを溶出させてから使用するので，肉と一緒に煮ても肉の硬さに影響を及ぼすほどのものではない。

＊ あしらい　主材料の料理を引き立たせるためにとり合わせる香りや色どりなどのよい副材料をあしらいという。

ポークカツ（とんかつ）　豚肉の厚さは１～２ cm 程度とし，油で揚げても縮まないように包丁の先で５～６カ所筋線維を切る。衣をつけて加熱するため，肉の厚さを２ cm 以上にすると内部に十分火が通らず衣が焦げる。豚肉は前出の寄生虫の問題があるので，十分に火を通すことが必要である。180℃程度の油で約３分間表面をキツネ色に揚げる（図2.21）。

⑻　硬い肉の調理

かた，もも，すねなどの結合組織の多い部位の肉は，シチュウ，カレーなどの煮込み，あるいはハンバーグや肉だんごのような挽肉料理に利用される。

ビーフシチュウ　長く煮込むので，肉や野菜は大きな角切り（4 × 5 cm 角程度）とする。煮込む前にこれらの材料を一度強火で炒め，肉や野菜の表面の組織を熱変性させ，中心部のエキス分が全部液中に溶け出て味が抜けるこ

コラム 8　SPF 豚（Specific pathogen free）

特定病原体（マイコプラズマ性肺炎，赤痢，萎縮性鼻炎，オーエスキー病，トキソプラズマ病）に感染していないブタ，帝王切開で無菌状態の子豚を取り出し，指定農場で育てたブタの肉のこと。下記のシールが貼られている。

とを防ぐ。かすかに沸騰を持続する状態で加熱を行うと，その間に肉の結合組織に含まれるコラーゲンがゼラチン化し，その一部が溶け出すため，口あたりのなめらかなテクスチャーを有する軟らかい肉となる。赤ワインを加えると，赤ワイン中のポリフェノールやタンニンにより軟化するとされる。

ハンバーグステーキ　挽肉のみを用いると，加熱したときにまとまりが悪く形を保てなくなるので，つなぎ[*1]を用いる。二度挽きにした挽肉に塩を加えて十分混ぜると，塩の存在によりタンパク質が溶け出るため粘着力を増し，形くずれを防ぐ。タマネギは炒めると甘みが増し，芳香が生じる。炒めタマネギを加えることで肉の臭みを消し，ハンバーグステーキの風味が増す。ただし，挽肉の鮮度を落とすので冷まして用いる。食パンはハンバーグステーキ中の液汁を吸収すると同時に量を増す。中心部まで十分加熱されると中央がこんもりふくらみ，澄んだ汁が出る。

*1 つなぎ　卵・デンプン・小麦粉など，材料と材料とがばらばらに離れないように付着させる働きがあるものをつなぎという。

*2 活け造り　生きている魚を用いて刺身にする場合に活け造りという。そのために水槽に入れ，生かしてある魚を活け魚という。また，生きている魚の頭や尾部に切り目を入れて血抜きを行うことを活けじめという。

3　魚介類の調理

(1)　魚介類の種類と構造

食用にされている魚介類は，脊椎動物の魚類をはじめ，イカ，タコ，貝などの軟体動物，甲殻類など節足動物，クラゲなどの刺胞動物，ウニ，ナマコなどの棘皮動物まで種類は多い。表2.27に示したように魚介類のタンパク質組成は，食肉に比べて肉基質タンパク質が少なく筋肉部は軟らかい。魚肉は図2.22に示したように表皮はうろこを含む皮で覆われており，その下に色素細胞がある。さらにその下に脂肪層があり，この厚さは季節や年齢によって変動する。脂肪層の下側には筋原線維が集まった筋線維の束が存在し，この束が集まったものを筋節といい，図2.23に示したように連なった形状をしている。また，背側部と腹側部の接合付近には血合肉が存在するが，魚の種類によって含有量が異なる（図2.24）。

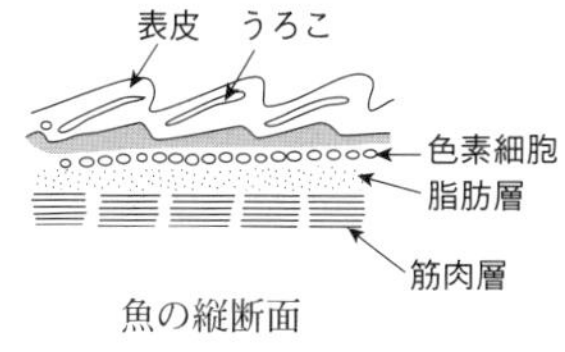

図 2.22　魚の縦断面

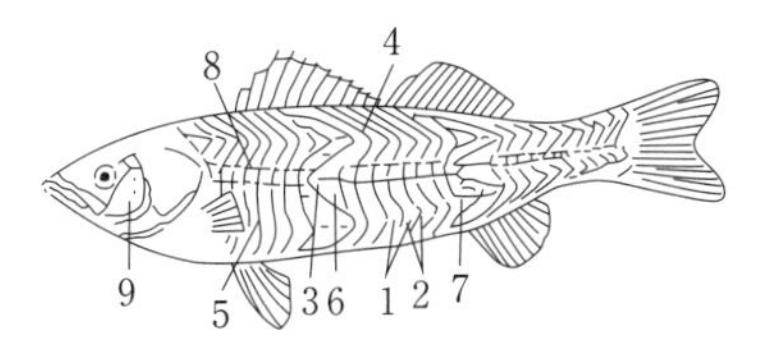

1. 筋節　2. 筋隔　3. 水平隔壁　4. 背側部
5. 腹側部　6. 前向錘　7. 後向錘
8. 表面血合筋　9. 関顎筋

図 2.23　すずきの体側筋の構造

出典）下村道子ほか編：動物性食品，45，朝倉書店（1993）
出所）柳沢幸江ほか編：改訂第2版調理学―健康・栄養・調理―，88，アイ・ケイコーポレーション（2017）

(2)　魚の死後硬直と鮮度

魚の死後硬直と軟化は食肉に比べて非常に早い時期に起こる。早いもので死後10分以内，遅いもので死後数時間以内に硬直する。硬直中の魚肉の pH は白身の魚で6.0～6.2，赤身の魚で5.6～5.8となる。サバ，イワシ，ブリなどの青皮の魚はタイ，ヒラメ，スズキなどの白身の魚に比べて硬直が早く始まり，軟化も早いため腐りやすい。死後硬直中のテクスチャーが好まれ，おいしいとされており，「活け造り」[*2]や「姿造り」として生で食される。一方，マグロやブリなどは自己消化が始まり軟化したほうがうま味成分の増加により味がよくなる。

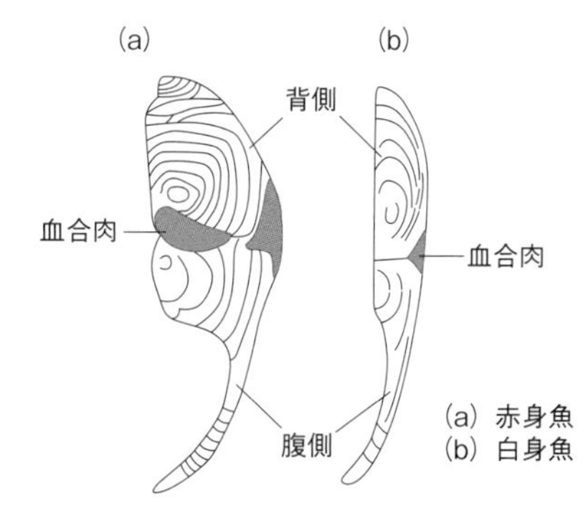

図 2.24　魚の体側筋の断面図

出所）木戸詔子ほか編：新食品・栄養科学シリーズ　食べ物と健康4　調理学（第3版），83，化学同人（2018）

魚肉の自己消化の速度は非常に早く，特有の魚臭を生じ腐敗へと移行し，pH も 8 くらいに上がり，軟化後は直ちに腐敗へと進むので鮮度[*1]が重視されるが，腐敗の進んだ魚肉を食べると，魚肉のうま味成分のひとつであるヒスチジンの分解によって生じたヒスタミンという有毒物により中毒を起こす。ヒスタミンは悪臭がないので外観で鮮度の判断ができないが，魚臭の原因物質であるトリメチルアミン（TMA）[*2]の悪臭で知ることができる。サバはほかの魚よりもヒスチジンが多く，これが毒物のヒスタミンに分解されても臭わないので，気づかないうちに鮮度が低下していることがある。そのため「サバの生き腐れ」といわれ，サバを生食する場合は新鮮なものを選び手早く調理することが大切である。

*1 魚の鮮度の目安
①．目が澄んでいる
②　魚体の表面のつやが良く生き生きしている
③　腹の部分が引き締まり臓物などがとび出ていない
④　えらが鮮紅色である
⑤　不快な魚臭がない

*2 トリメチルアミン（TMA）魚肉100g あたり 5 mg 以上で初期腐敗の段階。

(3)　魚臭の除去操作

魚臭には鮮度の低下した不快な魚臭と，生鮮魚臭[*3]とがある。淡水魚のほうが海水魚より生鮮魚臭が強い。不快な魚臭 TMA は，旨味成分のひとつであるトリメチルアミン-N-オキシド（TMAO）の分解生成物で，そのほかメチルカプタン，硫化水素，アンモニアや魚中の不飽和脂肪酸の分解物も不快臭の原因となっている。魚臭の除去操作を以下に示した。

*3 生鮮魚臭　生鮮魚臭は，リジンが細菌によって分解されたピペリジンとアルデハイド類によって生じるが，不快な臭いではない。

食　塩　焼き魚やしめサバをつくるとき食塩を魚の表面にふって放置しておくが，これは塩の脱水作用によって溶出した成分[*4]と一緒に魚臭成分を引き出すことをねらったものである。溶出液が流れ落ちるようにするためザルなどの上で行うか，溶出液を十分除去するようにする。

*4 塩の脱水作用成分　1％以下の塩で筋原線維タンパク質，2～6％で筋形質タンパク質が可溶化する。

食酢・レモン・梅干　マリネ用漬け込み液（酢・レモン汁），すし飯（酢），魚介類の酢の物，焼き魚（レモンやほかの柑橘類を添える），煮魚（梅干・酢），汁物（船場汁—酢）などに用いられる。これは，アミン類が酸と結合すると臭いがなくなることを利用したものである。

酒・ワイン類　煮魚（煮汁に酒・みりん），洋風のゆで魚（ゆで汁[*5]に白ワイン）に用いられる。これはアルコールによって臭気が弱められることを利用したものである。

*5 ゆで汁　クールブイヨンという。

ショウユ・ミソ・牛乳　それ自身の持つ独特の強い香りで魚臭を弱める効果（マスキング効果）のほか，とくにコロイド状のタンパク質が魚臭を吸着するのを利用したものである。ミソは，サバのようにとくに魚臭の強い青皮の魚に用いられる。また，ショウユは刺身やにぎりずしの調味料としても重要である。

ショウガ・ワサビ・ダイコン・ナガネギ　それ自身のもつ強い香味を発散させることによって魚臭を弱める効果（マスキング効果）をねらったもの。刺身やにぎりずしにワサビを添えたり，煮魚の場合はナガネギやショウガと一緒に煮るなどして用いられる。にぎりずしなどのすしに必ず添えられるショウガの甘酢漬けは，これを食べたときに，ショウガの香味と酢の両者により口のなかの魚臭を除去する働きをもつ。

(4)　タンパク質

魚のタンパク質は良質で，穀類に不足しがちなリシンなどの必須アミノ酸を含むため，コメを主食とした日本人の食生活に適している。肉基質タンパク質は少なく消化しやすい。筋原線維タンパク質の多いタラなどはほぐれやすいのでそぼろに，筋形質タンパク質の多いカツオは角煮になる。うま味成分としては魚類にはクレアチン，甲殻類にはグリシン，アラニンなどの甘味のあるアミノ酸が含まれている。

(5)　魚肉の脂肪

魚肉の脂肪は魚の種類，部位，季節によってその量は２～40％と大きく異なる。魚の脂肪酸は不飽和脂肪酸*が80％を占める。新鮮な魚類の脂肪には臭気が少ないが，長時間放置しておくと不飽和脂肪酸は二重結合が多いため空気中の酸素と結合して酸化物をつくり，さらに酸化分解し特有の臭気をはなつ。これはとくに脂肪の多い魚の干物にみられる現象で油焼けという。

魚類は産卵が近くなると，脂肪が蓄積され旨味成分も増して味がよくなる。魚のこの時期を旬といい重視される。

＊ 不飽和脂肪酸　不飽和脂肪酸の中でも，DHA（ドコサヘキサエン酸 $C_{22:6}$）EPA（エイコサペンタエン酸 $C_{20:5}$，イコサペンタエン酸（IPA）とも呼ばれる）は，心筋梗塞や動脈硬化などの心血管系疾患を予防することが明らかにされており，これらを含む魚類が注目されている。DHA や EPA をとくに多く含む魚類はウナギ，ブリ，マグロ（脂身），サバ，イワシ，サンマ，サケ，マスなどであり，青皮の魚類に多く含まれている。

(6)　魚介類の色

魚肉の色は，水溶性の色素タンパク質と脂溶性のカロテノイドに大別される。マグロやカツオなどの赤身の魚肉の色は90％以上が色素タンパク質のミオグロビンで，わずかにチトクローム，フラビン，ヘモグロビンを含む。サケの筋肉や卵の紅色はアスタキサンチンというカロテノイド色素で，タイやメヌケの皮の赤色も同様である。カニやエビなどの甲殻類に存在する色素はタンパク質と結合して青緑色を呈しているが，タンパク質が熱変性するとアスタキサンチンが遊離するため赤くなる。マグロやサバに含まれるアルカロイド色素はツナキサンチンで，淡水魚にはルテインが多い。

コラム９　*K* 値

魚の死後 ATP は IMP を経てヒポキサンチン（Hx）へと分解される。イノシン（HxR）や Hx が多いほど鮮度は低下していると判定する。魚の鮮度の指標として K 値があり，40％以下なら生食可能である。

$$K値(\%) = \frac{HxR + Hx}{ATP + ADP + AMP + IMP + HxR + Hx} \times 100$$

ATP：アデノシン－３－リン酸　IMP：イノシン－１－リン酸（5′－イノシン酸）
ADP：アデノシン－２－リン酸
AMP：アデノシン－１－リン酸　HxR：イノシン
Hx：ヒポキサンチン

一般に白身といわれている魚介類にはこれらの色素が含まれていない。イカや貝類の血液の色はヘモシアニンで銅を含むため赤色を呈さない。

(7)　生食による魚介類の調理

生のまま食するものであるから，きわめて鮮度のよい魚介を選び衛生的に調理することが必要である。

1)　洗　浄

魚　類　細菌類は水洗いで大部分が除去される。魚は十分に水道水で洗浄し洗浄後直ぐに三枚におろす。洗浄後放置しておくと細菌が繁殖する。

貝　類　カキのように生食を賞味するものは，生食用[*1]を用い塩水で汚れを落とした後，十分に水道水で塩水を洗い流すことが必要である。食中毒菌のなかでも好塩菌の腸炎ビブリオは海水に由来し，2～3％の食塩でよく生育する。近年はノロウイルス（Small Round Structured Virus；SRSV）[*2]の食中毒が増えている。

フグ毒（テトロドトキシン）　フグ毒は自然毒[*3]のひとつである。これは主に卵巣と肝臓に多い。徹底的に水洗いすることによって除去するが，フグを料理するにはふぐ調理師免許証が必要である。フグ中毒の症状は，舌先のしびれなどから始まり，呼吸麻痺を起こし，ついには死亡することが多い。

2)　寄 生 虫

アニサキスという寄生虫が魚肉中に小さなコイル状で棲息しており，刺身，酢の物などの生食により感染することがある。感染すると胃壁に腫瘤ができたり腹痛を起こしたりする。－20℃では数時間で死滅するので冷凍保存を行った魚は安全とされている。また，70℃以上の加熱により瞬間に死滅する。

3)　生（なま）物（もの）

刺　身[*4]　食べやすくするために線維に直角に切る。うま味成分や酵素の流出を防ぎ，細胞膜の破損を少なくするため包丁のきれ味が大切である。

カツオのたたき　生臭さの抑制とテクスチャーの改善のため表面を加熱して焼き霜とする。これにより皮が軟らかくなり歯切れがよくなる。氷水中（酢入り）で冷やし，塩をふりかけ，その上に香味野菜（ニンニク，ショウガ，ネギなど）をのせ包丁でたたいて身にしみこませた後，つけ汁（レモン汁，ショウユ，おろしショウガ）を添え供する。

あらい　死後硬直を起こす前の新鮮な魚を薄造りにして氷水のなかで洗い，筋肉を収縮させて魚肉に特殊なテクスチャーをもたせたものである。コイ，タイ，スズキなどに用いられる。コイを用いる場合には湯洗い（約60℃）をした後に氷水で冷やす方法が行われる。瞬時に湯をかけることによって魚肉の表面のタンパク質が熱凝固し，熱変性で魚肉の弾力性が増加してテクスチャーが改善し，また，コイの強い臭いが封じこめられる。

*1 生食用　生食用のカキは浄化海水による飼育を行っているもので，加工用とは異なる。

*2 ノロウイルス　カキなどの二枚貝に付着している。食中毒はとくに冬場に多発する。

*3 自然毒　動植物が本来もっている毒性成分をいう。植物性自然毒には，キノコ毒，有毒植物，有毒種子，有毒果実などがあり，動物性自然毒には，フグ毒，シガテラ毒，アブラソコムツ（高脂質魚），麻痺性貝毒，下痢性貝毒，バイ貝の毒などがある。日本では，毒キノコ中毒とフグ中毒が圧倒的に多い。

*4 刺　身　肉質の軟らかいマグロやブリなどは，7 mmから1 cmの厚さの平造りや角造りにする。肉質の硬いイカやサヨリなどは糸造りとするが，フグは皿の模様が透けてみえるほどの薄いそぎ切りにする。

しめサバ　新鮮なサバに5～10%の塩を用い1～2時間塩じめを行った後，食酢に約1時間浸したものである。サバの肉質は軟らかく水分が多いため，身割れを起こしやすい。最初に塩じめを行い，表面の魚肉を締める。また，魚肉の中心部へ浸透した塩は，筋原線維タンパク質を溶出し，アクトミオシンを形成し粘性を帯び，身割れを防ぎ魚肉は弾力のあるゲル状態となる。このゲル状態になった魚肉を酢に浸すと，タンパク質は酸変性によって凝固して白くなり肉質はさらに固く締まる。塩じめを行った魚肉は酸性側では水和性を失って膨張度が低くなることから，先に塩じめを行う。サバのように鮮度低下の早い魚は，塩と酢の作用により保存効果が増強される。

(8)　加熱による魚介類の調理

魚介類は加熱により凝固すると，筋肉の収縮や液汁の分離による脱水などが起こり重量が減少する。脱水率は魚肉が20～25%，イカやタコが約30%である。加熱操作によって生の状態とは異なる風味やテクスチャーとなり，また保存性も高くなる。加熱のさいに，網などの調理器具を用いる場合，タンパク質の金属との熱凝着を防ぐため油脂を塗っておく。魚を加熱すると，皮が収縮したり破れたり，また身が曲がる現象が生じるが，これは魚皮を構成しているコラーゲンが加熱によって収縮するために起こる。そこで，煮魚や焼き魚は下ごしらえを行い，皮に切り目を入れて収縮による形くずれを防ぐ。

イカは図2.25に示したように，体軸の方向に表皮のコラーゲン線維が走行し，筋線維に直角に通っているので，腹開きにして加熱すると体軸の方向に収縮し，表皮側が縮み，身が丸まる。イカの表皮は四層で構成されており，普通は二層まで簡単にむけるが三層と四層は肉に密着して残る。一層と二層間に色素があるので，二層まで皮をむくと加熱しても色は白く仕上がる。

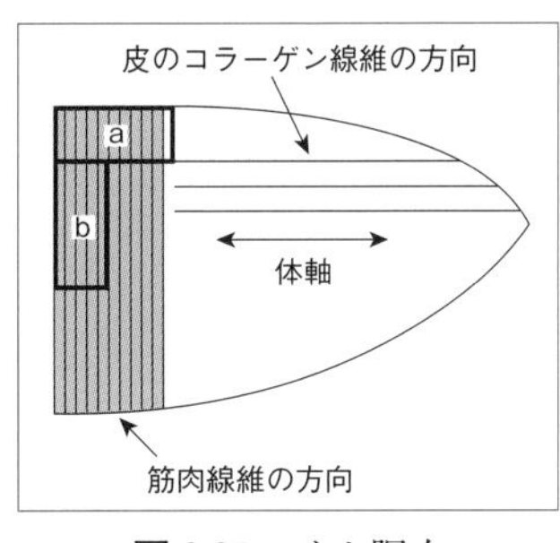

図 2.25　イカ胴肉

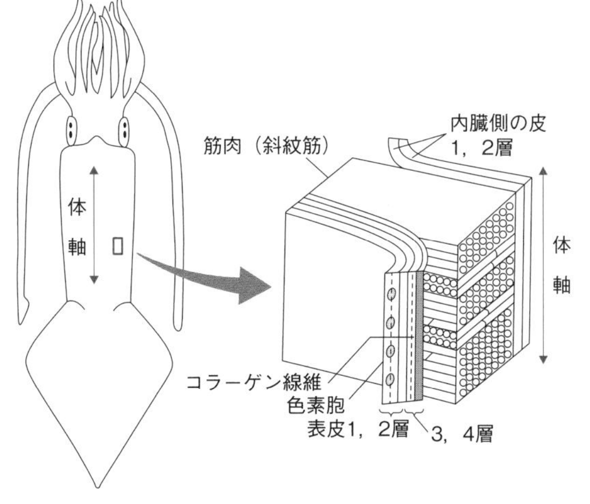

図 2.26　イカ胴部の構造

出所）畑江敬子ほか編：新スタンダード栄養・食物シリーズ6 調理学，141，東京化学同人（2016）

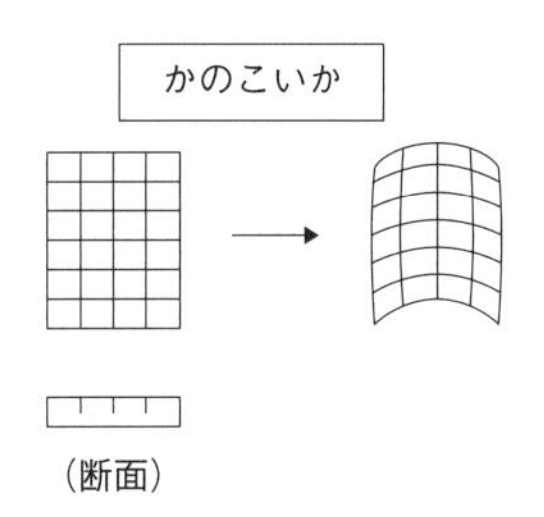

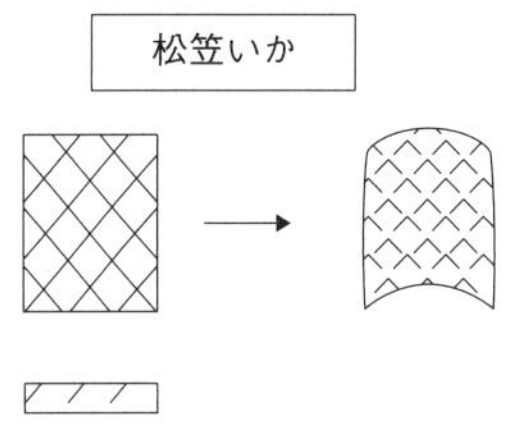

図 2.27　イカの飾り切り

出所）山崎英恵編：Visual栄養学テキストシリーズ 食べ物と健康Ⅳ　調理学　食品の調理と食事設計，113，中山書店（2018）

「かのこいか」や「松笠いか」は胴の内側あるいは外側に切り目を入れたものである（図2.27）。切れ目を胴の内側に入れ，体軸にそって長く切り取った形のほうが四層のコラーゲンの方向に線維が収縮するため丸くなる（図2.25）。

1）煮　物

魚の種類や大きさによって異なるが，一尾のままあるいは切り身の状態で用いることが多い。

調味料　白身魚は味付けを薄くし，短時間で煮る。赤身魚は呈味が強く，匂いも強いので煮汁の味を濃くする。

煮汁と加熱法　魚の呈味成分の煮汁中への溶出を防ぐため，汁が沸騰してから魚肉を入れる。魚肉の水溶性タンパク質及び塩溶性タンパク質は20～55℃で溶出しやすいので，沸騰汁に入れると魚の表面のタンパク質が熱変性して凝固すると同時に内部のタンパク質やうま味成分の溶出を防ぐことができる。また，煮汁に溶出する呈味成分を抑えるため，煮汁の量を少なくし（魚の約50～60％），煮汁が魚の上部までゆきわたるように「落としぶた」[*1]をする。

香味野菜[*2]　煮魚の生臭さを取り除くため，ショウガやナガネギが用いられる。加熱の途中で加える方が，香味が持続するので効果的である。

煮こごり　結合組織の多いホシザメ，ヒラメ，カレイなどは，主成分のコラーゲンが水とともに加熱されると，水溶性のゼラチンとなるため，煮汁が低温でゲル化する。煮魚の煮汁がゲル化したものを煮こごりという。

2）蒸し物

蒸し物[*3]に用いる魚や貝は淡白な味のものが適する。加熱中に調味ができないので下味をつけ，ソースや葛あんなどを用いる。蒸すときは受け皿に材料をのせる。蒸気によって一部溶出したうま味成分などの蒸し汁をソースやかけ汁として利用するためである。

3）焼き物

焼き物は，煮物，蒸し物に比べて加熱温度が高い（200～250℃）ので，魚や貝の表面に焦げ目がつき，それによって独特な香味が付与される。

焼き魚　直火焼きによる素材のもち味を生かす。おいしい焼き魚をつくるためには，前もって魚を塩じめしておくこと，強火でしかも均一な放射熱を必要とする。炭火は比較的安定な放射熱が得られ，“遠火の強火”で焼くことができるため，従来から用いられている熱源である。他にたれを付けて焼く照り焼き，開いて焼く蒲焼きなどがある。

ムニエル　塩，コショウした魚に小麦粉をまぶし，油脂を用いてフライパンで焼いた調理である。コムギ粉の壁によりうま味が流出せず，粉が油脂を吸収するためボリュームが出る。焼く前に牛乳に浸漬し魚臭を吸着させ焼き

*1 落としぶた　鍋の直径よりも小さく材料に直接ふれるようにかぶせるふたのことで，紙やアルミ箔，またはクッキングシートでつくることができる。
① 煮汁の蒸発を適度に調節する
② 表面と鍋底の温度差を少なくする
③ 煮汁が全体に行き渡る
④ 材料の煮おどりを抑えて煮くずれを防ぐ
⑤ 煮こぼれを防ぐ
などの効果がある。

*2 香味野菜　料理の味を引き立て，味をよくする野菜のことで，パセリ，タマネギ，セロリ，ショウガ，ナガネギ，ニンジンなどがあげられる。

*3 蒸し物　たて塩（59頁参照）で下味をつけて蒸す塩蒸し，ふり塩で下味をつけた材料に酒をふりかけて蒸す酒蒸し，ふり塩で下味をつけた材料を酢に浸漬してから蒸す酢蒸し（魚臭の強いイワシやサバなどに用いられる）がある。このほか，副材料を魚の上にかけたものとして，そば蒸し，さらさ蒸し（数種の野菜やクリ，ギンナンの刻んだものをのせて蒸す），かぶら蒸し（カブのすりおろしと卵白を混ぜ合わせたものをのせて蒸す），イカのけんちん蒸し（豆腐，ゴボウ，ニンジン，キクラゲなどを調味し，イカの胴に詰めて蒸す。鶏肉や魚にも用いられる）などがある。

色を良くする。

4)　揚げ物

そのまま揚げる素揚げ，唐揚げ（粉をつけ揚げた魚を甘酢につける南蛮漬けなど），衣揚げなどがある。脂質の少ない魚は天ぷらやフリッターに適しており，油脂味を加えて濃厚になる。

5)　汁　物

魚介類の持つ呈味成分を引き出すと同時に，汁の実や椀種として用いる。

潮汁　魚介類のうま味成分を浸出させ，汁の呈味を賞味するものである。鮮度のよい（タイの頭が最高）白身魚を用いる。魚肉から出るエキス分とコンブのだしで賞味する。魚は前もって塩じめし，魚肉の表面を軽く熱凝固させておく。これは，水溶性のタンパク質が溶出し，温度上昇に伴い，凝固して汁が白濁するのを防ぐために行う下処理である。

つみれ汁　魚肉のすり身*をだんご状にまとめて，すまし汁，みそ汁，粕汁などとする。タイ，ヒラメ，キスなどの白身魚が上品であるが，イワシ，アジ，サバ，ホッケなどは一般向きである。

＊すり身　魚肉だんごをつくるとき，必ず2％前後の食塩を加えてからすりつぶす。これは塩の作用によって塩溶性のミオシンとアクチンが結合し，弾力のあるアクトミオシンのゾル（すり身）を形成する（このまま加熱せずに放置しておくとゲル状となる。これを「すわり」という）。このすり身を加熱するとタンパク質が変性して弾力のある魚肉だんごとなる。これを利用したものがかまぼこなどの水産練り製品である。弾力をもたせるためにつなぎにデンプンを用いることもある。

4　卵の調理

卵類には，鶏卵，うずら卵，あひる卵などがあるが，一般に卵といえば鶏卵をさすほど鶏卵の消費が多い。卵は栄養価に優れた食品で，タンパク質のアミノ酸組成が良い。さらに，鶏卵は無機質（リン，鉄），ビタミンA・B群（B_1・B_2）・D・Eなどの良い供給源でもある。また，卵白，卵黄の熱凝固性，乳化性，起泡性などを利用して，調理の主材料あるいは副材料として用いられる。

(1)　鶏卵の構造

鶏卵は，卵黄32％，卵白57％，卵殻11％からなる（図2.28）。

1)　卵　殻

卵の殻は卵全体の10～11％で，約95％が炭酸カルシウムで構成され，0.3mm程度の厚みをもち表面に多数の気孔をもつ。気室は，卵殻膜と卵殻のあいだに空気が侵入したもので，貯蔵期間が長くなると水分放散に伴い気室が大きくなる。

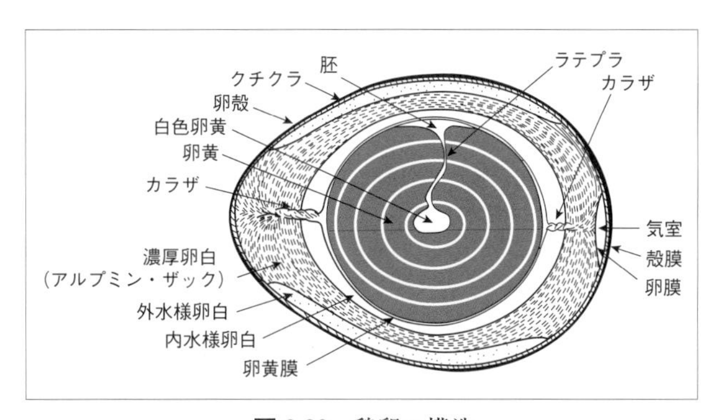

図2.28　鶏卵の構造

出所）中濱信子：調理の科学，76，三共出版（1976）

2)　卵　白

卵白は卵全体の55～60％で水分が約88％を占め，残りはタンパク質（約10％）と糖質（約1％）である。タンパク質の主なものは，オボアルブミン（約50%）で，加熱によりゲル化する性質がある。ほかにオボトランスフェリン，オボムコイド，オボムシン，アビシン，リゾチームなどを含む。

このうち糖タンパク質であるオボムシンは高い粘性を示し，卵白の泡立ち性や泡の安定性に役立つ。また，リゾチームは抗菌性があり，細菌の侵入を阻害する働きがある。卵白はオボムシンが会合しゲル化している濃厚卵白（約60%）と，ゲル構造の崩れた外水様卵白（約20%）と内水様卵白（20%）からなる。濃厚卵白は，卵白中の水分の移動を含む成分の移動を抑え，卵黄を中央部に保持し保護する働きをしている。

3）卵　　黄

卵黄は卵全体の30～33%で水分が約51%，タンパク質は約15%，脂質が約31%を占めている。卵黄のタンパク質は脂質と結合したリポタンパク質が多く，脂質含有量の高い低密度リポタンパク質（LDL, low density lipoprotein）と脂質含有量の低い高密度リポタンパク質（HDL，high-density lipoprotein）からなる。脂質はグリセリド（約60%），リン脂質（約33%）を多く含み，リン脂質はレシチン（58%）とケファリン（42%）からなる。卵黄の乳化性は，レシチンとタンパク質の結合したレシトプロテインにより発現するといわれ，卵黄自体が水中油滴（O/W）型エマルションである。

卵黄の色素は，ルテインなどのキサントフィル類（カロテノイド系）であり，ニワトリの飼料から移行したものである。

(2)　鶏卵の調理

1）鮮　　度

鶏卵は生鮮食品であるが，強固な卵殻に包まれ，卵白には溶菌作用をもつリゾチームが含まれているため，低温であれば比較的長期間保存が可能である。卵（鶏卵）の鮮度は，外観では判定しにくいので，比重の変化[*1]や割卵して卵黄係数を測定するなどして鮮度を判定する。賞味期限は冷蔵保存した場合に生食できる期限である。

卵黄係数　割卵して卵黄を平板上にのせ，図2.29のように卵黄の高さと直径の比として卵黄係数を算出する。卵黄はビテリンの卵黄膜に囲まれているが，この膜の強度は時間とともに低下するので，新鮮卵では球形に近く，古くなると張りがなくなってくる。卵黄係数は産卵直後のものは0.4以上で，0.25以下のものは割卵後卵黄が崩れやすい。

ハウユニット（HU, haugh unit）　平板上に割卵した濃厚卵白の高さ（Hmm）と殻つき卵の重量（Wg）を測定し，その値を用いてHU値[*2]を算出する。新鮮卵では80～90を示し，生食可能

＊1 比重法　産卵直後の鶏卵の比重は1.08～1.09であるが，貯蔵中に水分が気孔から蒸発し，気室の空気が増えるので比重は軽くなる。食塩水を利用して卵の浮沈により比重を知ることができる。卵の新古を判定するには10%の塩水を用い，鮮度のよさを判定するには12%の塩水を使用する。ただし，卵殻の厚さによって比重が左右されることがあるので，必ずしも品質の判定のよい指標とはいえないが，殻のまま判定できるので簡便な方法である。

＊2 HU値　次式より算出する。
$HU=100\cdot\log(H-1.7W^{0.37}+7.6)$
卵の鮮度判定にもっともよく用いられる方法で，国際的にも広く利用されている。HとW値からHU値が求められる換算表がある。

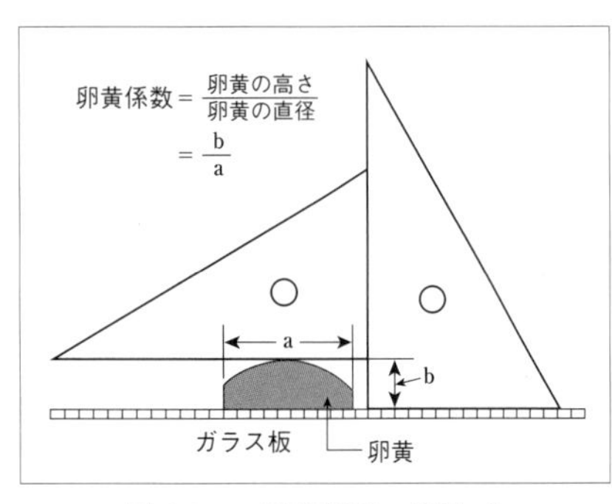

図2.29　卵黄係数の測り方

かどうかの判断基準は60以上である。

卵白と卵黄の pH　新鮮卵の pH は貯蔵中に上昇し，ことに卵白での変化が著しい。新鮮卵の卵白の pH は7.6程度であるが，貯蔵中に発生する炭酸ガスのため上昇し，貯蔵日数が約10日で pH 9 以上になる。一方，卵黄の方は産卵直後 pH6.2程度であり徐々に上昇する。

濃厚卵白の割合　卵白に占める濃厚卵白の割合は産卵直後は約60％であるが，貯蔵日数が増加すると暫時減少する。貯蔵中に濃厚卵白の水溶化（水溶性卵白に移行する）が起こる。水溶化は卵白中のオボムシンの会合によるゲル構造が，pH の上昇により壊れるためと考えられている。

2)　熱凝固性

卵（鶏卵）は，生の状態でも粘稠性があり他の食品に絡むことから，挽肉料理（ハンバーグステーキや肉ダンゴなど）につなぎとして利用され，また，フライなどをつくるさいにもパン粉をつけるために用いられる。加熱温度や加熱時間の条件により，粘稠性が徐々に発現し，好みのテクスチャーが得られる。ゆで卵のように殻付きのままで加熱した場合，溶き卵（卵黄膜を破壊した状態）にした場合，希釈卵にした場合，それぞれ凝固温度が異なる。

卵白は57～58℃で白濁が始まり，62～65℃で流動性が消失しゲル化が始まり，70℃でほぼ凝固するが，軟らかくやや流動性が残っている。75℃で形を保つことができ，80℃以上で完全に凝固する。

卵黄は，卵黄膜が存在している状態と卵黄膜が破られた状態では，熱凝固した状態がまったく異なる。卵黄膜が存在した状態（殻付きでも割卵した状態でもよい）では，58℃くらいから粘度を増し，65～70℃で粘稠性が増加し，流動性が消失する。80℃以上で粘りや弾力が少なくなり，顆粒構造がみられほぐれやすく白色化してくる。かく拌などで卵黄膜が壊された状態では，70℃でもち状の半熟状態となり，75℃で弾力のあるゴム状となる。

卵白は熱変性するさいに周囲のあく成分を吸着し凝固するので，コンソメスープなどを透明にするために用いられる。

ゆで卵*　殻付きのままゆでた卵の総称で，ゆで時間や温度により，全熟卵，半熟卵，温泉卵などに分類される。

ゆで卵の暗緑色化　ゆで卵は，ときに卵黄のまわりが黒ずんでいる場合がある。これは卵黄中に含まれる鉄（Fe）と，卵白に含まれるシスチンやシステインなどの含硫アミノ酸から，加熱により発生する硫化水素（H_2S）が反応して，硫化鉄（FeS）が生成されるためである。これを防ぐためには，加熱時間を必要以上に長くしないことである。しかし，古い卵になると pH が高くなるため，12分程度の加熱でも暗緑色に着色しやすい。これは，古い卵ほど pH が高く，pH が高いほど硫化水素が発生しやすいためである。

＊ ゆで卵
全熟卵　水から卵をゆでた場合は，ゆで水の温度が80℃に達してから12分間，沸騰水中でゆでる。
半熟卵　完全に凝固していないゆで卵のことで，沸騰状態を 3 ～ 5 分維持したゆで卵のことを呼ぶことが多い。卵白はややゲル化し，卵黄のほうが流動性のある状態である。70℃前後の温度で20～30分くらい保つような加熱条件も半熟卵である。
温泉卵　半熟卵の一種で，卵黄だけが軟らかいゲル状になり，卵白は流動性のある半熟状態に凝固したものである。卵の中心が70℃前後に保たれるような加熱条件を30分間維持するとできあがるので，温泉地などではこのような条件が容易に得られるためこの名がある。

茶碗蒸し・卵豆腐　卵をだし汁で希釈して塩を添加して加熱する調理法である。茶碗蒸しは3～4倍のだし汁（卵濃度25～20%），卵豆腐は1～2倍のだし汁（卵濃度50～33%）で希釈する。希釈した卵液は，希釈することで熱凝固ゲルのテクスチャーも変化するし，凝固温度も上昇する。加熱温度は蒸し器内の温度が85～90℃以上にならないように保持し，このときの品温は蒸し器内の温度よりも約10℃低いので，この条件であればスダチ[*1]を起こさずに調理できる。

＊1 スダチ　すの立った状態をいう。すとは材料にできる空洞のことである。急速な加熱により凝固タンパク質の網状構造中の水分が急激に気化するために生じる。

食塩は電解質のため溶液中で解離し，タンパク質の帯電とは反対のイオンを吸着して，電気的に中和し凝固しやすくなる。とくに，卵白中のオボアルブミンの熱凝固にはナトリウムイオン（Na^{+}）が不可欠である。

カスタードプディング　卵を2～3倍の牛乳（卵濃度33～25%）で希釈し，砂糖を添加して加熱し，軟らかなゲルをつくる調理である。加熱方法は卵豆腐に準ずるが，オーブンで蒸し加熱する場合もあり，その場合は天板に温水を入れ，160℃程度で加熱を行う。牛乳中のカルシウムイオン（Ca^{2+}）はオボアルブミンの熱凝固に対して，Na^{+}の約4倍の効果をもつため，卵に牛乳を加えると熱凝固が促進される。一方，砂糖は卵の熱凝固に対して，熱変性を遅らせ凝固を阻害し，砂糖濃度が高くなるに伴い軟らかいゲルとなり，30%以上になるときわめて弱いゲルとなる。そこで，カスタードプディングの場合，砂糖濃度は20%以内に抑えて，カラメルソースで甘味を補う。

落とし卵（ポーチドエッグ）　落とし卵は穏やかに沸騰した湯のなかに割卵した卵を落とし入れ，2～3分加熱して調理したものである。卵白はしっかりとしたゲル状で，卵黄は流動性のある状態である。産卵直後の卵白はpHが低いためつくりやすく，また，3%程度の酢を加えた沸騰水で行うが，これは酢を加えることでpHが卵白のタンパク質の等電点に近づき，凝固しやすくなるからである。しかし，等電点の近くではタンパク質の水和が失われ，きめが粗くなる。また，みそ汁も弱酸性で，卵が熱凝固しやすい。

そのほかの卵料理　オムレツや卵焼きは10%程度の牛乳やだし汁を加えて（卵濃度約90%）希釈することで，やわらかく調理することができる。

3）乳化性

卵は卵黄・卵白ともに乳化性をもっており，ことに卵黄は乳化剤として作用しエマルションをつくる。卵黄中のレシチン及び低密度リポタンパク質（LDL）はO/W（水中油滴）型の乳化剤として働き，コレステロールはW/O（油中水滴）型の乳化剤として働く。卵白の乳化性は卵黄の約1/4である。マヨネーズ[*2]は卵の乳化性を利用したものである。

＊2 マヨネーズ　O/W（水中油滴）型エマルションであり，油約70%，卵黄約15%，酢とそのほかの調味料（塩・カラシなど）約15%からつくられたものである。材料配合が同じであれば，油滴の平均粒径が小さいほど硬くなる。

4）起泡性

卵白・卵黄ともに，攪拌（泡立て）により空気を含み，泡を形成する性質があるが，とくに卵白の起泡性が高い。

卵白による泡はスポンジ状の組織を形成し，食品に弾力のあるテクスチャーをもたせる。泡立て（起泡性）に関与する条件には，泡立てやすさと，泡の安定性が考えられるが，この２つの要素は相反する条件である。

泡立てやすい条件は，卵白の温度が高く水溶性卵白の多いことがあげられる。これは卵白の表面張力が小さく粘度も低い状態であり，攪拌による表面変性を起こしやすいので，泡立てすぎになりやすく泡の安定性も悪い。逆に水溶性卵白が少なく，濃厚卵白が多い新鮮卵を用い，卵白の温度が低い条件では，泡立ちにくいが，泡立ちすぎが抑えられ泡の安定性もよい。

酒石英（酒石酸カリウム）やレモン汁を加えると，卵白の pH が低下し，卵白のタンパク質が等電点に近づくため泡立ちやすくなる。

メレンゲ　卵白の泡の安定性には，砂糖が有効に作用し，砂糖の添加量の多いものほど，泡からの離水量も少なく安定性がよい。ただし，砂糖を加えると泡立ちにくくなるため，ある程度泡立てたあとに砂糖を入れるほうが泡立てやすい。

スポンジケーキ　全卵の泡を利用した膨化調理の代表的なものである。全卵は卵白より泡立ちにくいので，卵液の温度を35～40℃程度にして表面張力を低下させると泡立ちやすい。ケーキバッター[*1]が空気を包み込み，加熱により泡に含まれた空気が膨化し，スポンジ状の組織を形成している。

エンジェルケーキ　卵白の泡のみを膨化に用いたケーキである。卵白の泡立てにレモン汁や酒石英などを用いると，コムギ粉の黄色化[*2]が妨げる。

＊1 ケーキバッター　小麦粉・卵・砂糖などが混ざった流動性のある生地のこと。

＊2 コムギ粉の黄色化　コムギ粉中のフラボノイドは，卵白の pH がアルカリ性のため，黄色化するが，酸により中和すると無色になる。

5　乳・乳製品の調理

乳汁は哺乳動物にとって発育に必要な栄養素を含み，出生後から長期にわたって利用される唯一の食べ物であり，とくに日常生活に不足しがちなカルシウムを多く含む食品である。一般に用いられている乳のほとんどが牛乳であり，乳製品についても牛乳から加工されたものがほとんどである。

(1)　牛　　乳

牛乳中にはタンパク質2.9%，乳脂肪3.3%，糖質4.5%，灰分0.7%が含まれている。牛乳中のタンパク質は，約80%のカゼインと約20%の乳清タンパク質からなる。カゼインは，牛乳中のカルシウムやリン酸と結合し，カゼインミセル（図2.30）というコロイド粒子（平均直径0.1μm）として牛乳中に分離している。一方，脂肪は平均直径３μm の脂肪球として，O/W（水中油滴）型のエマルション状態で牛乳中に存在している。生乳のままでは脂肪球が浮上するので，市販の牛乳はホモゲナイズ（均質化）により0.5～１μm の微細な脂肪球となっている。牛乳は，カゼインおよび脂肪の細粒が分散したコロイド溶液のため，光が散乱して白色不透明となり白くみえる。

栄養的には動物性タンパク質，カルシウムの給源として有効である。また，コロイド溶液のため，料理になめらかさを与え，色を白くする。主材料というよりむしろ副材料として，種々の料理に利用されている。

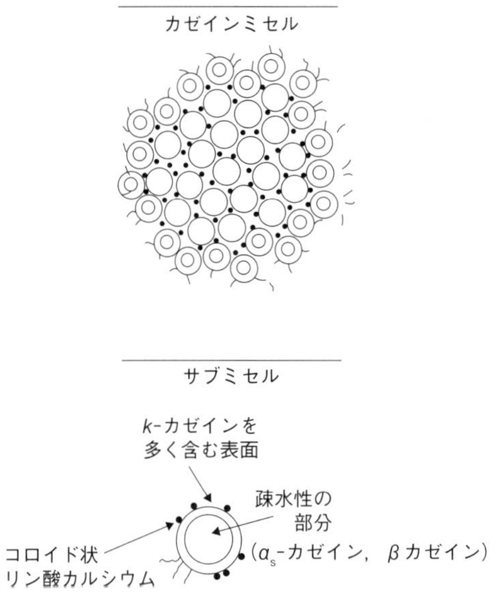

カゼインミセル

サブミセル

k-カゼインを
多く含む表面

疎水性の
部分
(α_s-カゼイン，βカゼイン)

コロイド状
リン酸カルシウム

図 2.30　カゼインミセルの模式図

資料）仁木良哉著，上野川修一編『乳の科学』朝倉書店，14-15，1996を改変。
出所）中嶋加代子編：調理学の基本（第四版），96，同文書院（2018）

1)　牛乳の凝固[*1]

乳カゼインはpH4.6付近に等電点を持つタンパク質であるため，酸や塩類などの影響により凝固する。野菜などに含まれる有機酸・タンニンは牛乳中のタンパク質を凝集する作用がある。この現象は調理の仕上がりを悪くする。貝類についても同様な現象がみられ，加熱するとコハク酸が溶け出しタンパク質が凝集することがある。また，塩蔵肉製品を用い牛乳が加えられた煮込み料理の場合にも，塩類の影響でタンパク質が凝固することがある。

牛乳は65℃以上に加熱すると液面に薄い皮膜が形成される（ラムゼン現象）。これは加熱により牛乳の表面張力が小さくなり，タンパク質が牛乳の液面に凝集し，表面変性して膜状になるためである。形成された皮膜がスープやカスタードプディングなどに入ると，口当たりを悪くするので，牛乳を加熱するさいには，皮膜形成の防止[*2]が必要とされる。ただし，１回の皮膜形成で膜に抱き込まれるタンパク質・脂質・無機質などの量は３％前後なので，皮膜を除いても，この程度の損失は栄養的には問題にならない。

加熱時には牛乳中のコロイド状タンパク質のため生じる泡立ち，ふきこぼれに注意する必要がある。加熱しすぎは乳清タンパク質に由来するSH基による不快臭を生じるため，牛乳の予備加熱は60℃程度にとどめる。

*1 凝固の防止方法　牛乳を用いた料理をなめらかに仕上げるために，牛乳を凝固させない方法として，カゼインの等電点に牛乳のpHを近づけないようにすることが大切である。

野菜を用いたホワイトシチューなどには，有機酸を減少させる調理法を選ぶとよい。たとえば，完熟に近い素材を選んだり，加熱時間を長くして有機酸を揮発させたりする方法がある。一度に大量の牛乳を加えると，局所的に酸凝固が起こることがあるので，攪拌しながら牛乳を加えたり，少量ずつ加えると酸凝固が抑えられ，なめらかな仕上がりとなる。

*2 皮膜形成の防止　皮膜形成を防止する方法として，つぎの①～③の方法が考えられる。

① 皮膜形成が生じる温度は65℃以上なので，牛乳の加熱温度を60℃くらいに抑える。
② 牛乳を軽く攪拌しながら加熱すると，タンパク質の凝集が抑えられる。
③ バターなどの油脂で牛乳（牛乳を含むスープ類など）の液面をおおうようにすると表面張力が低下し，タンパク質の凝集が抑えられる。

コラム10　乳糖不耐症

牛乳は乳糖を含んでおり，小腸でラクターゼによってグルコース（ブドウ糖）とガラクトースに分解され吸収される。乳児は高いラクターゼ活性を示すが，大人になると活性が低下あるいは，欠損するため，乳糖不耐症となり，腹痛や下痢を起こすことがある。日本人に比較的多い。

2)　牛乳の調理

色・風味の付与　牛乳は，白色不透明のコロイド溶液のため料理を白く仕上げたいときに用いられる。また，牛乳を用いた料理はエマルション状態の脂質を含むので，口当たりが良く，牛乳独特の風味が与えられる（ブラマンジェ，ホワイトソース）。

焼き色・加熱香気の付与　焼き菓子などの高温の加熱調理では，牛乳中の乳糖とアミノ酸によるアミノカルボニル反応と，乳糖のカラメル化反応（砂糖が含まれている料理の場合は，その影響のほうが大きい）により焼き色と加熱香気が加わる（スポンジケーキ，ビスケット，ムニエル）。

脱臭作用　牛乳中のタンパク質などの高分子物質は，魚臭やレバーなどの生臭さをある程度吸着する性質がある（エスカベーシュ）。

各種ゲルへの影響　牛乳中のカルシウムイオンは，カスタードプディングにおいて，卵のタンパク質であるオボアルブミンに作用して，ゲル化を助けゲル強度を増加させる（約4倍）。また，牛乳中のカルシウムイオンはペクチンを用いたゲルにおいて，ペクチン分子の架橋形成を助ける。一方，寒天ゼリーでは牛乳含量が多いほど（乳カゼインの影響）硬さが減少する。

(2)　クリーム

ホモゲナイズされていない牛乳を遠心分離して乳脂肪の多い部分を採取したものがクリームで，これはO/W型のエマルションである。クリームには，乳脂肪の量によりライトクリーム（乳脂肪約19%）とヘビークリーム（乳脂肪約40%）がある。前者はコーヒーやソースに用いられ，後者はホイップクリームとして泡立てて，洋菓子のデコレーションやババロア，アイスクリームなどに用いられる。そのほかに植物性油脂が添加されているホイップ用クリームもある。クリームは撹拌すると泡立ち，微細な気泡がクリーム中に分散し，体積を増す。脂肪球のまわりに付着しているタンパク質は，撹拌操作により変性して固定化し可塑性を持つようになる。

泡立ちによる体積の増加をオーバーラン*といい，泡立たせた卵白，バター，アイスクリームなどのクリーミング性の指標となる。

*　オーバーラン

$$\text{オーバーラン} = \frac{G - G'}{G'} \times 100(\%)$$

一定容積のクリームの重量：G，
同容積の起泡クリームの重量：G'

コラム11　バターの調理特性

バターには，独特な風味や芳香があるが，その他にもクリーミング性（撹拌することで細かい泡を抱き込む起泡性），ショートニング性（もろく砕ける性質），可塑性（外部からくわえられた力によって形が変化する性質）などの調理特性をもつ。

クリーミング性を利用した調理にはバタークリームやパウンドケーキなどがある。クッキーのサクサク感は，ショートニング性を利用したものである。バターはパイ生地中に薄くのび，独特な層状の構造を形成するが，これは可塑性を利用したものである。

品質の良いクリームを泡立てるために，つぎの①～④の条件があげられる。

① 脂質含量の高いヘビークリームを使う。脂質含量が多いほど脂肪粒子が大きいほど凝集が起こりやすい。

② クリームを5～10℃に保存し5～6℃で泡立てると，脂肪球が皮膜を破ることなく凝集し泡立ちが良い。

③ 攪拌は静かに行い攪拌による熱が生じないようにする。温度が高すぎたり，過度の攪拌は脂肪の皮膜を破壊し，脂肪球が融合してバターとバターミルクに分離する転相が起こる。

④ 砂糖を添加する場合はある程度泡立ててから加える。砂糖はクリームの泡立ちを抑制しオーバーランを小さくするがきめを細かくし安定性を高める。

(3) チーズ

ナチュラルチーズ[*1]とプロセスチーズ[*2]に分けられる。ナチュラルチーズはウシ，ヤギ，ヒツジ，水牛の乳を乳酸菌で発酵させた後，レンネット[*3]を加えて酸凝固させ，できたカード（ゲル状のもの）を微生物により熟成させたものである。熟成するさいに用いる微生物や熟成期間などにより，さまざまな味と香り，テクスチャーが付与される。

チーズはそのまま供卓する場合と調味料として用いられる場合がある。また，チーズの脂肪酸組成は低級脂肪酸のため，融点が低く加熱により容易に溶けるので，チーズ料理（チーズフォンデュなど）やほかの材料と混ぜた料理（ピッッツァなど）として加熱して供卓される場合もある。

(4) そのほかの乳製品

ヨーグルトは乳に乳酸菌を繁殖させて乳タンパク質を酸凝固させたもので，サラダやデザート類あるいはそのままの形態で供卓される。

バターは牛乳中の乳脂肪を集めたもので，W/O型のエマルションである。加塩されたもの（約2％）は卓上用や各種料理の副材料として用いられ，無塩のものは製菓用などに用いられる。発酵バターはクリームに乳酸菌を添加し乳酸発酵させたバターである。適度な酸味や風味が付与され，製菓用で使用されることが多い。

*1 ナチュラルチーズ　ハードタイプの特別硬質チーズ（水分25％以下）と硬質チーズ（水分40％以下），ソフトタイプの半硬質チーズ（水分40％前後）と軟質チーズ（水分40～60％）がある。また，熟成しないフレッシュタイプには，水分50～70％の軟質チーズがある。

*2 プロセスチーズ　数種類のナチュラルチーズ（ゴーダ，チェダー，エメンタールなど）を粉砕，混合したものに乳化剤（リン酸塩など）を加え加熱，溶解，乳化した後，充填成形したもので，加熱により殺菌，酵素の失活が行われるため品質が安定しており，保存性がよい。

*3 レンネット　凝乳酵素剤であるが，なかにタンパク質分解酵素レンニンを含んでいる。

Ⅲ　その他の食品

Ⅲ-1　油脂を多く含む食品素材のサイエンス

1　油脂の種類と調理過程の変化

(1)　油脂の種類

食用油脂には植物の種子や，動物の乳および脂肪組織から分離されたものがある。さらに加工油脂として，マーガリンやショートニングがある。一般に，常温で固体のものを脂（fat），液体のものを油（oil）という。これは油脂を構成している脂肪酸組成によるものであり，植物性油脂は不飽和脂肪酸の割合が高いために油，動物性油脂は飽和脂肪酸の割合が高いために脂となる。魚油は多価不飽和脂肪酸を多く含むため，油となる（表2.33）。

また，精製されたダイズ油，ナタネ油やコメ油などの食用油脂を調合，加工してサラダ油や天ぷら油などの調合油が作られる。サラダ油はウィンタリングにより低温で沈殿する成分を除いたものであり，ドレッシングなど生食用に用いられる。天ぷら油は，最近は精製度が高く，サラダ油に近い品質を有するものが多い。

(2)　油脂の調理過程の変化

1)　物理的性質の変化

融　点　脂は常温（25℃）以上の温度で油となり，油は低い温度で脂となる。この状態変化が生じる温度を融点という。融点は構成脂肪酸の種類によって変化し，炭素鎖が長いものが多いほど融点が高く，同じ炭素鎖数の脂肪酸では不飽和度[*1]の高いものほど融点は低くなる。一般的に動物性油脂は融点が高く，植物性油脂や魚油は融点が低い。ただし，植物性油脂の中にもパーム油やヤシ油のように常温で固体のものもある。

*1 不飽和度　分子が二重結合や三重結合などの不飽和結合をどの程度もつかを示す値

融点は，油脂を含む食品の口当たりと密接に関係している。融点が低く室温で液状の場合は，食べ物が冷えても口当たりがなめらかである。体温と同程度の温度で融解する場合は，口当たりの良さ，口溶け感を与える。体温と同程度の温度でも融解しない牛脂（融点：約40～50℃）は加熱して熱いうちに食べることがのぞましく，コールドミートには不向きである。鶏（30～32℃），豚（28～48℃）は冷めてからも柔らかく食べやすいので加工食品に用いられる。

チョコレート用のカカオ脂（約32～33℃）は，構成脂肪酸の種類が少なく，パルミチン酸，ステアリン酸，オレイン酸の３種類の脂肪酸で約95％を占めている。そのため，固体から液体の状態変化は，融点幅がせまいためにわずかな温度範囲で完了する。チョコレートの製造においてはテンパリング[*2]（チョコレートに含まれるカカオ脂を分解し，安定した細かい粒子に結晶させて融点を同

*2 テンパリング　カカオ脂の分子配列を整え，なめらかでつやのある状態に仕上げることにより，くちどけの良い状態となる。

表 2.33 油脂の種類と性質

分類	名称	脂肪酸組成（総脂肪酸100g あたりの脂肪酸（g）） 酪酸 C4:0	ヘキサン酸 C6:0	オクタン酸 C8:0	デカン酸 C10:0	ラウリン酸 C12:0	ミリスチン酸 C14:0	パルミチン酸 C16:0	ステアリン酸 C18:0	オレイン酸 C18:1	リノール酸 C18:2	α-リノレン酸 C18:3	飽和脂肪酸：一価不飽和脂肪酸：多価不飽和脂肪酸	融点（℃）	発煙点（℃）	α-トコフェロール（mg/100g）	特徴
植物油	あまに油	0.0	0.0	0.0	0.0	0.0	0.0	4.5	3.2	16.0	14.0	57.0	8.1：16：71	-18～-27		0.5	ω3脂肪酸を多く含む。
植物油	えごま油	0.0	0.0	0.0	0.0	0.0	0.0	5.6	1.9	17.0	12.0	58.0	7.6：17：71			2.4	ω3脂肪酸を多く含む。
植物油	オリーブ油	–	–	–	0.0	0.0	0.0	9.8	2.9	73.0	6.6	0.6	13：74：7.2	0～6	150～175	7.4	特有の香りと色（黄緑色）。未精製のエキストラバージン油と，それを精製しブレンドしたピュアオリーブ油がある。
植物油	ごま油	–	–	–	0.0	0.0	0.0	8.8	5.4	37.0	41.0	0.3	15：38：41	-3～-6	172～184	0.4	未精製で香りがよい。焙煎しているものは独特の風味。
植物油	米ぬか油	–	–	–	0.0	0.0	0.3	16.0	1.7	39.0	32.0	1.2	19：40：33	-10～-5	210～244	25.5	米ぬかから搾油。淡色で味がよい。米菓子などに利用。
植物油	サフラワー油　ハイオレイック	–	–	–	0.0	0.0	0.1	4.5	1.9	73.0	13.0	0.2	7.4：73：14			27.1	べに花油。品種改良により生産が増加中。
植物油	サフラワー油　ハイリノール	–	–	–	0.0	0.0	0.1	6.3	2.2	13.0	70.0	0.2	9.3：13：70	-5	246～253	27.1	べに花油。
植物油	大豆油	–	–	–	0.0	0.0	0.1	9.9	4.0	22.0	50.0	6.1	15：22：56	-7～-8	195～236	10.4	生産量が多い。
植物油	とうもろこし油	–	–	–	0.0	0.0	0.0	10.0	1.9	28.0	51.0	0.8	13：28：52	-10～-15	222～232	17.1	でんぷん製造後の胚芽から搾油。
植物油	なたね油	–	–	–	0.0	0.1	0.1	4.0	1.9	58.0	19.0	7.5	7.1：60：26	0～-12	186～227	15.2	キャノーラ油。生産量が多い。
植物油	ひまわり油　ハイリノール	–	–	–	0.0	0.0	0.0	5.7	4.1	27.0	58.0	0.4	10：27：58	-18～-16	234～238	38.7	ビタミンEを多く含む。
植物油	ひまわり油　ハイオレイック	–	–	–	0.0	0.0	0.0	3.4	3.7	80.0	6.6	0.2	8.7：80：6.8			38.7	ビタミンEを多く含む。品種改良により生産が増加中。酸化安定性がある。
植物油	ぶどう油	0.0	0.0	0.0	0.0	0.0	0.0	6.5	3.8	18.0	63.0	0.5	11：18：64	-11～-24	250～	27.5	グレープシードオイル。ワイン製造後のぶどうの種から搾油。特有の翠色。
植物油	綿実油	–	–	–	0.0	0.0	0.6	18.0	2.2	17.0	54.0	0.3	21：17：54	-4～-6	216～229	28.3	風味がよく酸化されにくい。
植物油	落花生油	–	–	–	0.0	0.0	0.0	11.0	3.0	42.0	29.0	0.2	20：43：29	0～3	229～256	6.0	風味や芳香に特徴。中国料理などで用いられる。
植物脂	パーム油	–	–	–	0.0	0.4	1.1	41.0	4.1	36.0	9.0	0.2	47：37：9.2	27～50	226～237	8.6	マーガリン，ショートニング原料
植物脂	パーム核油	0.0	0.2	3.9	3.4	45.0	14.0	7.6	2.2	14.0	2.4	0.0	76：14：2.4	25～30		0.4	コーヒー用クリーム，ラクトアイスなどに利用。
植物脂	やし油	0.0	0.5	7.6	5.6	43.0	16.0	8.5	2.6	6.5	1.5	0.0	84：6.6：1.5	20～28	181～183	0.3	コーヒー用クリーム，ラクトアイスなどに利用。
動物脂	牛脂（ヘット）	0.0	0.0	0.0	0.0	0.1	2.2	23.0	14.0	41.0	3.3	0.2	41：45：3.6	40～50	190	0.6	融点が高いのであたたかいうちに食べる。
動物脂	豚脂（ラード）	–	–	–	0.1	0.1	1.6	23.0	13.0	40.0	8.9	0.5	39：44：9.8	28～48	190	0.3	炒め物などに利用。風味とコクがある。
動物脂	バター（有塩）	2.7	1.7	1.0	2.1	2.5	8.3	22.0	7.6	16.0	1.7	0.3	50：18：2.1	28～38	208	1.5	発酵，非発酵バター，有塩，無塩バターなどがある。
加工油脂	マーガリン	0.0	0.0	0.4	0.4	3.6	1.7	11.0	4.8	39.0	12.0	1.2	23：39：13			15.3	製菓・製パン用。
加工油脂	ショートニング	0.0	0.0	0.3	0.3	3.5	1.9	31.0	8.2	35.0	11.0	1.0	46：36：12			9.5	製菓・製パン用。水分はほとんど含まない。
調合油	天ぷら油，サラダ油など	–	–	–	0.0	0.0	0.1	6.9	3.0	40.0	34.0	6.8	11：41：41			12.8	大豆油，なたね油のブレンド。

出所）石松成子ほか：New 基礎調理学，医歯薬出版（1999），日本食品標準成分表2015年版（七訂）脂肪酸成分表編，神村義則監修：食用油脂入門，日本食糧新聞社（2013）

じにするための温度調整）を行うことにより，カカオ脂の結晶形が一定となり，チョコレートの口中でのテクスチャーの変化を楽しむことができる。

可塑性　固体状の油脂が外力によって形を自由に変えることができる性質。総油脂量に占める固体油脂量の割合（固体脂指数：SFI）と温度の影響を受け，SFIが15～25%で可塑性を示す。バターは13～18℃で可塑性を示し，折り込み式パイ生地やデニッシュ生地の作製に利用する。テーブルバターとしては，16～17℃が最もパンなどに塗りやすい状態となる。

疎水性　油脂と水が混じり合わない性質。製菓用の型に塗ったりして容器と食品の接着を防ぐために利用する。また食品同士の接着を防ぐためにも利用する。サンドイッチ用のパンに塗るバター（W/O型）により，具材の水分がパンにしみ込むのを防ぐことができ，同時に油脂の風味により嗜好性を高めることができる。マヨネーズ（O/W型）を塗った場合は，具材の水分がパンに移行する。

ショートニング性　コムギ粉に油脂を混ぜて焼き上げるとサクサクしていてもろく砕けやすい食感（ショートネス）*が付与されることをショートニング性という。油脂が小麦粉の成分と水との接触を妨げることにより，グルテン形成能が抑制されるために生じる性質である。油脂量が多いほどショートネスが大きくなる。

＊ ショートネス　コムギ粉にバターを加えて焼いたクッキーがサクサクしていて，もろく砕けやすい性質。

コラム12　油脂の機能性

植物性ステロール含有量を高めた油脂が，コレステロールが高めの人のための特定保健用食品として認可されている。β－シトステロール，カンペステロール，スチグマステロールなどの植物性ステロールは，コレステロールと競合して，胆汁酸ミセルへのコレステロールの溶解を阻止し，コレステロールの体内吸収を抑制する機能を有する。血中総コレステロール，特にLDLコレステロールを下げるという特性を有している。

また，DHA（ドコサヘキサエン酸）を含む油脂は，中性脂肪を下げる効果があり，機能性表示食品として認可されている。

しかし，いずれも高カロリー食品であるので，取り過ぎには注意が必要である。

一方，炭素数が8から10の脂肪酸で，母乳，乳製品，ヤシ油などに含まれている中鎖脂肪酸の消化・吸収は長鎖脂肪酸とは異なり，膵リパーゼで脂質から遊離され，吸収されてそのまま肝臓に運ばれて分解されるため，エネルギーになりやすい特徴がある。エネルギー補給が必要な高齢者用食品などに利用されている。

コラム13　ω3脂肪酸について

不飽和脂肪酸のメチル基末端から数えて，最初の二重結合の炭素の位置が3番目のものの総称。α－リノレン酸，ドコサヘキサエン酸（DHA）など。

クリーミング性　固形油脂を攪拌すると，細かい気泡を抱き込んでクリーム状となる性質。固形油脂の粒子の大きさが関与しており，粒子が小さいショートニングはクリーミング性に富み，マーガリン，バターの順にクリーミング性が小さくなる。

乳化性　本来混じり合わない油脂と水を攪拌することにより，油を油滴として水の中に分散させる性質。乳化液をエマルションという。乳化した状態を長時間安定させるためには，乳化剤[*1]が必要である。水（連続相）の中に油が分散しているものを水中油滴型（O/W 型），逆に油（連続相）の中に水が分散しているものを油中水滴型（W/O 型）という。

＊1 乳化剤　乳化作用をもつ物質。マヨネーズ中の卵黄の脂質（レシチン）や乳タンパク質など。

マヨネーズは卵黄レシチンを乳化剤として利用した水中油滴型，バターはモノグリセリドを乳化剤とした油中水滴型のエマルションである。

2)　嗜好性の変化

油脂の風味　食品中に含まれる油脂は，食品自体をまろやかな口当たりにして，そのものの味を良くしている。“霜ふり肉”や“クッキー”などがその例である。油脂を含む食品の口当たりには，油脂の融点も関係している。

ゴマ油，バターやオリーブ油などの油脂には特有の芳香があり，その香気により料理の味を引き立てるためにも利用される。

高温時の熱媒体　油脂の比熱[*2]は水の約２分の１であり，“熱しやすく冷めやすい”のが特徴である。同じ火力では水の約２倍の速度で温度は上昇し，熱した油に材料が入った時の温度の低下も早い。200℃近くまで温度を上げることができるので，高温での食品の加熱が可能となる。炒める，揚げるなど乾式加熱の場合，材料中の成分と油脂が反応し，好ましい風味やテクスチャーを与えて嗜好性を高める。また，高温短時間の加熱であるため，材料の栄養素の損失も少なくなる。

＊2 比　熱　１ｇ当たりの物質の温度を１℃上げるのに必要な熱量。

3)　油脂の劣化

自動酸化　油脂を空気中に放置した場合に酸素などにより自然に酸化される現象を自動酸化という。油脂の構成脂肪酸である不飽和脂肪酸が，酸素，紫外線，熱，金属イオンなどにより酸化されることによって生じる。１次生成物であるヒドロペルオキシドは不安定でさらに酸化されて，アルデヒドやケトンなど２次生成物であるカルボニル化合物を生じる。また高分子の重合物が生じる（図2.31）。自動酸化が進んだ油で調理したものを食べると食中毒を起こす場合がある。貯蔵中にも自動酸化は進行するため，油脂は冷暗所に保存する必要がある。

加熱による劣化　揚げ調理に油脂を用いると，表面は空気に触れることにより，油中は材料からの水分により，そして鍋底は熱源に接しているために油の劣化が生じる。油の表面では酸化，内部では加水分解，鍋底では重合が起こり，油脂の劣化は進む。油脂の劣化の進行に伴い，粘度の上昇，着色，発煙点の低下，泡が消えにくくなるといった物理的性状の変化がみられる。

揚げ調理を行う場合は，特に発煙点，引火点の低下に注意する必要がある。

4)　栄養的役割

油脂は，脂質としての消化エネルギーは 9 kcal/g であり，効率的なエネルギー源である。脂質をエネルギー源として利用する場合はビタミン B_1 節約効果がある。摂取された脂質は，胃のぜん動運動を緩慢にし，食物の胃内滞留時間の延長などのはたらきがあるため，腹もちをよくする。

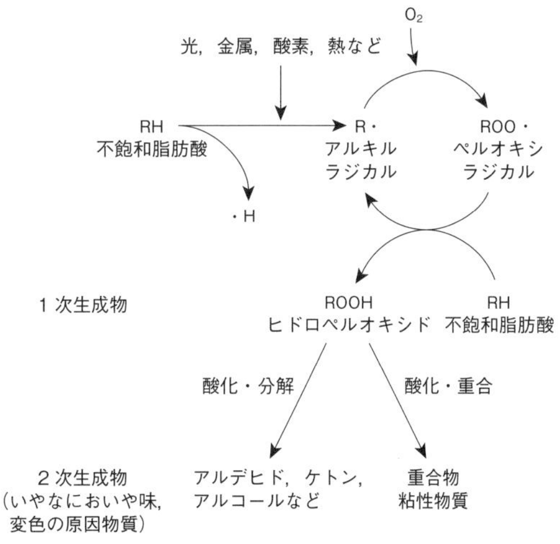

光，金属，酸素，熱など
O_2
RH
不飽和脂肪酸
・H
R・
アルキル
ラジカル
ROO・
ペルオキシ
ラジカル
1 次生成物
ROOH
ヒドロペルオキシド
RH
不飽和脂肪酸
酸化・分解
酸化・重合
2 次生成物
（いやなにおいや味，
変色の原因物質）
アルデヒド，ケトン，
アルコールなど
重合物
粘性物質

図 2.31　油脂の自動酸化

出所）　木戸詔子ほか：新食品・栄養科学シリーズ調理学，化学同人（2003）

調理に油脂を使うと，必須脂肪酸*が摂取でき，脂溶性ビタミンなどの栄養成分の吸収率が高まる。また，油膜で食品を包むことにより，水溶性成分の損失を防ぐことができる。一方，過剰摂取は健康に影響を及ぼすので注意が必要である。

* 必須脂肪酸　リノール酸，α−リノレン酸など，体内で他の脂肪酸から必要量を合成できないため，食事として摂取しなければならない多価不飽和脂肪酸。

揚げ操作で油脂を用いると，衣などに油脂が吸着する。揚げ材料の重量に対する油脂の付着量を吸油率という。吸油率は衣や食品の表面積によって変動する。

逆に，ゆでる操作や過熱水蒸気を利用して，食材から油脂を除去することができる。網焼きや，フライパンでソテーすることによって，除去することが可能である。

2　種実類の科学

(1)　種実類の種類と成分

種実類は，穀類，豆類，香辛料を除いた食用植物の種子の総称をいう。その形態から，種子類と堅果類（ナッツ類）に分けられる。種子類は，アサの実，エゴマ，ケシの実，ゴマ，ハスの実，ヒマワリの種などである。堅果類は，ギンナン，クリ，クルミなどの果皮の固くなったもので，種子中の仁（胚乳，胚）を食す。近年では，アーモンド，カシューナッツ，ピスタチオ，ヘーゼルナッツなどの外国産のナッツ類の利用が拡大している。

種子類は，一般的に水分が少なく，貯蔵性に富む。クリ，ギンナンなど脂質含量が少なく，糖質を多く含むもの（糖質型）と，ゴマ，クルミ，アーモンドなど脂質を多く含むもの（脂質型）がある。構成脂肪酸の約80％以上が不飽和脂肪酸であり，コレステロールはほとんど含まれない。また無機質のリン，カリウムなども豊富に含まれ，食物繊維が多く，ビタミン B_1，B_2，

Eも多く含まれている。

脂質型の種実は，酸素，光などにより酸化が進むので，保存には注意が必要である。

(2)　種実類の調理

そのまま食べる場合　種実類を煎ることにより，含まれている糖，アミノ酸，脂質などの成分の種類や比率によって，特有の香りを生じる。焙煎だけではなく，蒸煮，油で揚げるなどの加熱処理をして，そのまま，もしくは塩味をつけて，種実類そのものの風味を味わうことができる。クリなども皮付きのまま焼き栗や蒸し栗としてその風味を味わう。

製菓材料　全粒，スライス，粉末，ペースト，プラリネなどさまざまな形態で利用されている。和・洋・中の菓子材料として独特の風味とテクスチャーを与える。クリはマロングラッセ，シロップ漬け，甘露煮なども菓子材料として利用される。

和え衣　炒ったゴマ，クルミ，ラッカセイなどをペースト状にした後に調味し，和え衣とする。ねっとりした食感と特有の香りがあるため，淡白な味の野菜の和え衣として利用することが多い。

油脂原料　ゴマ油，ラッカセイ油など，独特の香りを有する油の原料として用いられる。

その他　ゴマやクルミは，すりつぶしたものをクズデンプンゲルに分散させ，冷やし固めて豆腐状にして，精進料理等に用いる。

アーモンドやココナッツはすりつぶしてミルク状にして用いられることがある。

(3)　各種種実類の利用

1)　ゴ　マ

種子の色から白ゴマ，黄ゴマ，茶ゴマ，黒ゴマなどに分けられる。白ゴマは脂質含有量が高い[*1]ので搾油用に，黒ゴマは食用に主として用いられる。煎ることによりピラジンという特有の香ばしい香りを生じる。煎ってそのままゴマ塩として食べる場合もあるが，消化吸収されやすくするため，すりつぶすなどして和え衣やゴマ豆腐に用いられる。

ゴマリグナン類[*2]にはセサミンなどが含まれる。また，抗酸化物質であるセサモール[*3]が含まれ，高い酸化安定性を示す。

2)　クルミ

殻が薄く割れやすいペルシャクルミと，殻が厚く割れにくい鬼クルミやヒメクルミがある。リノール酸，α-リノレン酸などの不飽和脂肪酸と，γ-トコフェロールを含み，抗酸化作用がある。生で食することができるので，サラダやくるみもちに用いたり，すりつぶして和え衣やくるみ豆腐に用いたりす

＊1 脂質を多く含む食品のPFC比
種実類はクリなどPCが多い糖質型，PFが多いクルミなどの脂質型がある。

＊2 リグナン類　セサミン，セサモリン，セサモール，セサミノールなどの総称。強い抗酸化力とコレステロール低下作用などを持つ。

＊3 セサモール　セサモリンがゴマ油に含まれる抗酸化物質の前駆体で，焙煎など加熱調理中にセサモールに変化する。

る。洋菓子にもよく用いられる。

3）ラッカセイ

ピーナッツ，南京豆などとも呼ばれる。豆類であるが，その構成成分や用途からナッツ類の仲間として取り扱われることが多い。煎ると独特な香気があるため，製油原料としても用いられる。オレイン酸やリノール酸，タンパク質を多く含む。煎り豆や菓子，ピーナッツバターなどに利用する。

4）ク　リ

炭水化物が多く，その約80％がデンプンである。加熱するとデンプンが糊化して甘味が増す。渋皮や果肉にタンニンを含むので，皮を剥いたら水に浸してあく抜きをし，変色を防ぐ。剥皮後，加熱してマッシュして，きんとん，マロンペーストのなどにも用いられる。

5）ギンナン

煎る，揚げる，ゆでる調理操作によって，特有の食感や風味を持つことから，酒の肴や茶わん蒸し，がんもどき，中国料理の炒め物などに利用される。新ギンナンの鮮やかな緑色はクロロフィルによるものであり，その色も珍重される。

6）その他

アーモンドはオレイン酸が多く，ビタミンＥを多く含むのが特徴である。スイートアーモンドは食用として，ビターアーモンドはその苦味成分としてアミグダリンを含むため，アーモンドオイルやエッセンスなどの加工原料として用いられる。

カシューナッツは独特の食感と甘い口当たりが特徴で，中国料理にもよく用いられている。

ピスタチオはその黄色～緑色が特徴であり，風味が良いため製菓原料としてもよく用いられる。

糖質型のトチの実は，成熟しても苦味物質を含むため，あく抜きに多くの工程を必要とする。

Ⅲ-2　嗜好飲料と嗜好食品の調理とサイエンス

嗜好飲料は，食生活のなかで栄養素の摂取を目的とせず，心身の安らぎや活力を与える目的で飲用される茶，コーヒー，ココア，アルコール飲料，清涼飲料などの総称である。嗜好食品は，栄養価よりも香味や刺激を得るための嗜好性を目的とした食物の総称で，菓子類も含まれる。近年，健康志向の上昇に伴い，栄養素以外の生理作用（３次機能）が注目されている。

最近の研究では，茶類，コーヒー，ココア，ワインなどがさまざまな機能性をもつことが明らかになっている。

1　嗜好飲料

(1)　茶　　類

日本で日常飲用する茶には緑茶，烏龍(ウーロン)茶，紅茶などがある。生の茶葉には強力な酸化酵素が含まれている。これらの茶は製茶の工程で酵素の働きにより不発酵茶（緑茶），半発酵茶（烏龍茶・包種茶），発酵茶（紅茶），後発酵茶*1（黒茶・阿波番茶）に大別できる。

『日本食品標準成分表2015年版（七訂）』には，玉露，煎茶，紅茶の成分とその浸出液の成分含量が収載されている。浸出液中のカテキンなどの機能成分が主たるもので，栄養補給面の効果は期待できない。脂溶性ビタミンやタンパク質は浸出液中に溶出するが，ミネラル類，不溶性食物繊維などは茶殻に残ってしまう。しかし，茶葉そのものは，ビタミン・ミネラルを豊富に含む食品で，さまざまな生理機能をもつ成分を多く含んでいることから，「茶を食す」*2ということが提唱されている。その他，ソバ，てんぷら粉，菓子類に使用されている。

茶の種類と入れ方は，表2.34に示したとおりである。

緑　茶　不発酵茶であるため，茶葉本来の色や味を保つことができる。緑茶の味は，テアニン*3等のアミノ酸，苦味成分のカフェイン，*4渋味成分のカテキン*5などが調和した爽やかな風味をもった飲料で，日常的に愛飲されている。近年，緑茶中の成分類について，さまざまな生理機能が明らかにされ，注目されている。

烏龍茶　緑茶と紅茶の中間に位置する半発酵茶である。中国と台湾が特産地で，仕上がりがカラスのように黒色を帯び，龍のように曲がっているのでこの名がついた。カフェイン，タンニン及び香気成分が含まれる。沸騰直後の熱湯で浸出すると色は濃く，香りが高い茶が得られる。烏龍茶には整腸作用や脂肪代謝促進作用があり，脂質が多い料理を食べたあとに飲むとよいといわれている。

紅　茶　発酵茶である。発酵過程でカテキンが酸化重合したテアフラビンに変化し，茶葉は黒色*6になり苦渋味が軽くなる。栄養面ではビタミンCは

*1 後発酵茶　茶葉の酸化酵素の関与はなく，専ら外部から侵入する乳酸菌，かび，酵母の作用で，微生物発酵させてつくるもので，茶葉は黒色である。熟成期間が長いほど高級とされている。黒茶・阿波番茶，ミャン，ラペソーなどがある。

*2「茶を食す」　健康・栄養面からは理想的であり，以前から抹茶，煎茶の茶がらの佃煮などがあった。近年は，食べる茶として茶葉を短くカットしてふりかけ状にしたもの，挽いて粉末にしたものがある。

*3 テアニン　茶の特有のうま味成分である。カフェインの興奮作用に対する抑制作用，血圧低下作用，神経伝達物質代謝の調節，学習能力の向上，神経成長因子のほか脳からのα波を引き出し，リラックス効果がある。

*4 カフェイン　茶・コーヒーなどに多く含まれる苦味成分である。中枢神経興奮，眠気防止，疲労回復，強心，利尿作用，平滑筋の弛緩，骨格筋の収縮，胃液の分泌刺激，体脂肪代謝促進，抗アレルギー作用などがある。

*5 カテキン　ポリフェノールの一種でタンニンと呼ばれてきた渋味の主成分である。抗酸化，抗突然変異，抗がん作用など，さまざまな生理機能をもつ。

*6 茶葉の黒色　ヨーロッパでは茶葉の色からBlack Tea（ブラックティー）と呼んでいるが，浸出液が紅褐色を示すことから日本では紅茶という。

表2.34　茶の種類と入れ方

茶　種		分量（g）	湯量（ml）	湯の温度（℃）	浸出時間	入れ方の要点
緑茶	玉露	8～10	200	60	1～2分	①茶器の全てを温めておく。②人数分の茶器に，濃度が均一になるように1/3位ずつ順に注ぎ，2～3度往復する。③茶器の底を拭いてから茶托・受け皿にのせる。
	煎茶	8～10	300	70～80	1～2分	
	番茶	15	600	100	20～30秒	
	ほうじ茶	15	600	100	1～2分	
烏龍茶		8～10	600	100	2～3分	
紅茶・ハーブティ		8～10	600	100	3～5分	

出所）　品川弘子・川染節江・大越ひろ：調理とサイエンス，学文社（2002）

完全に失われる。紅茶の浸出液を放置すると白く濁ることがある。これをクリームダウン[*1]といい，紅茶の温度が下がるとともにカフェインとタンニンの化合物が析出して起こる現象で，急冷すると防ぐことができる。紅茶に牛乳やクリームを入れるとタンニンと結合して渋味がやわらぐ。レモンを入れると色が薄くなるのは，紅茶の色素であるテアルビジンが酸性になることによって退色するためである。

*1 クリームダウン　紅茶がゆっくり冷やされることによってクリームを加えたように白濁する現象をいう。アイスティーをつくるときは氷を入れたグラスに濃い目の紅茶を注ぐとよい。また，再加熱によって消失する。

(2)　コーヒー

コーヒーは生豆を200～250℃で焙煎し，粉砕したものを熱湯で浸出した飲み物である。コーヒーの色・味・香りは焙煎する過程で成分が変化することにより生じる。酸味や苦渋味があり，苦渋味はクロロゲン酸とカフェインである。カフェインは焙煎しても揮発・分解しないため，中枢刺激作用（覚醒作用）による眠気防止，疲労回復に効果的である。ポリフェノール類を含み，これは抗がん作用，動脈硬化の予防に有効であるといわれている。

苦味や酸味は砂糖や牛乳でやわらげることができるが，酸味の強いコーヒーでは牛乳やクリームのタンパク質が凝固することがある。コーヒーを入れるさいは，焙煎豆の挽き立てを用いるのが好ましい。コーヒー豆の産地・品種[*2]により風味が異なるため，自分に適した嗜好のものを配合するとよい。コーヒーの入れ方にはドリップ式（細挽き），サイフォン式（中挽き），パーコレーター式（粗引き）がある。熱湯（85～95℃）で２～５分で抽出する。

*2 コーヒー豆の品種と産地　モカ（エチオピア，イエメン），ブラジル（ブラジル），コロンビア（コロンビア），グアテマラ（グアテマラ），ブルーマウンテン（ジャマイカ），マンデリン（インドネシア），キリマンジャロ（タンザニア）など。

(3)　ココア

乾燥カカオ豆を焙煎し，粉砕したカカオマスから脂肪分（カカオバター）の一部を取り除き，粉末にしたもので，茶やコーヒーと異なり材料全部を飲むのが特徴である。ココアは飲用だけでなく，製菓材料としても用いられる。

コラム14　チョコレートのカカオマスの種類による風味の分類

コーヒーと同様，チョコレートもカカオマスの種類・産地・焙煎により，苦味，酸味，コク，香りなどのバランスが異なる。価格，風味の面を考慮し，複数の産地のカカオマスをブレンドして原料として用いることが一般的である。

フォラステロ種 Forastero　南米原産の栽培種であり産出量が多く安価。現在では主に西アフリカ・南アジアで栽培されている。欧米ではコートジボワール産，日本ではガーナ産をベースビーンズとして使用することが多い。

アリバ種 Arriba　フォラステロの突然変異で派生した種。エクアドル原産。独特の渋みとジャスミンの花のような香りが特徴。

クリオロ種 Criollo　有史以前から存在するカカオ豆の原生種であり，現在では稀少種。現存するほとんどの株はフォラステロとの交配部がある。ベネズエラ，メキシコなどで栽培されている。

トリニタリオ種 Trinitario　トリニダード島原産，クリオロとフォラステロの交配種。ラテンアメリカでフレーバービーンズとして広く栽培されている。

チョコレートと比較すると，脂質，脂溶性ビタミン，脂肪酸，コレステロールが低く，タンパク質，カリウム，カルシウム，鉄，亜鉛などの無機質，食物繊維に富み，栄養価が高い飲み物である。苦味成分のテオブロミンはカフェインよりも刺激性は穏やかで疲労回復に効果がある。血中コレステロール低下作用，抗酸化作用をもつポリフェノールを多く含む。

(4) アルコール飲料

アルコール飲料とはアルコール分を１％以上含む飲料である。製造上からみると醸造酒，蒸留酒，混成酒に分けられる。原料別では果実酒，穀物酒，乳酒などに，産地別で分類すると日本酒，洋酒，中国酒などに分けられる。料理の味を引き立たせるだけでなく，適量のアルコールは心身をリラックスさせ，ストレス解消や食欲増進の効果がある。

清　酒　アルコール15～20％の日本古来の醸造酒である。蒸し米に米麹を混ぜて糖化させながら，同時に酵母の働きでアルコール発酵を行う。発酵で生じたさまざまな微量成分が，コク，苦味，旨味，香りのもととなる。飲用温度はオンザロックから熱燗まで広範囲である。甘味は，低温では刺激が弱く，37℃付近が最も強く，高温で低下，苦味は高温ほど刺激が低下する。

ビール　麦芽，[*1]ホップ，[*2]水を原料として造る発泡性のアルコール飲料である。ビールに特有の芳香と爽快な苦味を与える原料はホップである。泡立ちは発酵によって生じた炭酸ガスによるものである。ビールのアルコール含量は３～５％であり，世界各地で多くの種類のビールが製造・販売されている。ビールの温度は，風味，おいしさ，泡立ちともに10℃前後がよい。

ワイン　ブドウをアルコール発酵させた醸造酒で，リンゴ酸，酒石酸などの有機酸，カルシウムやカリウムなどのミネラルを多く含む。アルコール含量は少ないもので７～８％，多いもので約14％である。ワインは料理とともに飲む酒で，食欲を増進させるための食前酒には，酸味・苦味があり甘味を抑えたシェリー，シャンパンなどのスパークリングワイン，[*3]食中酒としては，魚料理には白ワイン，[*4]肉料理には赤ワイン[*5]が供される。日常の食事には白ワインやロゼ，[*6]軽めの赤ワインが向く。食後酒には，甘口でアルコール度が高いポートや濃厚なマディラなどのワインがある。

(5) 清涼飲料

清涼感と爽快感を与え，のどの渇きをいやすのに適したもので，甘味，酸味，芳香などを有するアルコール含量１％未満の飲料である。炭酸を含む発泡系飲料と含まない非発泡系飲料に大別され，乳酸菌飲料，乳および乳製品を除く炭酸飲料や果実飲料，コーヒー飲料，茶系飲料，ミネラルウォーター，豆乳類，野菜飲料，スポーツ飲料，[*7]乳性飲料（乳固形分３％未満のもの）などがある。炭酸飲料や果実飲料などは糖分10～13％含み，エネルギー源となる

＊1 麦　芽　オオムギの種子を発芽させたもの。発芽中にアミラーゼが活性化し，種子中のデンプンが糖化される。ビール醸造には麦芽を80～83℃で焙燥して芳香と色度を増したものが使われる。

＊2 ホップ　ビールに特有の香りと苦味をつけ，泡立ちや保存性を高める。ホップ成分は，唾液，胃液，胆汁の分泌を促進して食欲を増進させ，腎臓機能を高めて利尿作用を促す。

＊3 スパークリングワイン　ワインに炭酸ガスが溶け込んだ状態で瓶詰，密栓されており，開栓したときに炭酸ガスが開放され発泡するものをいう。冷やして，勢いよく音をさせて栓を抜く。主に祝宴のときに供される。

＊4 白ワイン　緑・黄色系のブドウの果汁のみを搾り，アルコール発酵させたもの。味は甘口から辛口まであり，香味が淡白である。供卓温度は辛口は６～10℃，甘口は12～14℃がよい。

＊5 赤ワイン　赤色・紫黒色のブドウを皮ごとつぶしてアルコール発酵させたもので，酸味・渋味がある。タンニンは温度が低いといっそう渋く感じるため，冷やさず，室温程度で供する。

＊6 ロゼワイン　発酵初期に果皮を分離し，薄赤色の果汁のみの発酵を続けることによりつくられる。供卓温度は６～10℃の低温がよい。

＊7 スポーツ飲料　アイソトニック飲料とも呼ばれ，人間の体液の浸透圧と等しいのが特徴で，運動後の水分や塩分の補給や，特に高温下の運動時に効果的といわれる。体温の上昇を抑えるために６～８℃位に冷やし，少量ずつ発汗の程度に合わせて飲むとよい。

が，過剰摂取には気をつける必要がある。

2　嗜好食品（菓子類）

通常の食事以外に食べる嗜好食品のひとつであり，きわめて種類が多い。懐石料理や洋風のフルコースの食事の最後に甘い菓子が供されることにより，食事上の満足感が得られる。また甘いものの摂取は身体的・精神的ストレスを慰める効用がある。

その他，嗜好食品（菓子類）はおやつ（間食）として摂取することが多い。おやつ（間食）は，消化器官が未発達な幼児の摂取量を満足させるためには３回の食事以外に必要とされており，１日の摂取エネルギーの10～20％が適当である。また，低栄養になりがちな高齢期には，食べる楽しみ，栄養補給・水分補給のために菓子や茶類を摂取することがある。おやつ（間食）には，エネルギー源となるもの，*1 タンパク質・無機質・ビタミン類の給源になるもの*2 などがある。そのなかでも菓子類は糖分や脂質が多く，栄養価は偏っているため，食事代わりにするのは避けるべきだが，摂取するのを敬遠するのではなく，量・質・時間を適切にして取り入れていくべきである。

＊1 エネルギー源となるもの　クッキー類，せんべい類，いも類（マッシュポテト，スイートポテト，大学芋，芋羊かん），ピザ，ホットケーキ，サンドイッチ類，カステラなどがあげられる。

＊2 タンパク質・無機質・ビタミン類の給源になるもの　牛乳，ヨーグルト，チーズなどを材料とした飲み物・ゼリー，きなこを利用した菓子類，乾燥小魚類などがあげられる。

参考図書

長尾慶子編：調理を学ぶ［改訂版］，八千代出版（2015）
中嶋加代子編：調理学の基本，同文書院（2018）
谷口亜樹子編：食べ物と健康　食品学各論・食品加工学，光生館（2017）
久保田紀久枝・森光康次郎編：食品学，東京化学同人（2008）
農畜産業振興機構：加工デンプンの特性と食品への利用法，
　https://www.alic.go.jp/joho-d/joho08_000553.html（2019.08.07）
木戸詔子・池田ひろ編著：食べ物と健康４　調理学（第３版），化学同人（2018）
大谷貴美子・松井元子編：食べ物と健康，給食の運営　基礎調理学，講談社（2017）
畑江敬子・香西みどり：新スタンダード栄養・食物シリーズ６　調理学，東京化学同人（2016）
和田淑子・大越ひろ編著：管理栄養士講座　三訂　健康・調理の科学―おいしさから健康へ―，建帛社（2013）
金田尚志：調理科学講座Ⅱ，朝倉書店，75，78（1962）
松田由美子：鮮肉性魚粉の製造法と貯蔵法，日本水産学会誌，**49**，1293-1295（1983）
松田由美子：冷凍，**63**，723（1985）
大森丘：食品工業，26（1991）
昌子有：食品工業，33-35（1991）
清水亘：水産利用学，63，金原出版（1972）
神村義則監修：食用油脂入門，日本食糧新聞社（2013）
島田淳子：油のマジック―おいしさを引き出す油の力―，建帛社（2016）
石松成子・鎚吉・外西壽鶴子：New 基礎調理学，医歯薬出版（2000）
畑井朝子・渋川祥子：調理学（ネオ エスカ）同文書院（2004）
山崎清子・島田キミエほか：新版調理と理論，同文書院（2003）
全国調理師養成施設協会：改訂調理用語辞典，調理栄養教育公社（1995）

金谷昭子ほか：食べ物と健康調理学，医歯薬出版（2004）
下村道子・和田淑子：新版調理学，光生館（2003）
村松敬一郎編：茶の科学，朝倉書店（1991）
品川弘子・川染節江・大越ひろ：調理とサイエンス，学文社（2002）
吉澤淑編：酒の科学，朝倉書店（1995）
山本博・湯目英郎監修：ワインの事典，産調出版（1997）
村松敬一郎編：茶の機能―生体機能の新たな可能性―，学会出版センター（2002）
栗原久：カフェインの科学―コーヒー，茶，チョコレートの薬理作用―，学会出版センター（2004）
林淳三・山口和子編：小児栄養―理論と実習―，樹村房（1987）
伊奈和夫ほか編：茶の化学成分と機能，弘学出版（2002）
柳沢幸江・柴田圭子編：改訂第２版　調理学　―健康・栄養・調理―，アイ・ケイコーポレーション（2017）

3　おいしさを演出する食品素材のサイエンス

I　おいしさの化学的要因

食べ物のおいしさに関与する要因について，食べ物の状態から見た場合，化学的要因と物理的要因から構成されている。化学的要因には味と香りが含まれ，食品に含まれるそれぞれの成分によるため味覚や嗅覚でとらえられる要因になっている。

1　調味とおいしさ

食べ物のおいしさを構成する要素の中で最も重要なものは「味」である。調味とは，食品素材の持ち味を生かし，不快な味を抑えて目的に適した味を加え，食べ物の味やおいしさを調えることである。

(1)　味のベースとなるもの

おいしさのベースになるものとは，うま味成分を多く含む食品を水に浸したり，煮出したりしてうま味成分を溶出させたもので，「だし*」と呼ばれて汁物やスープ類，煮物などのさまざまな料理に使われている。

＊だし　食品素材の中からうま味成分を抽出した水溶液。出汁と表記し「だし」と読ませるのが一般的である。ただし，「でじる」と間違えて読む場合があるのでここでは「だし」と表記した。

うま味成分にはグルタミン酸，イノシン酸，グアニル酸などがあり，相乗効果によっておいしさを引き立てている。主なうま味物質と閾値を表3.1に示した。

また，だしの材料やとり方は表3.2に示した。和風だしは，カツオ節や煮干しなどの魚介類，コンブなどの海藻類，干しシイタケなどのキノコ類を材料にして短時間で抽出させる。洋風だしは牛のすね肉や骨を，中国風だしは鶏や豚の肉や骨を材料として長時間かけて抽出させるとともに，香味野菜や香辛料を加えて材料の臭みを除き風味を補っている。材料の違いからそのうま味成分も異なり，それぞれ独自の旨味になっている。マコンブのアミノ酸組成を表3.3に，カツオ節のイノシン酸，アミノ酸組成を表3.4に

表 3.1　うま味物質と閾値

名　称	構　造	閾　値
L-グルタミン酸	HOOC・$(CH_2)_2$・CH (NH_2) COOH	0.03%
L-アスパラギン酸	HOOC・CH_2・CH (NH_2)・COOH	0.16%
コハク酸	HOOC・$(CH_2)_2$・COOH	0.055%
5′-イノシン酸ナトリウム*	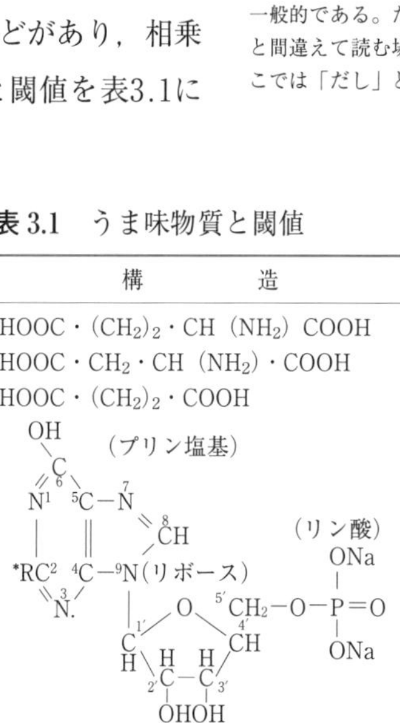 (プリン塩基)(リボース)(リン酸) OH, C, N^1, ^5C—N, ^{8}CH, *RC^2, ^4C—^{9}N(リボース), ^{3}N, $^{1'}$C, H, O, $^{5'}CH_2$—O—P(ONa)(ONa)=O, $^{4'}$CH, $^{2'}$C—C$^{3'}$, H H, OHOH *R：−H(5′-イノシン酸ナトリウム) *R：$-NH_2$(5′-グアニル酸ナトリウム)	0.025%
5′-グアニル酸ナトリウム*		0.0125%

*：プリン塩基にリボースがつき，この5′の位置にリン酸がついていることが必須条件で，2′や3′にリン酸がついてもうま味はない。
出所）小原正美：食品の味，29，38a，光琳書院（1967）

表 3.2　だし汁の材料とそのとり方

	材料	使用量%	主なうま味成分	だし汁のとり方
和風	カツオ節	一番だし 2～4	5′-イノシン酸 ヒスチジン	1．水が沸騰したら，カツオ節を入れ，約1分加熱後火をとめ，カツオ節が沈んだら上澄みを取る。 2．90℃の湯に入れて加熱沸騰後，直ちに火をとめて上澄みを取る。 これらを一番だしという。
和風	カツオ節 一番だしの だしがら	二番だし 4～8	同上	一番だしを取ったカツオ節に半量の水を加えて3分沸騰を続けて火をとめる。カツオ節が沈んだら上澄みを取る。 これを二番だしという。
和風	昆布	2～5	L-グルタミン酸	1．水に昆布を入れて30～60分浸出する（水出し法）。 2．水に昆布を入れて30分以上浸漬し，火にかけて沸騰直前に昆布を取り出す（煮出し法）。
和風	カツオ節 昆布の 混合だし	1～2 1～2	5′-イノシン酸 L-グルタミン酸	1．水に昆布を入れて沸騰直前に昆布を取り出し，カツオ節を入れ，沸騰したら火をとめ上澄みを取る。 2．昆布を30～60分水浸したあと，昆布を取り出して火にかけ，沸騰したら，カツオ節を入れ，再び沸騰したら火をとめて上澄みを取る。
和風	煮干し	3	5′-イノシン酸	1．30分水浸後98℃で1分加熱。 2．煮干しを水から入れて火にかけ，沸騰したら2～3分煮て火からおろす。小さく裂くか，粉末にする方がうま味成分の浸出はよい。
和風	干ししいたけ	1～2	5′-グアニル酸	低温の水に1時間くらい浸す。 時間がない場合は40℃以下のぬるま湯を用いる。 （干ししいたけにはグアニル酸とともに45～50℃で活性化するグアニル酸分解酵素が含まれるため，この範囲で戻すとうま味成分が減少する）
洋風	牛のすね肉 にんじん たまねぎ セロリ 香草 塩	30～40 20（にんじん・たまねぎ・セロリ） 0.5	L-グルタミン酸 5′-イノシン酸 有機塩基	鍋に角切りまたはひき肉にしたすね肉と，でき上がりの2倍の水を加えて30分浸出させ，火にかけて徐々に加熱し，沸騰したら火を弱め，上に浮く「あく」をすくいとる。1時間くらい煮たあとで大きく切った野菜と塩，香草を加えて90～95℃を保つようにして，さらに1時間煮る。木綿またはネルの布で静かにこし，表面に浮いている脂肪を清潔な紙で吸いとる。
洋風	鶏の骨 牛のすね肉 野菜 香草	30 20 20～30（野菜・香草）	同上	鶏の骨（1羽分約150g）を適宜に切って加える。その他は上と同じ。
中国風	老鶏肉 豚肉（脂肪の少ない肉） ねぎ しょうが 酒	20 20 3 0.7 2	同上	鶏は，骨付きのまま3～5 cmに切り，脂肪を取る。豚肉もぶつ切りにする。ねぎは10cmくらいに切り，しょうがはたたきつぶす。鍋に鶏肉と豚肉とでき上がりの2倍の水を入れて火にかけ沸騰前に弱火にしてねぎ，しょうが，酒を入れて1～2時間煮て，浮き上がる「あく」や脂肪を取る。およそ半量に煮つまったら，火をとめ，ふきんでこし，浮いた脂肪は紙で吸いとる。

出所）　小林理恵「うま味抽出液」長尾慶子：調理学を学ぶ〔改訂版〕，105，八千代出版（2015）

表 3.3　乾燥マコンブ中の遊離アミノ酸

アミノ酸	mg/100g	アミノ酸	mg/100g	アミノ酸	mg/100g
アスパラギン酸	823	アラニン	52	チロシン	5
トレオニン	3	バリン	7	フェニルアラニン	3
セリン	11	シスチン	0	トリプトファン	0
グルタミン酸	1 608	メチオニン	2	リジン	4
プロリン	49	イソロイシン	4	ヒスチジン	0
グリシン	4	ロイシン	4	アルギニン	5
				総遊離アミノ酸	2 585

出所）　山口静子監修：うま味文化・UMAMIの科学（1999）

表 3.4　カツオ節中のイノシン酸および遊離アミノ酸

（mg/100g）

核酸	イノシン酸	474	アミノ酸	メチオニン	17
アミノ酸	アスパラギン酸	2		イソロイシン	8
	トレオニン	11		ロイシン	25
	セリン	12		チロシン	20
	アスパラギン酸	1 250		フェニルアラニン	15
	グルタミン酸	23		トリプトファン	15
	プロリン	5		リジン	29
	グリシン	26		ヒスチジン	1 992
	アラニン	50		アルギニン	5
	バリン	16		タウリン	32
	シスチン	0			

出所）　表 3.3 に同じ

表 3.5　各種きのこ中のグアニル酸および遊離アミノ酸

（mg/100g）

		シイタケ（生）	シイタケ（乾燥）	マッシュルーム（生）	ポルチーニ（乾燥）	アミカサダケ（乾燥）	オイスターマッシュルーム（乾燥）
核酸	グアニル酸	0	150	0	10	40	10
アミノ酸	アスパラギン酸	8	70	11	106	28	85
	トレオニン	49	100	25	116	59	38
	セリン	39	80	19	194	99	91
	グルタミン酸	71	1 060	42	77	311	314
	プロリン	12	30	16	67	26	46
	グリシン	38	40	16	189	20	26
	アラニン	44	90	146	354	181	253
	バリン	26	40	23	73	29	36
	シスチン	15	20	17	11	0	7
	メチオニン	3	30	5	51	2	5
	イソロイシン	17	20	20	46	11	21
	ロイシン	28	30	35	64	10	31
	チロシン	15	70	12	25	37	58
	フェニルアラニン	21	50	30	38	10	41
	トリプトファン	11	20	19	27	4	8
	リジン	33	140	19	62	100	21
	ヒスチジン	21	120	21	27	46	13
	アルギニン	64	230	7	188	1 000	14

出所）　表 3.3 に同じ

キノコ中のグアニル酸，アミノ酸組成を表3.5に示した。

(2)　調味操作

食品素材が本来持っている固有の味に，だし，調味料，香辛料などを用いて食品のおいしさを引き出し，食品素材にない味や風味を付与して，いっそう食べやすく好ましい味にすることを調味操作という。調味する際は，食品素材の持つ味を生かして，それを損なわないようにうす味に仕上げることが重要である。

調味操作では，調味料を食品内部まで浸透させるかどうかによって調理方法が異なる。加熱時に調味することができる炒め物や焼き物では内部まで浸透させる必要がないため単時間で調味し，煮物では組織が軟らかくなってから拡散により調味料を浸透させるため煮込んでから調味する。加熱時に調味ができない蒸しものや焼き物・揚げ物では事前に下味をつけるか，喫食時に調味する。

また食材の切り方や調味料を加える順序などでも食品への浸透，吸着，拡散が異なる。複数の調味料を使うときは，分子量が大きく，拡散の遅い砂糖を食塩よりも先に加える（さしすせそ*）。調味料にはつや出しや臭い消しに使われる場合もあり，つや出しでは砂糖やミリンを調理の仕上げ段階で加え，臭い消しではミソを初期段階で加える。

*2 さしすせそ　調味料の添加の順番について，さしすせそが慣例としていわれている。「さ」は砂糖，「し」は塩，「す」は酢，「せ」昔ショウユのことをせうゆと表記していたのでショウユ，「そ」はミソのことである。醸造調味料の酢・ショウユ・ミソは風味が加熱により失われないように後から加える。

(3) 味覚の相互作用

食品素材から引き出される呈味成分と香味料などの呈味成分が互いに影響し合って味覚が変化することを味覚の相互作用という。

表 3.6 基本調味料の成分と化学式

調味料の種類	物質名	化学式
砂糖	しょ糖	$C_{12}H_{22}O_{11}$
食塩	塩化ナトリウム	$NaCl$
酢	酢酸（約4％含有）	CH_3COOH
うま味調味料	グルタミン酸ナトリウム	$C_5H_8O_4NNa \cdot H_2O$
	イノシン酸ナトリウム	$C_{10}H_{11}N_4Na_2O_8P$
	グアニル酸ナトリウム	$C_{10}H_{12}N_5Na_2O_8P$

表 3.7 食品のおもな呈味成分

	味の種類	食品名	呈味成分
基本味	甘味	砂糖，菓子類	しょ糖
		果実	しょ糖，果糖，ブドウ糖
	塩味	ミソ，ショウユ，漬け物	食塩（塩化ナトリウム）
	酸味	食酢	酢酸
		リンゴ	リンゴ酸
		柑橘類	クエン酸，アスコルビン酸（ビタミンC）
		漬け物，ヨーグルト	乳酸
		ブドウ	酒石酸
	苦味	茶，コーヒー	カフェイン
		ビール（ホップ）	フムロン類
		柑橘類	リモニン
		豆腐（凝固剤）	塩化マグネシウム，塩化カルシウム
	うま味	コンブ	グルタミン酸
		カツオ節	イノシン酸
		シイタケ	グアニル酸
その他	辛味	トウガラシ	カプサイシン
		コショウ	ピペリジン，チャピシン
		サンショウ	サンショオール
		ショウガ	ジンゲロン，ショウガオール
		わさび	アリルイソチオシアネート
	渋味	緑茶	タンニン
		渋がき	シブオール
	えぐ味	タケノコ	シュウ酸，ホモゲンチジン酸
		ゼンマイ	ホモゲンチジン酸

2 調 味 料

「基本調味料の成分と化学式」を表3.6に示した。「食品のおもな呈味成分」は表3.7に示した。

(1) 甘　味

甘味を呈する化合物には天然及び構成化合物がある。一般的に単糖類や二糖類は甘味を呈し，代表的な甘味物質にはスクロース（ショ糖），グルコース（ブドウ糖），フルクトース（果糖）などがある。

1) 甘味物質

糖類の甘味強度は分子構造によって異なる。異性体（α型，β型）のあるグルコースやフルクトースでは異性体の比率によって甘味は変化する。フルクトースではβ型のほうがα型より約2倍も甘く，低温ではβ型が増えるため甘味が強くなる。これに対して，スクロースは異性体がなく，温度による影響もないため，料理に広く利用されている。

砂糖溶液を加熱すると，水分が蒸発して濃度が高くなり，沸点が上昇して比重も大きくなる。加熱により砂糖溶液の色，香り，粘度が変わることを利用して，いろいろな砂糖料理ができる。

砂糖溶液の加熱による状態変化を表3.8に示した。

表 3.8　砂糖溶液の加熱による状態変化

温度（℃）	加熱中	水中（15℃）	調理
103〜105	細かい泡 消えやすい大きな泡	散る	シロップ，ホットケーキ，みつ豆，寄せ物のかけ汁，飲料の甘味
106〜115	一面に泡 やや消えにくい泡	ゆるやかに散る 軟らかい球	フォンダン，106℃で流動状，115℃で固形状（衣掛け），ジャム，バタークリーム用，製菓デコレーション，ボンボン
115〜120	粘りのある泡 消えにくい泡	やや硬いが押すとつぶれる球（軟→硬）	砂糖衣，キャラメル，イタリアンメレンゲ，かりんとう，攪拌すると粗い結晶析出
140〜165	消えにくい大きな泡 淡黄色に色付く	（糸を引く） 硬いが落とすと割れやすい球	抜糸，140℃銀糸，160℃金糸，タフィー，キャンディー，あめ細工，黄金糖，かるめ焼き
170〜180	黄褐色 褐色 カラメル臭	円板状に固まる	カラメル，コンソメやソースの着色風味付け

出所）　金谷昭子：食べ物と保健調理学，163，医歯薬出版（2004）

シロップは，ホットケーキや杏仁豆腐などに用いられる濃厚な砂糖溶液である。冷蔵庫で結晶化しないようにするため，砂糖に同量の水を加えて103℃に加熱して作る。フォンダンは，砂糖溶液を106～110℃まで加熱した後，40℃まで下げて過飽和溶液を攪拌すると，その刺激により微細な砂糖の結晶が分散してなめらかなクリーム状になる。115～120℃まで加熱し，材料を入れてかき混ぜると砂糖衣ができ，かりんとうや五色豆などにする。130℃以上になると，スクロースの一部が分解してグルコースやフルクトースの混合した転化糖ができはじめる。140～165℃に加熱すると，あめ状に糸を引く抜糸（バースー）ができる。砂糖溶液を加熱するときに，食酢を加えると早く転化糖になるため結晶化を防ぐ。さらに加熱して170～180℃になると，カラメルが形成される。

2)　ミ リ ン

ミリンとして市販されているものには，本ミリンとミリン風調味料がある。いずれも，酒類独特の調理効果を生み出し，煮物などで砂糖とともに使うと，味をよくして表面に照りやつやを出し，臭みを消して香りをつける効果がある。また，アルコールを含むことで，アミノ酸，糖質，有機酸などのおいしさを材料にしみ込ませることもできる。主成分はグルコースで，糖度は33%と砂糖の3分の1と低いため，砂糖の代わりとしては約3倍が必要になる。煮切りみりん*として使用することもある。

* 煮切りミリン　ミリンを調理に使用するとき，アルコール臭を除くため，火にかけてとばすことを煮切るといい，これによりアミノカルボニル反応が起こり，料理に色・風味・つやを与える。

(2)　塩　　味

塩味は調味の基本味であり，塩類（NaCl，KClなど）がイオン化した味である。塩味は調味料としてのみではなく，食べ物のテクスチャー，色などの嗜好要因に大きな影響を及ぼしている。また，体内においては体液の電解質バランスや浸透圧の維持，神経・筋線維の興奮などにおいても役割を果たしている。

1)　**塩味物質**

食品中では塩化ナトリウム（食塩）が主な塩味物質である。食塩は水溶液中でナトリウムイオンと塩素イオンに解離し，この両イオンによって塩味を感じる。一般においしく感じる塩味の濃度は，体液の浸透圧（0.85%）に起因しているので，この付近の塩分濃度で調味されているものが多い。

2)　**ショウユ**

＊ ショウユの種類　→167ページ側注参照。

ショウユ*は，ダイズ，コムギを原料に，麹菌と食塩を加えて6～8カ月発酵させた醸造発酵調味料である。醸造期間中に原料は種々のタンパク質分解酵素により分解され，グルタミン酸をはじめ，各種のアミノ酸や有機酸などの呈味成分に合成される。また，乳酸菌や酵母が増殖し，乳酸や酢酸の生成，アルコールや数百種の香気成分と，アミノカルボニル反応による着色物質が形成される。加熱調理でショウユの風味を生かすには，仕上げ段階で加えるか，一部を風味づけのために残しておいて使用する。表3.9に，ショウユの種類と特徴を示した。

ショウユは塩味物質以外の調理特性を持つ。

加熱による褐変と香りの生成　ショウユのアミノ酸は，ミリンや砂糖とともに加熱するとアミノカルボニル反応によりメラノイジンを生成し，特有の色や香りを発生する。

消臭効果　醸造過程で生成した醸造香により，肉や魚の臭みを消す効果がある。

食品の硬化　ジャガイモやダイコンなどでは，ペクチンに作用して，本来の食品よりも品質を硬くする傾向がある。

表3.9　ショウユの種類と特徴

種類	塩分濃度（%）	特徴	用途
濃口しょうゆ	13～17	色が濃く香気成分が多い。	煮物，照り焼き，食卓用。
淡口しょうゆ	15～19	塩分は濃口しょうゆより多い。醸造期間を短縮し色を淡く仕上げたもの。	だし汁の多いうどん，吸い物，野菜の含め煮。
たまりしょうゆ	14～16	大豆を原料として食塩水中で発酵させ，たまった液を絞る。濃厚で独特の香気がある。	刺身のつけしょうゆ，かば焼きのたれ。
さいしこみしょうゆ（甘露しょうゆ）	約16%	醸造を2度繰り返すことで，色が濃く濃厚な味を呈する。加熱処理がされてないので保存中に発酵が進む。	刺身・鮨用などの食卓しょうゆ。
白しょうゆ	15～16	蒸した小麦と煎り大豆でこうじをつくり仕込む，もろみを絞った生じょうゆを加熱せず製品とするので色が淡い，こうじの香りと甘味がある。	しょうゆの色をつけないで風味をきかせる料理。
減塩しょうゆ	6～9	しょうゆのうま味を残して塩分を1/2に減らしたもの。	治療食。

出所）　山本信子：「調味操作」木戸詔子・池田ひろ：調理学，17，化学同人（2016）

抗アレルギー作用　原料のコムギにはアレルゲンが含まれるが，醸造され火入れ後には完全に分解される。一方，ダイズ中の多糖類が麹菌の酵素により分解されたショウユ多糖類は，強い抗アレルギー作用を持つ。

3）ミ　ソ

ミソ*1は蒸したダイズに麹と食塩を加えて発酵，熟成させた醸造調味料である。原料の麹によりコメミソ，ムギミソ，マメミソに分類され，地方色豊かな多くの種類と特徴がある。それぞれのミソに独特の味，香り，色があり，汁物，焼き物，和え物などの料理に広く利用されている。

*1 ミ　ソ　2種類のミソを合わせる（合わせみそ）と新しい風味になる。ミソの粒子は粗いものほど沈殿しやすいのでよくすりつぶして使用する。加熱しすぎると風味が失われる。

ミソもショウユ同様に調理特性を持つ。

芳香性　タンパク質の約25％がアミノ酸まで分解されているため，発酵香が加熱により新しい香気成分を生み，風味を向上させる。ただし，みそ汁を長く加熱すると，香気成分が減少して風味は低下する。

消臭効果　熟成によりコロイド粒子になることで，魚臭などの好ましくない臭気を吸着し，加熱すると，魚臭の原因物質の高度不飽和脂肪酸を消去する働きがある。

緩衝作用　酸やアルカリを加えてもpHが変動しにくい緩衝作用*2を持っているため，どんな食材をミソに合わせても変わらない。

*2 緩衝作用　少量の酸や塩基を加えても，また，希釈して濃度を変えても，その影響を緩和してpH（水素イオン指数）をほぼ一定に保つ働きのこと。

乳化性・分散性　油脂を乳化させる作用があるため，他の調味料や食材と混ざりやすくなり，練りミソなどの調味ミソとして利用される。

(3) 酸　味

酸味は，酸味物質である有機酸（酢酸，乳酸，クエン酸など）や無機酸（リン酸や炭酸）が水溶液中で解離して生じた水素イオン［H^+］による味である。代謝に必要な有機酸にも酸味があり，疲れたときのクエン酸などはおいしく感じる。酸味料には主に醸造酢と柑橘類がある。酸味料を使用する場合，単独で調味することは少なく，二杯酢，三杯酢，ドレッシングなどに調合して使用することが多い。

1）食　酢

食酢には醸造酢，合成酢，加工酢があり，醸造酢は3～5％の酢酸を含んでいる。酢酸以外に酒石酸，コハク酸などの有機酸や，発酵により生じた各種アミノ酸，糖類などを含んでいることから，うま味や風味を付与し，食べ物にさわやかな味と芳香を与える。醸造酢には穀物酢と果実酢があり，日本では穀物酢が，欧州では果実酢が多く生産されている。

2）柑橘類の果汁

レモン，ユズ，スダチなどの柑橘類の果汁は，果実特有の芳香と風味をもち，味を引き立て料理に季節感を与える。生野菜にレモン汁をかけると，ビタミンCの酸化を防止する。

(4)　コク付与物質

コク（うま味）を与える物質には，コンブから単離されたアミノ酸系のうま味物質であるグルタミン酸ナトリウムがあり，調味料として広く利用されている。また，核酸系のうま味物質としては，カツオ節から単離したイノシン酸ナトリウムや，シイタケから単離したグアニル酸ナトリウムがある。

単独のうま味調味料には，アミノ酸系のグルタミン酸ナトリウム，核酸系のイノシン酸ナトリウム，グアニル酸ナトリウムなどがある。複合うま味調味料は，アミノ酸系と核酸系のうま味物質における相乗効果を利用したものである。

風味調味料は，カツオ節やコンブなどの天然呈味素材を原料に，うま味調味料，糖質，食塩などを加え，乾燥して粉末や顆粒状にしたものや液体状にしたものがあり，調理の際に風味原料由来の香りや味を付与する調味料である。

3　香りを演出する素材

鼻が詰まっていると，何を食べても味を感じることができず，おいしくない。このように，味にとって嗅覚は重要であり，嗅覚を介して感じる香りは，味覚にとっても重要であることから，香りを演出する素材として，香辛料を取り上げる。食品のおもな香気成分は表3.10に示す。

(1)　香 辛 料

ニンニク，タマネギ等のネギ属に含まれるメチルアリルトリスルフィド，ジメチルアリルトリスルフィドなどの含硫化合物には血小板凝集抑制作用がある。カラシなどに含まれるイソチオシアナートにはスーパーオキシドアニオンや一酸化

表3.10　食品のおもな香気成分

食品名	香気成分	食品名	香気成分
酒類	エチルアルコール	りんご	エチルメチルメチレート
バニラ	バニリン	ぶどう	アントラニル酸メチル
レモン	シトラール	もも	γ-ウンデカラクトン
じゃがいも	メチオナール	しそ	ペリルアルデヒド
はっか	メントール	こしょう	シトロネラール
バナナ	酢酸イソブチル	たまねぎ	ジプロピルジスルフィド
グレープフルーツ	ヌートカトン	にんにく	ジアリルジスルフィド
パインアップル	β-メチルチオールプロピオネート	バター	2，3-ブタネジオン
		チーズ	酪酸，カプロン酸

出所）木戸詔子・池田ひろ編：調理学，化学同人（2016）

コラム15　香辛料の機能性

香辛料には，血小板凝集抑制作用，発がん抑制作用，抗腫瘍作用，抗潰瘍作用，体熱産生亢進作用など，食品の第3次機能といわれる生体調節機能を持つものがある。

香辛料の精油中に普遍的に含まれ，抗酸化活性を示す化合物はいずれも独特の芳香をもつフェノール化合物である。日常の調理において使う香辛料の量はごく少量ではあるが，有効成分を日常的に，かつ継続的に摂取することができる。

窒素の発生を抑えて発がんや腫瘍化を防ぐ作用がある。ショウガ，トウガラシには健胃や消化促進の効果（抗潰瘍作用）があることが知られ，伝承的に使われている。トウガラシのカプサイシン，コショウのピペリン，ショウガのジンゲロールを摂取すると，交感神経が刺激され，グリコーゲンやトリグリセリドの分解を促進して，体熱が産生されて発汗する。

(2)　加熱香気

食肉を加熱調理すると食欲を刺激する強い匂いが生じる。食品を加工や調理のために加熱した際に生じる香ばしい匂いを加熱香気という。コーヒーやチョコレート，カラメルやトーストの香りも加熱香気である。食品の加熱香気の成分は，非常に多く，カルボニル化合物，アルコール類，フラン類，有機酸類，アミン類，ピラジン類，含硫化合物などの揮発化合物が知られている。このような加熱香気成分は，主にアミノカルボニル反応，糖やアミノ酸の加熱分解によって生成する。

(3)　香　　料

食品のおいしさは，味と香りが一体になって感じられる。食品香料とは，食品衛生法で「食品の製造又は加工の工程で，香気を付与または増強するため添加される添加物及びその製剤」と定義されている。食品を加工する段階で，食品本来のもつ香りが弱まったり，好ましくない香りが発生したら，食品香料を添加して，失った香りを付与したり，好ましくない香りを抑えたりする。

香料には，香りのない素材に香りをつける付香，香りの少ない素材に香りを補う補香，食品のもつ好ましくない香りを抑えるマスキングといった働きがある。

(4)　香りの機能性と味との相互作用

サバの味噌煮では，煮るときにショウガを加えて魚の臭みをマスキングする目的で使用するが，煮た後の盛り付け時にも，ショウガを添える場合が多い。これは，食べるときに，ショウガの生の風味を添えて賞味し清々しい香りを味わうことにより，嗅覚を刺激しておいしさの向上に役立っているのである。

Ⅱ　おいしさの物理的要因

1　ハイドロコロイドの機能と調理特性

ハイドロコロイドは動植物性食品に物理的・化学的処理や加水分解などを行い，成分を抽出，分離，精製したものであり，各種加工品に取り入れられている。調理・加工面からは，増粘性，ゲル化性，乳化性，分散性，安定性

*1 テクスチャーモディファイアー　好ましいテクスチャーに改良する目的で使用される物質のこと。食感改良剤ともいう。

などのテクスチャーモディファイアー[*1]（texture modifier）機能を有している。ハイドロコロイドはカロリーが少ないが，食物繊維を多く含むものなど体内において生理作用をもつものが多いため，健康食品にも用いられる。また，高齢者など咀しゃく・嚥下機能が低下した人に適した食事形態にするためのゲル化剤やとろみ調整食品としても使用されている。

以下に調理・加工に用いられるハイドロコロイドとその特性と調理性について述べる。

2　ゲル化剤

ゲル化剤に水を加えて加熱すると流動性のあるゾルとなり，温度を下げるとゲル化する。海藻抽出物の多糖類である寒天やカラギーナン，植物性抽出物の多糖類であるペクチン，動物性タンパク質であるゼラチンなどがある。

(1)　海藻抽出物

多くの海藻抽出物は，１％以下の低濃度でゲル化する。寒天やカラギーナンのほか，アルギン酸などが増粘多糖類として使用されている。

1)　寒　天

*2 寒　天　市販されている寒天には天然製造の角（棒）寒天，糸寒天がある。工業的に製造されているものには，粉末寒天，粒状寒天などがある。調理に用いられる寒天の濃度は0.5～２％（粉末寒天）であるが，種類によりゲルの硬さが異なる。たとえば，等しい硬さのゲルを得るためには，角寒天は粉末寒天の約２倍量，糸寒天は約1.6倍量が必要である。

寒天[*2]は紅藻類のテングサ，オゴノリなどを原料とし，主成分はガラクトースである。約70％を占めるアガロースとアガロペクチンから成り，アガロースのゲル形成能が大きい。寒天は難消化性でエネルギー源としての栄養価はないが，低カロリーの健康食品として注目されている。また豊富に含まれる食物繊維は腸のぜん動運動を助け，整腸作用がある。

a　寒天の調理機能

吸水・膨潤　寒天は水に浸漬し，吸水・膨潤させる。角寒天は１時間以上，粉寒天は５～10分程度水に浸漬する（80％吸水）。角寒天は最大で約20倍，粉寒天は約10倍まで吸水する。

加熱・溶解　寒天は吸水・膨潤させた後，水だけで90℃以上で通常は沸騰させて十分に加熱溶解させる。加熱による寒天の溶解は吸水膨潤がよいほど速く，寒天濃度が低いほど速い。寒天濃度２％以上になると溶けにくくなるため，１％程度で十分に溶かしてから所定の濃度になるように煮詰めるとよい。

表 3.11　寒天濃度と凝固温度，融解温度，ゼリー強度

寒天濃度 (g/100ml)	凝固開始温度 (℃)	凝固温度 (℃)	融解温度 (℃)	ゼリー強度 ($10^4N/m^2$)
0.5	35～31	28	68	1.8
1.0	40～37	33	80	2.2
1.5	42～39	34	82	4.4
2.0	43～40	35	84	6.7

出所）中濱信子：家政誌，17（4）（1966）

冷却・凝固　寒天ゾルは冷却すると流動性を失いゲル化する。凝固温度は寒天濃度0.5～２％で表3.6に示すように28～35℃の範囲にある。融解温度は68℃以上のため室温に放置しても融解せず，凝固温度も室温以上なので，扱いやすい。

ゼリーとしての性状　寒天ゼリーは弾力のある

歯切れのよい口当たりが特徴であり，熱可逆性のゲルである。寒天ゼリーはゲル化から時間が経過するとともに水が流出して離漿する。寒天濃度が低いほど離漿しやすいがのどごしのよいゼリーとなる。

添加物の影響

砂　糖　砂糖*1は寒天が溶けてから添加する。砂糖濃度が高いほど，凝固温度は高くなり，硬くて弾力のある透明なゲルとなり，離漿も抑えられる。

果　汁　果汁*2を加えてから加熱すると，果汁中の有機酸の影響で，寒天分子が加水分解して低分子化し，ゲル化しにくくなる（松本ら　1977）。

牛　乳　牛乳を加えると牛乳中のタンパク質や脂肪の影響で，加える量が多くなるほど軟らかいゲルとなり，離漿は少なくなる。

あん・卵白の泡　寒天液にあんや卵白の泡など比重の異なるものを加えると，二層に分かれることが多い。そこで，あんや卵白の泡を加えるときは，寒天液が粘性を増す凝固温度（40℃）付近まで冷却してから型に流し込むとよい。

b　テクスチャーを改良するための用途

硬い食品を細砕したりペースト状にしたものを寒天寄せにすることで食べやすくなる。また，栄養価の高い成分をよせることも可能であり，低栄養状態の改善に効果がある。寒天ゼリーをより食べやすくするために寒天の濃度を低くしたり，介護食用寒天（コラム16）を用いたりする。

2)　カラギーナン

カラギーナン*3は紅藻類のスギノリやツノマタなどを抽出したもので，ガラクトースとその誘導体が主成分である。カラギーナンは硫酸基がついている位置と量により，κ（カッパー），ι（イオタ），λ（ラムダ）の３種類に分類され，異なった性質を示す。κとιタイプのカラギーナンはいずれもゲル形成能を持っているが，ιタイプはゲル化能が弱い。λタイプはゲル化せず増粘性を示す。カラギーナンは寒天と同様，熱可逆性のゲルを形成する。

κ-カラギーナンでは，K^+とCa^{2+}により凝固温度が上昇し，ゲル強度を

*1 砂　糖　寒天ゼリーは砂糖濃度により硬くなるといわれているが，重量パーセントで計算した場合である。重量パーセントでゼリー中の砂糖を添加すると，見かけの体積が減少するので，砂糖を添加した影響が顕著に現れる。しかし，体積当たりの寒天濃度は増加しているため，砂糖の影響のみでなく，寒天濃度の影響が認められるので，砂糖の添加による硬さの増加はさほど大きなものではない。

*2 果　汁　果汁を加えるときには寒天液を60℃くらいにしてから加えるとよい。また，果汁中の果肉もゲルの硬さを低下させる要因である。

*3 カラギーナン　市販されているデザート用のカラギーナンは単独ではなく，ローカストビーンガムなどが混合され，カラギーナン製剤として機能性が向上している。カラギーナン製剤はカラギーナンに複数の増粘多糖類（ローカストビーンガムやグルコマンナンなど）を混合し，カラギーナンのゲル化剤としての欠点を補ったものである。加える増粘多糖類の種類や量によってさまざまなゲル化特性になりうる。ことに，カラギーナンの離漿のしやすさと酸や金属イオンに対する反応性は改良されている。

コラム 16　介護食用寒天

寒天は溶解温度が高い点が利用上の長所でもあり，欠点である。寒天の欠点である溶解性を改良し，80℃程度で容易に溶解する寒天が開発されている。この寒天を用いれば，電子レンジ加熱（90℃程度）や熱水を加えるだけで溶解するため利用しやすい。

また，今までの寒天は0.8%程度の濃度のゼリーは脆くバラバラになりやすいゼリーのため，高齢者向けのゲル化剤としては適さないといわれてきた。しかし，介護食用に改良された介護食用ソフト寒天はやや付着性があり，軟らかいテクスチャーのゼリーを作ることができる。

増す。しかし，K^+ の量が増えると離漿する。ι-カラギーナンはκと同様，K^+ や Ca^{2+} でゲル強度が増し，特に Ca^{2+} で粘弾性のあるゲルを形成する。また，κ-カラギーナンではタンパク質や Ca^{2+} の影響を受けるので，牛乳との反応性が高い。ゲル化機能の点からκ-カラギーナンの調理機能について述べる。

a カラギーナンの調理機能

膨潤・溶解 カラギーナンは寒天同様，水に浸漬し，吸水・膨潤させる。水への分散性がよくないため，だまになりやすい。そのため，水に少しずつ振り入れたり，親水性の高い砂糖などと混合してから水に溶解するとよい。カラギーナンは寒天とほぼ等しい量でゲル化する（0.5～1.5%）。膨潤時間は５～10分必要とする。吸水膨潤させた後，約70℃の加熱で容易に溶解する。

冷却・凝固 カラギーナン溶液の凝固温度は37～45℃で，濃度が増すに従いゼリー強度も高くなる。また，融解温度は60～65℃くらいである。室温に放置しても融解せず，凝固温度も室温以上なので，大量調理に適する。

ゼリーとしての性状（小林ら 1983） カラギーナンゼリーは寒天ゼリーと異なり透明度が高いが，やや離漿する。冷凍耐性を持つため冷凍保存が可能である。寒天ゼリーよりも口触りがなめらかで，弾力性に富んでおり，ゼラチンと中間的なテクスチャーを有する。

添加物の影響

砂糖は添加量が増すほどゲルの離漿は低下し，粘弾性が増加する。果汁を用いる場合，酸に対してやや不安定なため，pH3.8以上で用いる方がよい。また，酸を加える場合は最後の方で加えるとよい。牛乳を加えるとκ-カラギーナンはタンパク質のカゼインと Ca^+ との反応性が高くゲル化し，粘弾性が強まる。

b テクスチャーを改良するための用途

カラギーナンゲルは寒天同様寄せ物にも利用されるようになったが，むしろ透明感がよいので，飲料をのどごしのよいゼリー状にする用途が多い。

3) そ の 他

海藻抽出物に分類される多糖類には，他にアルギン酸[*1]やファーセルラン[*2]などがある。

(2) 植物性ゲル化剤

植物性ゲル化剤にはペクチン，グアーガム，グルコマンナン，デンプン類などがある。ここでは代表的なものについて解説する。

1) ペクチン

ペクチンは果物や野菜類などの植物組織のなかに含まれているガラクチュロン酸を主体とする複合多糖類である。ペクチンは不溶性ペクチンと可溶性

*1 アルギン酸 アルギン酸は海藻抽出多糖類である。D-マンヌロン酸とL-グルロン酸が種々の割合で混合した多糖類で，遊離のカルボキシル基を持つため，ペクチン酸と類似している。水に溶けて粘稠な溶液をつくり，増粘剤としての機能を持つ。カルシウムイオン（Ca^{2+}）など２価以上の金属の存在でゲルを形成するため，人工イクラや人工キャビアなどの魚卵状ゼリーをつくることができる。またアイスクリームの保型剤，インスタントデザートミックスなどのテクスチャー改良剤，また，タンパク質の沈殿防止として用いられている。

*2 ファーセルラン 海藻の一種であるフルセラリアから抽出した増粘多糖類である。寒天とカラギーナンの中間の食感を持つ。タンパクを加えるとゲルを形成することから，卵白や牛乳を使わないプリンなどができる。チョコレートドリンクの安定剤としても使用されている。

ペクチンに分けられる。不溶性ペクチンはプロトペクチンと呼ばれ，未熟な果物や野菜の組織に多く含まれ，成熟に伴い酵素作用により可溶性ペクチンであるペクチニン酸，さらにペクチン酸に変化する。ペクチニン酸*は狭義のペクチンを指し，高メトキシル（HM）ペクチンと低メトキシル（LM）ペクチンに分類される。

＊ ペクチニン酸（ペクチン） ペクチニン酸は狭義のペクチンを指し，200,000～300,000の分子量を持つポリガラクチュロン酸の長い鎖状分子であり，カルボキシル基が全部あるいは部分的にメチルエステル化してメトキシル基になったものである。メトキシル基が7％以上のものを高メトキシルペクチンといい，7％未満のものを低メトキシルペクチンと呼ぶ。栄養的な面ではペクチンは食物繊維として注目され，細胞壁や中葉の構造物質としての状態でも，抽出したペクチンの状態でも効用がある。

a 高メトキシルペクチン（HM ペクチン）

HM ペクチンは濃度0.5～1.5％，pH 3 前後，砂糖濃度60～65％前後の条件が満たされるとゲルを形成する。熱に対して不可逆的なゲルでやや弾力のあるゲルになる。砂糖濃度が高いのでやわらかめのゼリー食品として，ジャムやマーマレードなどに用いられている。

b 低メトキシルペクチン（LM ペクチン）

LM ペクチンは HM ペクチンと異なり，砂糖や酸を加えてもゲル化せず，Ca^{2+} などの2価の金属イオンが存在するとゲルを形成することから，低エネルギーのゼリー（低糖度ジャムなど）に利用される。pH2.5～4.5の範囲でゲル化するが，0.7～1.5％のペクチン濃度において，ペクチン量の1.5～3.0％のカルシウムが必要である。LM ペクチンを含む液にカルシウムに富む牛乳を加えてかく拌すると，流動性を消失しのどごしのよいムース状のゲルが形成される。

c テクスチャーを改良するための用途

HM ペクチンには，タンパク質と結合して安定な構造を形成する性質がある。この性質を利用して，酸性飲料（ヨーグルト飲料など）やデザートでは酸性域におけるカゼインタンパクやダイズタンパクの凝集を防止したり，小麦粉製品において，グルテンのネットワークを補強，安定化したりすることに利用されている。

2) グアーガム

グアーガムはマメ科の種子から抽出した植物種子粘質物に分類される多糖類である。グアーガムは冷水においても水和性がよく低濃度でも高い粘性溶液をつくる。しかも冷凍耐性があるので，増粘剤として加工食品に広く用いられている。また，嚥下に障害を持つ人のために開発された市販のとろみ調整食品に用いられているが，粘りがあるので口中に残留感を感じることが欠点である。

3) グルコマンナン

グルコマンナンはグルコースとマンノースが2：3の割合で結合した難溶性の多糖類である。グルコマンナンを水に膨潤して，水酸化カルシウム（消石灰）や灰汁など凝固剤を加えて加熱するとカルシウム凝固して弾力のあるコンニャクができる。コンニャクは熱不可逆性ゲルである。コンニャクゲル[*1]は弾力性に富み，温度が高くなると粘弾性が増加する傾向がみられる。グルコマンナンは耐酸性，耐熱性があり，寒天やカラギーナンと併用することでユニークなゲルを形成するため，ゼリーや飲料にも利用されている。

(3)　デンプン類

デンプンは種類も多く個々のデンプンでかなり調理特性が異なる。いずれも粘稠性に富み，ゾル状及びゲル状の調理食品に用いられている。個々の調理性や特性はデンプンの調理（28ページ）を参照してほしいが，ここでは，テクスチャーモディファイアーとしての利用について述べる。

a　粘稠性

低濃度のデンプンに水を加えて加熱すると，透明または半透明になり粘稠性をもつようになる。トウモロコシデンプン（市販品はコーンスターチ）やジャガイモデンプン（片栗粉）は料理のとろみづけ（薄くず汁，中国料理の溜菜など）として用いられることが多く，のどごしがよくなめらかな好ましいテクスチャーとなる。一方，調味液をデンプンでまとめると，バラバラになりやすい材料がまとまり，味も材料によくからまるなどの特徴がある。

b　ゲル化性

高濃度のデンプン糊液は，デンプンの種類により異なるが，一般に加熱糊化されゾル状となり，冷却されてゲルを形成する。一般的に地上デンプンは透明度が低く弾力の少ないゲルを形成し，地下デンプンは透明度が高く付着性があり，弾力のあるゲルを形成する。ブラマンジェ（トウモロコシデンプン）やクズザクラ（クズデンプン）などゲル状の菓子に利用される。

c　化（加）工デンプン

天然デンプンでは調理・加工機能が十分に果たせない場合に，化（加）工デンプンを用いることが多い。天然デンプンに，化学的・物理的処理を行い，デンプンの機能を拡大したものが化（加）工デンプンであり，冷水膨潤・可溶性，糊化温度の調整，糊液の物性改善，耐酸性，耐老化性などの安定性の向上，離水防止等の機能を付与したものが開発されている。化（加）工デンプンの種類として，デンプン分解物,[*2]湿熱デンプン,[*3]α－デンプン,[*4]ヒドロキシプロピル化デンプン，リン酸エステル化デンプンやカルボキシメチル化デンプンなどがある。

d　テクスチャーを改良するための用途

近年，注目されている化（加）工デンプンの利用方法には，低エネルギー食品の開発がある。油脂の代替[*5]としてマーガリン，ドレッシング，マヨネーズに添加し，エネルギーを50％くらいに減少させている。

超高齢社会がさらに進展し，咀しゃく機能や嚥下機能が低下した高齢者の食事に対する利用としての面もある。嚥下に障害がある人は，さらっとした

＊1 コンニャクゲル　コンニャクゲル（ゼリー）はグルコマンナンをゲル化させた菓子で，食物繊維とその弾力性のため女性に人気がある。しかし，コンニャクゼリーを食べた乳幼児がのどに詰まらせ窒息する事故があった。コンニャクゼリーの弾力性によるものである。おいしさのみでなく安全性も食品には求められている。

＊2 デンプン分解物　デンプン分解物は分解度により，DE（Dextrose Equivarent）10以下をデキストリン，DE10～20をマルトデキストリン，DE20～40を粉あめに分類される。粉あめは，腎臓病などの治療食として臨床の現場で活用されているもので，甘味度が砂糖の約5分の1のため砂糖の代替物として，低タンパク質で高エネルギーを必要とする病態の食事に利用されている。

＊3 湿熱デンプン　湿熱デンプンは限定した水分中で熱処理したデンプンである。このデンプン粒子は，加熱とともに膨潤するが，ある粒径で膨潤が止まり，加熱を続けてもその粒径を維持する性質がある。このデンプンはデンプンではあるが食物繊維含有量が多く，消化性が低いことからレジスタントスターチとも呼ばれており，難消化性なので糖尿病食などに用いられている。

＊4 α－デンプン　糊化済みのデンプンの通称。冷水にも容易に溶けるので，液体に添加し粘稠性をもたせる。そのため，増粘剤としての利用も多く，嚥下障害をもつ人の食事の補助食品として利用されている。

＊5 油脂の代替　デンプンを加水分解（DE 2）したある種のデキストリンには脂肪球のテクスチャーをもつものがある。このデキストリンは加熱冷却すると光沢のある白い安定したゲルを形成する。また，冷却時に乳化状態にある脂肪球と類似した1～3μの微粒子成分を形成するので，口腔中で脂肪様のテクスチャーを呈すると推定される。

液状の食品は誤嚥を起こしやすいので，経腸栄養などに移行することが多いが，冷水にも容易に溶ける化（加）工デンプンは，液体に添加することで飲み込みやすい粘稠性が発現する。

(4)　動物性ゲル化剤

1)　ゼラチン

ゼラチンは，動物の皮や骨などの結合組織に含まれるコラーゲンを加水分解して，精製した誘導タンパク質である。トリプトファンとシステインに欠けるがリジンを多く含むアミノ酸組成を有し，消化吸収がよいので病人食，乳幼児食，高齢者の食事としても望ましい。市販されているゼラチンには，粒状，粉状，板状のものがある。調理に用いられるゼラチンの濃度は1.5～4％である。また，製造法により，酸処理ゼラチンとアルカリ処理ゼラチンがあるが，溶解度などが異なる（大塚　1990）。

a　ゼラチンの調理性

吸水・膨潤　ゼラチンは6～10倍の水（20℃以下）に板状ゼラチンでは20～30分，粉状のゼラチンは5分浸漬して，吸水膨潤してから用いる。

加熱・溶解　吸水膨潤したゼラチンの溶解温度は40～50℃であり，湯煎（60℃くらい）または調味加熱した溶液に加えて溶解することが望ましい。たとえば，牛乳ゲルなどでは牛乳を温めて（60℃くらい），そのなかに膨潤したゼラチンを入れて溶かすなどである。しかし，ゼラチンでは，寒天のように所定量よりも余分な水を入れて沸騰させて煮詰めると低分子化が起こり，安定したゲルが得られず，風味なども低下するので好ましくない。

冷却・凝固　ゼラチンゾルは，冷却により凝固しゲル化するが，凝固温度は表3.7のようにかなり低いので，特に夏期は冷蔵庫内か氷水中で冷却する必要がある。融解温度は20～28℃と室温に近いので，気温が高いときにはゲルの温度を上昇させないように，供卓直前に冷蔵庫などから出すようにする。一方，体温以下の融解温度は，口に入れるとすぐに融解し，なめらかな食感を呈することがゲルの特徴となる。ゲルを型抜きする場合，ゼラチンゲルはゼラチンの付着性がゼラチンゲルを型から出すときの障害となるので，40℃くらいの湯につけてまわりを溶かしてから出すとよい。

ゲルの性状　ゼラチンゼリーは，透明度がよく，離漿はほとんど認められない。しかし，ゲルを型から出した後，放置する温度によっては，融解により形を保てなくなる場合がある。付着性があり融解温度も低いため，2層ゼリーなど層に重ねたゼリーをつくるのに適している。また，口に入れると体温付近の温度で容易に溶ける性質のため，なめらかな口当たりである。しかし，濃度が高くなる

表3.12　ゼラチンゼリーの凝固温度と融解温度（粒状ゼラチン）

ゼラチン濃度（%）	凝固温度（℃）	融解温度（℃）
2	3.2	20.0
3	8.0	23.5
4	10.5	25.0
5	13.5	26.5
6	14.5	27.0
10	18.5	28.5

出所）竹林やゑ子ら，家政誌，12（2）(1961)

表 3.13　ゼラチンゼリー（濃度5％）の冷却温度・冷却時間とゼリー強度

冷却温度（時間）	0～1（℃）	10（℃）
1	108	69
3	120	80
5	135	98
20	150	—

表中の数字はゼリー強度（g/cm^3）
出所）表 3.12 と同じ。

と硬くなるし，添加物が硬さに影響を与えるので，適正な量を知る必要がある。また，冷蔵放置の時間が長くなると表3.8のように硬くなる。

添加物の影響

砂　糖　ゼラチンゲルは砂糖を添加すると凝固温度，ゲルの融解温度が高くなり，透明度と硬さが増す。

果　汁　ゼラチン液に果汁を加えるときは，果汁中の有機酸によるpHの低下（等電点付近）により，ゲルの硬さが低下するので注意を要する。ゼラチンはタンパク質なので，パインアップル，キウイフルーツ，パパイヤなどタンパク質分解酵素を含む果実や果汁を生のまま加えると，果実中の酵素が作用してゲル化を妨げる。そのため，あらかじめ果汁を加熱して酵素作用を失活してから加えるとよい。

牛　乳　ゼラチン液に牛乳を加えると牛乳中の塩類の影響でゲル強度が高くなる。

その他，ゼラチン液に卵白の泡やホイップクリームなどの比重の異なるものを加えると，二層に分かれることが多い。そこで，卵白の泡などを加えるときは，凝固温度近辺になるまで液を冷やしてから合わせるとよい。

b　テクスチャーを改良するための用途

寒天などと同様，ゼラチンを用いて，繊維の多い食材やぱさぱさしたものを寄せ物にすると，のどごしのよいテクスチャーを有するゲル状のものになる。ゼラチンで寄せたものは，高齢者の食事あるいは病人食において，飲み込みが困難な症状の患者でも，飲み込みやすい形状となる。また，寒天（0.1～0.5%）とゼラチン（2～3％）を混合して用いることで，お互いの長所を生かした嗜好性の高いゼリーができる。

(5)　その他のゲル化剤

1)　カードラン

カードランは微生物産生粘質物（多糖類）のゲル化剤である。カードランは加熱条件により異なる性質のゲルを形成する。カードランの水溶液を80℃以上に加熱すると，熱不可逆性のゲル（ハイセットゲル）が形成される。一方，約60℃までカードランの水溶液を加熱し，ゲル化剤が溶解しゾル状になったときに冷却（40℃以下）すると，熱可逆性のゲル（ローセットゲル）を形成する。冷凍耐性，レトルト耐性，耐酸性がある。

カードランが形成するゲルの不可逆的な性質を利用して，うどんや餅の煮くずれ抑制のため添加されている。また，高温になっても溶けないため，温かい寄せ物として供卓できる。

2)　ジェランガム

ジェランガムは微生物産生粘質物（多糖類）のゲル化剤である。0.4%濃度でもゲル化するという強いゲル化力を持つ。Ca^{2+} や Na^{+} が存在するとゲル化しやすい。果汁中や牛乳中のイオンの濃度で十分にゲル化し，また熱不可逆性のゲルであり，耐酸性のゲルであるため，果汁入りのゲルも加熱殺菌することができる。その他，嚥下をスムーズに行うためスープや惣菜に添加して食べやすくするホットゼリーなどに利用されているほか，近年ではゼリー飲料（コラム17）などにも使用されている新しいゲル化剤[*1]である。

*1 新しいゲル化剤　摂食機能が低下した高齢者の食べ物としては，安全性の視点から，軟らかいゲル状の食べ物が推奨されている。しかし，従来のゲル（ゼリー）は熱可逆的なゲル化剤を主に用いてゼリー状にすることが多かったため，冷たい食事であった。最近は，カードランやジェランガムを用いて温かいゲル状食べ物を提供できるようになった。

3)　キサンタンガム

キサンタンガムは増粘剤として使用され１％濃度で約１m･Pa･secの粘度を示し，チキソトロピー性を有するので，粘つき感が少なくのどごしがよいため乳化安定剤として用いられている。そのため，嚥下に障害をもつ人のために開発された市販のとろみ調整食品に用いられている。また，熱に強く，酸や塩の影響を受けにくいため，ドレッシングやタレなどの塩分含有食品や酸性食品に適している。

(6)　タンパク質

1)　大豆タンパク質

a　豆　　腐

豆腐は豆乳に凝固剤を加えて，ダイズタンパク質を凝固させたダイズタンパクゲルである。凝固剤は２価のイオンを含む硫酸カルシウムや塩化マグネシウムなどである。

b　ダイズ分離タンパク質

ダイズタンパク質は，油を絞った残渣であるが貴重なタンパク源として，有効利用の技術開発が行われており，粉末状，粒状，ペースト状や２軸エクストルーダー[*2]などを用いて繊維状のものが製品化されている。ゲル化性，結着性，乳化性がよいため，食肉加工品や練り製品などに使われている。ハンバーグなどに混合することにより，ドリップを防いで収縮を防止し，結着

*2 ２軸エクストルーダー　押出し加工を行う装置の一種で，スクリューが２本のもの。

コラム17　ゼリー飲料のゲル化剤

ゼリー飲料は従来，アスリートを中心に利用されていたが，今では子ども向けの嗜好品や高齢者の水分補給やエネルギー補給なども加わり，広がりをみせている。崩れやすい食感でみずみずしいタイプのゼリー飲料ではゲル化剤として，脱アシル型ジェランガムが耐熱・耐酸性に優れているため利用が進んでいる。また，タンパクを含むゼリー飲料では寒天（ゲル化）とダイズ多糖類（タンパクの安定化）が使用されている。また，特別な食感として，果肉が入ったような不均一な食感を再現するためにペクチンとコンニャク加工品が用いられるなど，ゼリー飲料に用いられるゲル化剤もさまざまである。

出所）ゼリー飲料向けゲル剤の紹介。FFIジャーナル **224**(2) 218〜223 (2019)

性も改良され食味もよくなる。

2）　コムギタンパク質

コムギ粉を水でこねた生地のデンプンを洗い流したあとに残る粘弾性のあるグルテンがコムギタンパク質である。従来から，コムギタンパク質は生麩や焼き麩として精進料理のタンパク源として利用されてきた。*

＊ コムギタンパク質の利用　近年はダイズタンパク質同様，組織を繊維状にしたり，粉状，粒状，ペースト状などにして製品化されている。粉末コムギタンパク質は吸水すると生グルテンの性質を示す活性グルテンと変性しているため加熱してもゲル化しない変性グルテンがある。活性グルテンは吸水させて加熱することにより強い弾力性をもつため，かまぼこなどの水産練り製品やハンバーグなどに，変性グルテンは保水性や乳化性が増すため畜肉加工品や水産練り製品に利用される。

3）　卵

卵は希釈してもそのままでも熱不可逆性のゲルを形成する。

a　卵の調理性

卵の調理性については，卵の項（73ページ）を参照してほしい。

b　テクスチャーを改良するための用途

テクスチャーを改良する働きとして，以下のことがいえる。

① 卵の熱凝固性を生かし，繊維の多い素材やぱさぱさしたものを卵のゲルでまとめると，のどごしのよいテクスチャーを有するゲル状のものになる。この調理は，テクスチャーの点から飲み込みやすい形状であるし，栄養的な面からも，病人食，高齢者の食事，離乳食などに適している。

② 卵の起泡性を生かし，空気を抱き込むことで，スポンジ状の組織をつくり，弾力性のあるテクスチャーをつくりだす。

③ 卵の乳化性を生かし，油を抱き込み水中油滴型のエマルションをつくり，なめらかで口ざわりのよいテクスチャーを形成する。

4）　乳清タンパク質

乳清タンパク質は牛乳からチーズを製造した後や，酸を加えてカードを除いたあとの副産物を濃縮させたものである。乳清中にはラクトアルブミンやラクトグロブリン，ビタミン類や無機質が豊富で，卵白に代わる結着剤として，また栄養価を高めるために肉加工品，菓子，パンなどに利用されている。

参考図書

木戸詔子・池田ひろ編：調理学，化学同人（2016）
和田淑子・大越ひろ編：三訂健康・調理の科学，建帛社（2013）
長尾慶子編：調理を学ぶ［改訂版］，八千代出版（2015）
金谷昭子編：食べ物と健康　調理学，医歯薬出版（2004）
中村宜督・榊原啓之・室田佳恵子：エッセンシャル　食品化学，講談社（2018）
大谷貴美子・松本元子編著：食べ物と健康，給食の運営　基礎調理学，講談社（2017）
吉田勉監修，南道子・舟木淳子編著：食物と栄養基礎シリーズ 6　調理学―生活の基盤を考える（第三版），学文社（2016）
畑江敬子・香西みどり：新スタンダード栄養・食物シリーズ 6　調理学，東京化学同人（2016）
下村道子・和田淑子編著：新調理学，光生館（2015）
ゲル化剤・増粘安定剤の市場動向，食品と開発，**54**(4)，53～67（2019）
松本晴美・妻鹿絢子・小林豊子：有機酸含有寒天のゲル化に及ぼす有機酸の影響，家政誌，

30(7)，613～619（1977）
小林三智子・小倉文子・中濱信子：カラギーナンゲルのレオロジー的性質について，家政誌，**36**(6)，392～398（1983）
大塚龍郎：ゲル化剤としてのゼラチン，New food industry，**32**(4)，17～21（1990）
ゼリー飲料向けゲル化剤の紹介，FFI ジャーナル，**224**(2)，218～223（2019）

4　調理操作のサイエンス

I　調理操作の基礎サイエンス

調理に伴う種々の変化は，食品自体が多成分で不均質な系のため複雑な条件下で起こる。そこで，食品の状態をしっかりと把握する必要がある。調理上の変化は物理的・化学的な変化によって生じるものなので，ここではまず食品の状態を把握した上で，調理に関係する基礎的なサイエンスについて考える。

1　食品の状態

食品は構成成分に応じてさまざまな状態をとる。たとえば炭水化物，脂質などの存在状態は，液体状態であったり，結晶状態であったり，アモルファスな非晶状態であったりする。砂糖を主原料とするハードキャンディーのほとんどはガラス状態である。食品の特性は，構成成分の状態の影響を受け，おせんべいは通常ガラス状態でカリカリした食感を呈するが，吸湿するとラバー状態になり湿った食感となる。チョコレートにおいて，ブルーミングが生じ口どけが悪くなってしまうのは，ココアバターの結晶化が原因である。このように，食品のおいしさに関係する物理的特性は食品の状態に依存している。

(1)　ガラス（glass）

「ガラス状態の食品」と聞くとイメージしにくいかもしれないが，意外と身近に数多くある。クッキー，スナック菓子，湯葉，凍り豆腐，パスタなどはいずれもガラス状態にある。これらの食品は，結晶になりにくい高分子から構成されていて，容易にガラス転移する。

「ガラス転移」とは，固体高分子材料のうち非晶部にある高分子の主鎖全体の運動が停止する転移を指し，その温度を「ガラス転移点」もしくは「ガラス転移温度」と呼ぶ。非晶性高分子ではこの温度以下ではガラス状でほぼ弾性的に変形し，この温度以上ではゴム状で粘性的効果が現れる。また結晶性高分子であってもすべての領域が結晶化しているわけではなく一部は非晶領域となっており，ガラス転移する。

ガラス転移は水分含量にも依存する。たとえばラバー状態にある食品が乾燥されていくと，水分の減少に伴い食品高分子の運動が束縛され，熱運動が凍結しガラス状態になる。このとき存在する水は可塑剤として働く。モデル食品の状態図を図4.1に示したが，固体食品の場合，パリッとした食感やテクスチャーはガラス転移温度を境にして大きく変化する。

(2) **結晶**（crystal）

食品の結晶化は物性ときわめて密接に関係している。ご飯の老化はデンプンの結晶化によるもので，結晶化を抑制することで物性を改良できる。アイスクリーム中においてはラクトースの結晶化，キャンディー中においてはスクロースの結晶化などにより，口どけ，なめらかさが異なってくる。一方，アイスクリームや冷凍食品のように，内在する成分の結晶化を前提に，その製造工程において結晶の形状，大きさ，分散状態の制御が必須になっている食品もある。フォンダンは飽和溶液中に砂糖の微細結晶が分散した状態であり，結晶の大きさや量により，口どけやかたさが異なってくる。また，凍結濃縮や凍結乾燥などは結晶化を応用した技術である。

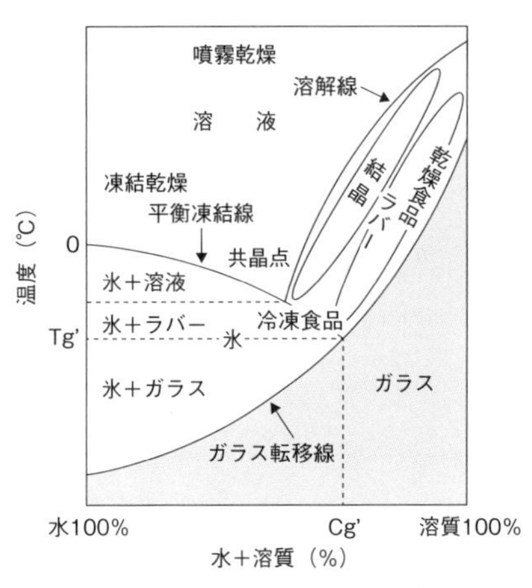

図 4.1 モデル食品の状態図（模式図）

出所） 村山篤子・大羽和子・福田靖子編著：調理科学，16，建帛社（2002）

(3) **溶液**（solution）

タンパク質は，ペプチド結合に関係しないアミノ基やカルボキシル基などの解離基をいくつも側鎖に有しているので，１分子中に多数の正電荷と負電荷を持つ両性電解質である。そのため，酸性溶液中ではカルボキシル基の解離が抑制され，アミノ基が主に解離し，分子は全体として正に帯電する。逆に，アルカリ性溶液中ではアミノ基の解離が抑制され，カルボキシル基が解離し，分子は負に帯電する。各タンパク質はそれぞれ固有のアミノ酸によって構成されているので，ある適当な pH で解離しているカルボキシル基の数とアミノ基の数がちょうど等しくなる場合がある。このような，タンパク質１分子の持つ正負の電荷数が等しく，電気的に中性状態の pH を等電点とよぶ。等電点では分子間の静電的反発力が働かないため，タンパク質は凝集しやすく，溶解度も最小となり沈殿しやすい。

表4.1に主なタンパク質の等電点を示した。

表 4.1 タンパク質の等電点

タンパク質	所在	等電点	タンパク質	所在	等電点
オボアルブミン	卵	4.5～4.9	ゼラチン	動物の皮など	4.9
ラクトアルブミン	牛乳	4.6	カゼイン	牛乳	4.6
β-ラクトグロブリン	牛乳	4.5～5.5	グロブリン	大豆	4.3～4.8
グリアジン	小麦	6.5	ツエイン	トウモロコシ	5.6
グルテニン	小麦	5.2～5.4	ミオシン	肉	5.4

2 分散系のサイエンス

食品は種々の成分が単に混ざり合った混合系ではなく，分散系を形成しているものが多い。たとえば，マヨネーズは水溶性成分が溶けた水系のなかに油が分散している状態である。分散系は互いに混ざり合うことがない少なく

表 4.2　分散系の分類

分散媒	分散相	分散系の例	
気体	液体	エアロ・ゾル	霧
	固体	粉体	小麦粉
液体	気体	泡沫	ビールの泡・卵白の泡
	液体	エマルション	牛乳・マヨネーズ
	固体	サスペンション	みそ汁・スープ
固体	気体	固体泡沫	クッキー・パン
	液体	固体エマルション	ゼリー・煮物
	固体	固体サスペンション	冷凍食品

とも2種以上の相（phase）から成り，分散している粒子を分散相または分散質といい，それが存在している媒質を分散媒または連続相という。

表4.2に自然界の分散系の分類を食品を中心に示した。分散系（コラム18）の分散相と分散媒には，「気体」・「液体」・「固体」の三態があり，これらの組合せにより分散系の基本的な状態ができあがる。ただし，気体と気体は混合し分散系を形成しないので，表4.2に示すように合わせて8種類の分散系が存在する。

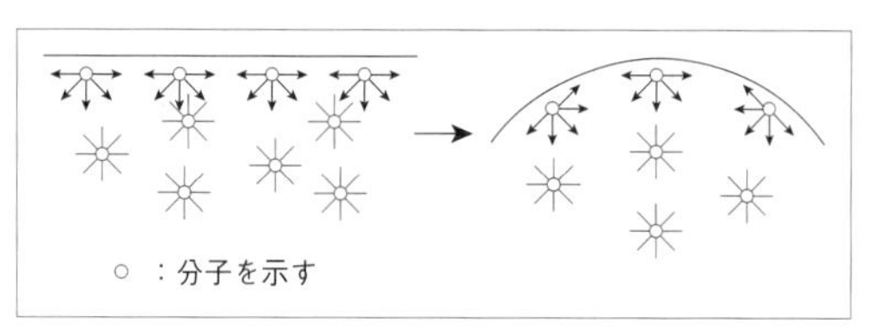

図 4.2　表面張力

出所）近藤・鈴木：食品コロイド科学，35，三共出版（1974）

(1)　界　　面

界面（interface）とは物質と物質が接する境界面であり，空気との界面は表面と呼ばれている。界面には界面エネルギーを小さくしようとする力，すなわち，界面面積を小さくする方向に力が働く（図4.2）。この力を界面張力（表面の場合には表面張力）と呼ぶ。界面張力*は単位面積当たりの界面の自由エネルギーに等しく，界面の自由エネルギーは界面面積に比例して大きくなる。

＊ 界面張力　界面の自由エネルギーは，界面に界面張力を低下させるような物質を吸着させると低下する。このような働きを界面活性といい，界面活性を有する物質を界面活性物質と呼ぶ。界面活性物質は分子中に親水性基と疎水性（親油性）基をもっている必要がある。

2つ以上の物質が混在した分散系には必ず界面が存在する。分散系における界面は分散相が細粒化されているため，界面の総面積は非常に大きくなる。この界面の大きさはコロイドの安定性と密接に関係してくる。水のなかに油を分散させると，油が水中に細粒となって分散するが，すぐに分離し，水と油の相に分かれる。これは，分散させた状態では油と水の界面面積は非常に大きく，界面の自由エネルギーは非常に高い状態にあるので，細粒が合一して界面の自由エネルギーを低くするように働くためである。

(2)　コロイド

コロイド（colloid）溶液は溶液（分散媒）に直径10^{-7}～10^{-5}cm（1～100nm）程度の微粒子（分散相）が分散している状態で，コロイド分散系とも呼ぶ。

コラム 18　分散系

分散系は分散媒と分散相からなっている。分散媒は連続相ともいわれ，たとえば，牛乳では水がそれにあたる。分散相は不連続な系を指し，牛乳では脂肪球がこれにあたり，分散媒中に分散している。牛乳のように液体と液体の分散系をエマルション（emulsion）と呼ぶ。霧などは分散媒である空気中に微細な水滴が分散相として分散している状態（エアロ・ゾル）であり，ビールの泡は液体に炭酸ガス（気体）が分散した状態（泡沫）である。棒状寒天（固体）のように乾燥した状態をキセロゲルという。また，みそ汁のように液体に固体が分散したものをサスペンション（suspension），固体を分散媒としてそのなかに液体が分散したものを固体エマルションまたはゲルと呼ぶ。

分散系と粒子の大きさとの関係を図4.3に示した。コロイドとは，特定の物質を指すのではなく，物質の状態を示す名称であり，表4.2の分散系の分類に示される組合せはいずれもコロイド状態といえる。泡沫，エマルション，サスペンション，ゾル，ゲルなどは調理の上で重要なコロイドである。

コロイド粒子は表面に電荷を持つ場合が多い。帯電した粒子の周りには反対符号のイオンが静電気的な力で引きつけられ，電気的二重層を形成している。コロイド粒子は溶液でブラウン運動により粒子同士が頻繁に衝突を繰り返しているが，お互いに同種の電荷で帯電しているため，凝集は起こらない。コロイドはその性質から，ミセルコロイド，分子コロイドなどと呼ばれている。

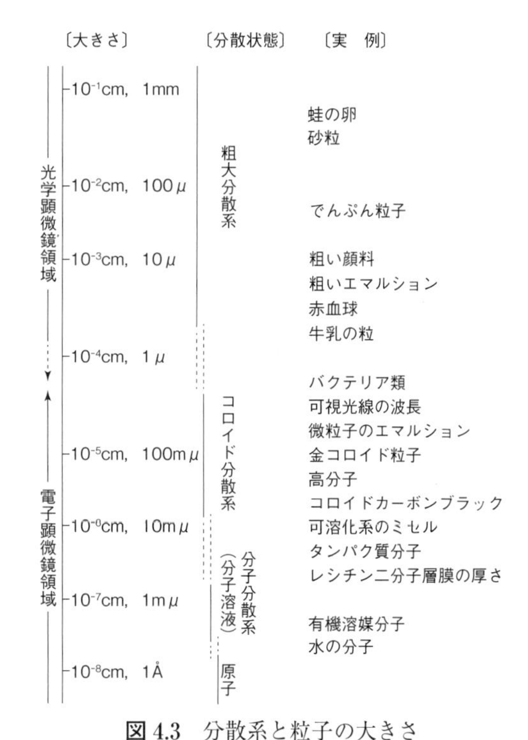

図 4.3　分散系と粒子の大きさ

（花井哲也：調理科学，**6**(3)，173，1973）
出所）　村山篤子・大羽和子・福田靖子編著：調理科学，17，建帛社 (2002)

1)　ゾル・ゲル

コロイドのうち，コロイド粒子が液体中に浮遊して流動性のある状態がゾル（sol）であり，コロイド粒子が多量の液体に分散していて流動性のない弾性体のような挙動をする状態をゲル（gel）と呼ぶ。ゲルは，分散相が凝集あるいは架橋して連続的な3次元網目構造をつくり，分散媒が流動性を失った状態である。特に分散媒が水の場合，ハイドロゲル（hydrogel）という。デンプン糊液やマヨネーズはゾル状態で流動性があるが降伏応力などの弾性的な要素を持つ。これは液体中にゆるい網目構造が形成されるためである。

寒天やゼラチンのゼリー，トウモロコシデンプンを用いたブラマンジェなどはゲル状態であり，水を吸水・膨潤したハイドロコロイド（101ページ参照）である寒天，ゼラチン，デンプンなどの線状高分子が，水素結合やファンデルワールス力のような物理的な力で結合したり，あるいは共有結合のような化学結合で結合したりして網目構造が形成されたものである。架橋領域（junction zone）では，線状高分子が二重（寒天・カラギーナン：図4.4）あるいは

コラム 19　親水コロイドと保護コロイド

親水コロイドはコロイド粒子表面の帯電したイオンが水を引き付けていて（水和），少量の塩の添加では凝集しないが大量の塩によって沈殿を起こす。タンパク質のような高分子の水溶液や界面活性剤がミセルをつくって溶けている状態である。卵白はタンパク質が水に溶けた親水コロイドといえる。一方，少量の塩の添加で凝集する疎水コロイドの周りを親水性のコロイド粒子（界面活性物質：乳化剤）が取り囲んだ状態になったものは凝集が抑制される。このように用いられる親水コロイドを保護コロイドと呼ぶ。

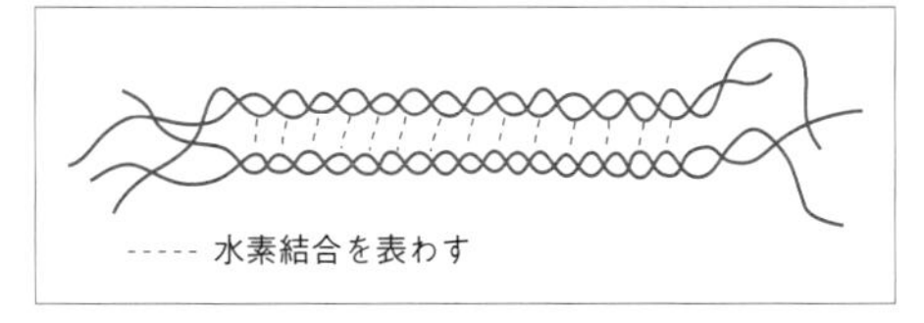

図 4.4　ゲルの二重らせん構造

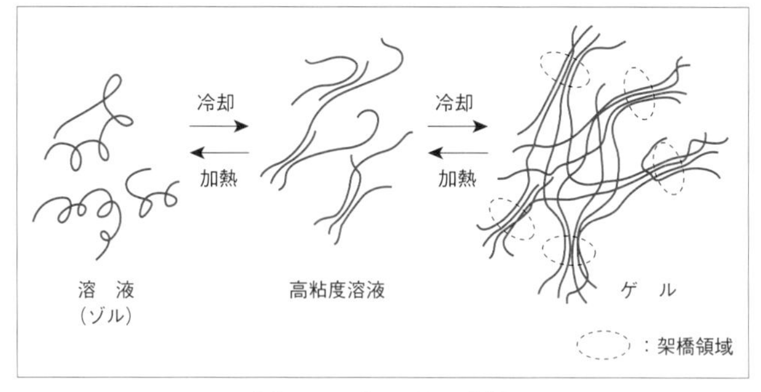

図 4.5　ゾル-ゲル変換

三重（ゼラチンなど）らせん構造を形成していると考えられている。図4.5にゾル-ゲル変換の仕組みについて示した。

多くのハイドロゲルは，網目構造の中に分散媒の水が保持されている。寒天ゲルの場合，寒天の濃度は約１％で残りはほとんど水と考えてよいので，網目を構成する成分の100倍以上の水がこの網目構造の中に保持されていることになる。寒天ゲルを長時間放置すると，高分子間の結合がだんだん強固になり，網目構造は次第に収縮して内部にあった分散媒は次第に押し出されてくる。この現象を離漿あるいはシネレシス（syneresis）という。寒天ゲルとゼラチンゲルを比較すると寒天ゲルの方がはるかに離漿が多い。離漿はショ糖を加えることにより，抑えることができる。また，ゲルを乾燥させて分散媒を失ったものをキセロゲル（xerogel）という。棒寒天，凍り豆腐，板ゼラチンなどがその代表的なものである。

2）泡　　沫

分散媒が液体または固体で分散相が気体の分散系を，泡沫（foam）という。泡沫はかく拌機などを用いて空気を抱き込ませて作るか，化学反応によって気体を発生させて作る。代表的なものとしてはホイップクリームや卵白の泡，抹茶，ビールの泡などがあげられる。泡沫は食品の口当たりをなめらかにし，軽い食感を与える。

コラム 20　熱可逆性ゲルと熱不可逆性ゲル

寒天やゼラチンなどは，加熱溶解したゾル状態から，冷やすと凝固点を経てゲルが形成される。しかし，ふたたび熱を加えて融解点以上の温度にすると，ゲルを形成している架橋点が壊れ，ゾル状態に戻る。このようなゲルを熱可逆性ゲル（寒天ゲル，ゼラチンゲル，ペクチンゲルなど）と呼ぶ（図4.5参照）。

一方，冷却するとゾルからゲルへ転移するが，ふたたび温度を上げても融解することなく，ゲル状態を保っているゲルのことを熱不可逆性ゲル（デンプンゲルなど）と呼ぶ。また，加熱することや酸で凝固しゲル化するような卵豆腐や，カスタードプディング，かまぼこのようなタンパク質のゲルも熱不可逆性ゲルである。

3)　エマルションと転相

分散媒と分散相がいずれも液体である分散系をエマルション（emulsion）と呼ぶ。エマルションは，水相中に油が細粒状に分散した水中油滴型（oil in water type : O/W 型）と油相中に水相が分散した油中水滴型（water in oil type : W/O 型）に大別される（図4.6）。O/W 型の代表的なものとしては，牛乳や生クリーム，マヨネーズがあげられ，W/O 型の代表的なものとしてはバター，マーガリン，バタークリームなどがあげられる。また，エマルションは乳化剤が存在しないと形成されない。

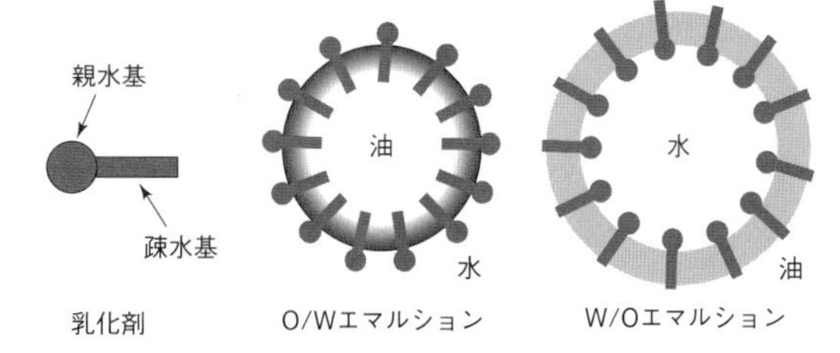

図 4.6　エマルションの模式図

出所）村山篤子・大羽和子・福田靖子編著：調理科学，18，建帛社（2002）

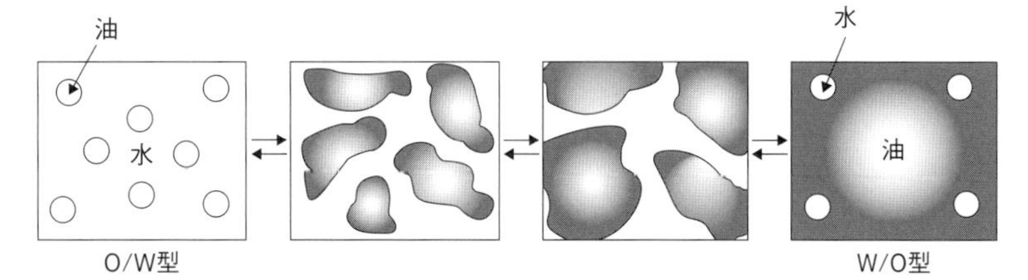

図 4.7　エマルションの転相の模式図

出所）村山篤子・大羽和子・福田靖子編著：調理科学，19，建帛社（2002）

エマルションは，O/W 型のエマルションが W/O 型になったり，W/O 型のエマルションが O/W 型になったりする。このような現象を転相と呼ぶ（図4.7）。近年生クリームに乳化安定剤が添加されるようになり，生クリームを泡立てる際の転相はほとんどみられなくなったが，生クリームは泡立てすぎると転相によりバターになることが知られている。転相の主な原因は，分散相の凝集・合一，温度変化，乳化剤の機能低下などである。

4)　乳 化 剤

乳化剤は界面に吸着し，自由エネルギーを低下するように働く界面活性物質であり，親水性基と親油性基の両方をもつ物質のため，親和力の強いほうの相が分散媒（連続相）となる。乳化剤の親水性と親油性の強さのバランスを定量的に表現したものが HLB[*1]（Hydrophile-Lipophile-Balance）である。乳化剤の働きについて図4.8に示すが，乳化剤は親水基を水相に，親油基を油相にむけて図のように吸着し，水滴または油滴の周りに保護膜を形成し，油滴の合一を防いでいる。エマルションの型[*2]が O/W 型になるか，W/O 型になるかは乳化剤の性質，水と油の容積比など種々の要因によって異なる。

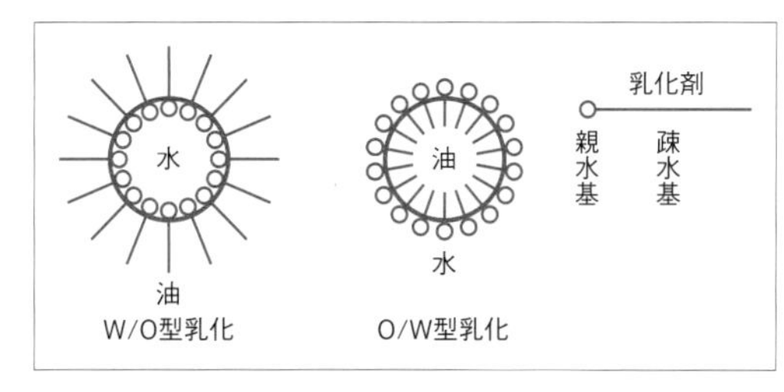

図 4.8　乳化剤の働き

3　溶液のサイエンス

食品において溶液の性質は重要である。食品では溶

＊1 HLB　親水基と親油基の比率を次式により計算して求める。

$$HLB = 7 + 11.7 \log Mw/Mo$$

ただし，Mw は親水基の分子量，Mo は親油基の分子量である。

たとえば，HLB が大きい（8～18）と親水性が強く，O/W 型になる。また，HLB が小さい（4～6）と親油性か強く W/O 型になる。

＊2 エマルションの型と食品　バターとマヨネーズは，約80％の油を含み水相部分にはタンパク質などを含んでいるが，バターは W/O 型であり，マヨネーズは O/W 型のエマルションである。また，O/W/O 型や W/O/W 型の多相エマルションも知られている。エマルションが O/W 型なのか，W/O 型なのかを区別するには，少量のエマルションを水中に浮かべることで判断することができる。このほか，水と油では電気伝導度が異なるので，電気伝導度が高ければ O/W 型であると判定することができる。また，マヨネーズが付着した皿を洗う場合，水洗だけできれいにすることができるが，油が分散媒であるバターやマーガリンが付着した皿は洗剤を用いて洗わないときれいにすることができない。

液を構成する溶媒は水が主なもので，いろいろな成分が溶質として溶け込んでいる。

(1)　沸　　点

溶液は一部が液体の表面から気体として蒸発して，蒸気として液体表面で，凝結と気化が行われている。凝結と気化が等しくなるような条件で，気体によって示される圧力を蒸気圧と呼ぶ。液体の蒸気圧は温度上昇に従い増加する。外気圧（大気圧）と等しくなったとき液体は沸騰するが，このときの温度を沸点と呼ぶ。沸点は外気圧と蒸気圧がつり合ったときに起こる現象であるから，外気圧が減少すれば低下するし外気圧が増加すれば高くなる。

沸点は気圧によるほか溶液中の溶質の量により上昇する。高濃度の砂糖液の沸点上昇[*1]は，溶液表面に存在する溶質と蒸発しようとする溶媒との引力で蒸発できる溶媒の分子が減少し，蒸気圧を下げるためである。溶質が非電解質で不揮発性の場合には，沸点は1ℓ中に1 molの溶質が溶けていると，0.52℃上昇する。しかし，食塩のような電解質ではイオンのモル濃度に比例して，0.52℃ずつ上昇するので，食塩を1 mol溶かすと解離して1.04℃上昇する。

表4.3　ショ糖溶液の濃度と沸点

ショ糖（%）	10	20	30	40	50	60	70	80	90.8
沸点（℃）	100.4	100.6	101.0	101.5	102.0	103.0	106.5	112.0	130.0

表4.3に非電解質であるショ糖の濃度と沸点の関係を示したが，沸点から濃度がわかるので都合がよい。ただし，低濃度では比例関係にあるが，高濃度になると加熱による変性が起こり比例関係は適応されない。

(2)　氷　　点

液体の氷点は液体（水）が固体（氷）になる温度で，逆に，固体が液体になる温度を融点というが，ゆっくりとこの過程が行われると，氷点と融点は一致する。溶液（水）に溶質が溶け込んでいると，氷点は降下する。1ℓの水に1 molの溶質（非電解質）が含まれている場合，氷点は－1.86℃となる。沸点と同様，電解質ではイオンのモル濃度に比例する。 食品を冷凍する場合，氷点降下[*2]を起こし，氷点は－0.5～－2.5℃まで降下する。

また，食塩（NaCl）や塩化カルシウム（$CaCl_2$）を氷と混合することで，寒剤[*3]として利用されている。

(3)　溶 解 度

溶解度は溶質が一定の量の溶媒にどれだけ溶けるかを示すための指標である。一般には，100gの溶媒に溶質を溶かし，飽和溶液になったときの溶質のグラム数で表している。表4.4に食塩の水に対する溶解度[*4]を示した。

しかし，飽和溶液の食塩濃度[*5]は，溶液に対してどのくらいの溶質が溶けているかを表すものである。そこで，食塩濃度[*6]についても併せて示し

＊1 沸点上昇　通常，1気圧の場合を沸点と呼ぶ。富士山のような高い山では気圧が低い（約0.69気圧）ので，沸点が低下する（90℃くらい）。また，圧力なべを用いると人工的に圧力を上昇させる（家庭用で0.72～1.44kg/cm^3）ことができるので，沸点が上昇（110～126℃）する。

＊2 氷点降下　これは，食品中の水にタンパク質やアミノ酸，無機質などが溶け込んでいるためで，肉類で－2℃，卵で－3℃，牛乳で－1℃，野菜で－1℃，果物で－2℃の氷点降下が起こる。

＊3 寒　剤　この原理は，塩類と氷を混合すると，塩類が氷の表面に濃い塩溶液をつくり，氷が溶ける際には熱を吸収して（潜熱：融解熱）温度が下がり氷点降下が起きる。氷が溶けると，氷表面の溶液の濃度が薄まるので，さらに塩類が溶け氷点降下が起こる。この繰り返しにより融解熱がうばわれ，しだいに温度が低下しついに氷晶点に達する。

＊4 溶解度　100gの水に対して溶ける食塩のグラム数を溶解度とする場合は，調理における外割の考え方である。

＊5 飽和溶液の食塩濃度　溶解度はまた，飽和溶液の濃度と解釈できるので，この考え方は調理における内割の考え方である。

＊6 過飽和状態　ショ糖の場合，80℃の飽和溶液は78.4%であるが，その溶液を20℃に冷却すると溶液の濃度は67.1%になる。しかし，実際には78.4%溶けているので過飽和状態である。そこで差引き11.3%が結晶となって析出してくる。

た。たとえば，食塩を水に溶かした場合，水和したナトリウムイオン（Na^+）と塩化物イオン（Cl^-）が水のなかに溶け，動き回っている状態である。しかもイオンは，同時に存在する食塩の結晶表面に絶えずぶつかり，結晶表面に取り込まれるが，同時に結晶表面からイオンが水の中に絶えず溶け込んでいる。溶け出すイオンの数と結晶に戻るイオンの数が等しくなり，みかけ上食塩が溶け出さないようになった状態が溶解平衡であり，そのときの溶液を飽和溶液と呼ぶ。ショ糖溶液のように溶解度が温度により大きく変化する溶液では，高い温度で，飽和状態にした溶液を低温にすると，溶解度以上に溶質が溶液中に溶けている（過飽和）状態になる。

表 4.4　食塩の溶解度

温度（℃）	食塩溶液100g 中の食塩の g 数	100g の水に溶ける食塩の g 数
0	26.3	35.7
20	26.5	36.0
40	26.8	36.6
60	27.2	37.3
80	27.7	38.4
100	28.5	39.8

(4)　拡散及び浸透

拡散と浸透は溶液中の物質が移動するときの基本的な性質である。溶液中の溶質は濃度の高いほうから低いほうへ移動しようとする，すなわち拡散である。また，半透膜を隔てて溶液中に溶媒が拡散し移動する現象が浸透である。

1)　拡　　散

拡散は調理においては煮物の味付けでみられる現象である。煮物の味付けに，砂糖・食塩・醤油などを使うが，食塩は砂糖に比べ分子量が小さいので約 4 倍の速さで拡散する。したがって，表4.5に拡散係数を示したが，分子量が大きいほど拡散係数が小さくなっている。また，拡散係数は物質の種類や温度，溶媒の粘性率により定まるが，濃度にはほとんど影響されない。

2)　浸 透 圧

浸透は半透膜を通して行われる拡散現象である。動植物の細胞膜は半透膜である。半透膜を張ったガラスの器に溶質がとけ込んだ溶液（たとえば砂糖水）を入れ，図4.9のように溶媒（たとえば水）の中につけると，溶媒の一部が半透膜をとおって溶液中に浸透し平衡状態に達する。このとき，半透膜を隔てて溶液と溶媒が接すると界面に圧力差が

表 4.5　拡散係数と比拡散

物　質	溶　媒	温度（℃）	拡散係数（m^2sec^{-1}）	拡散比*
塩　　酸	水	25	2.56×10^{-9}	1
塩化ナトリウム	水	25	1.09×10^{-9}	0.425
蔗　　糖	水	25	2.94×10^{-10}	0.115
卵アルブミン	水（pH4.76）	10	1.38×10^{-11}	0.0054
ミオシン	水（pH6.8）	20	1.05×10^{-11}	0.0041

＊：拡散比＝拡散係数／塩酸の拡散係数
出所）　中濱信子：調理と科学，6，三共出版（1991）より作成。

コラム 21　調理と浸透圧の関係

キャベツの千切りやきゅうりの薄切りを水に放った場合，しばらくするとピンとした状態になる。これは，細胞の中に細胞膜（半透膜）を通して，水が取り込まれ，細胞膜が細胞壁に押し付けられ，張りきった状態になる現象である。一方，これらの野菜を濃い食塩水につけておくと，細胞のなかの水が細胞の外に浸出して細胞がしんなりする。これは，細胞質が細胞壁から分離した状態になるため起こる現象で，細胞質を原形質ともいうので，原形質分離と呼ばれている。

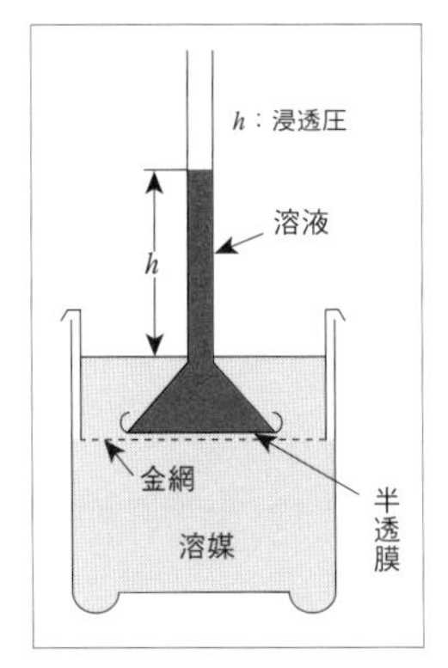

図 4.9 浸透圧の実験

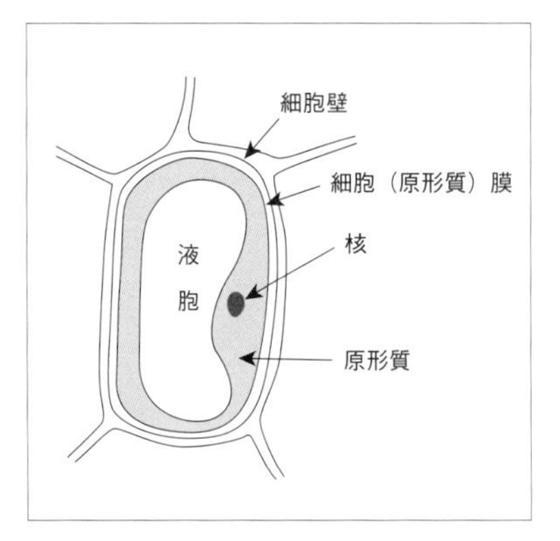

図 4.10 植物細胞の模式図

＊ 浸透圧の単位 物理化学的には浸透圧の単位は溶液の浸透圧は $h\rho g$(Pa) となるが，臨床医学ではまた，浸透圧の単位は簡単に単位容積中の溶質のモル数で表すことができ，オスモル（Osm/ℓ）という。すなわち，溶液 1 ℓ 中に溶質 1 mol を含む場合を 1 オスモルと定義する。臨床医学では普通 1/1000のミリオスモル（mOsm/ℓ）を用いる。

生じる。この圧力差のことを浸透圧という。溶媒が半透膜を通って溶液中に浸透すると，溶液が細管を上昇し，平衡状態に達するが，この液の高さ h(m) は浸透圧を表している。このときの溶液の密度を ρ(kg/m^3)，重力加速度を g とすると，溶液の浸透圧の単位＊は $h\rho g$(Pa) となる。

図4.10に植物細胞の模式図を示したが，細胞壁には半透性はないが，細胞（原形質）膜には半透性があるので，細胞内の浸透圧よりも外部の浸透圧が高い場合には，半透膜を通って細胞内の水が外部に浸出する。反対に，内部の浸透圧が高いと細胞内に水が浸透し，細胞がふくれる。いずれも，細胞（原形質）膜を通して細胞の内外の溶液の濃度が均一になろうとするために起こる浸透現象である。

細胞液の浸透圧は0.85%の食塩水（約280mOsm/ℓ）とほぼ等しいといわれており，また，体温37℃の人の体液または血清の浸透圧とも等しいので，この濃度の食塩水を生理的食塩水という。浸透圧の等しい溶液のことを等張液ともいう。清汁やみそ汁などの味付けは，生理的食塩水の濃度に近く，体液と等張液の場合が多い。また，ショ糖濃度では約10%が等張液に近い浸透圧であるため，ジュース類は10%程度の甘味が好まれる。

スポーツドリンク類や病院給食でよく用いられている経管流動食では，浸透圧が重要なポイントとして考えられている。

(5) pH

水溶液中では水はごくわずかであるが水素イオン（H^+）と水酸化物イオン（OH^-）に電離している。純水中（25℃）では水素イオンと水酸化物イオンの濃度が等しく，10^{-7}(mol/ℓ) で中性を示す。水溶液中では，水素イオン（H^+）の濃度と水酸化物イオン（OH^-）の濃度の積が一定であるとすれば，水素イオン濃度を知れば水酸化物イオンの濃度も知れるはずである。すなわち，水素イオンの濃度により水溶液の酸性かアルカリ性かを表すことができる。水素イオン濃度 $[H^+]$ は酸性溶液では $[H^+] > 10^{-7}$(mol/ℓ)，中性では $[H^+] = 10^{-7}$(mol/ℓ)，アルカリ性では $[H^+] < 10^{-7}$(mol/ℓ) である。た

コラム 22 胃液の pH

胃液の pH は主成分である塩酸（HCl）の濃度が約0.01mol/ℓ のため，水素イオン $[H^+]$ 濃度は10^{-2} mol/ℓ で，pH は 2 となる。

だし，一般には水素イオン濃度の逆数の対数を用いて，水溶液中の水素イオン濃度を比べることにしている。この値をpHまたは水素イオン指数と呼ぶ。

$$\mathrm{pH}=\log\frac{1}{[\mathrm{H}^+]}=-\log[\mathrm{H}^+]$$

4　熱に関するサイエンス

(1)　熱の移動（伝熱）

熱の移動，すなわち伝熱*1は対流・放射・伝導によって行われる。しかし，これらが個々に作用するのではなく，組み合わされて加熱調理が行われる。図4.11にオーブン加熱における熱の移動を示したが，オーブンでは放射・対流と鉄板からの伝導により食品を加熱している。

*1 伝　熱　温度差のある2位置間には熱の移動が生じる。この熱の移動を伝熱という。伝熱様式には次の3様式がある。伝導伝熱，対流伝熱，放射伝熱。

1)　対　流

気体・液体などの流体を媒体として熱が移動する現象を対流という。流体の一部が温められると，温められた部分の流体は膨張し密度が小さくなって上昇する。高温になって流体が上昇すると，周囲から低温の流体が流れ込むが，この動きが連続的に起こることで，対流が生じる。熱いみそ汁などを放置しておくと，味噌の粒子が対流している様子が肉眼的にも観察される。

2)　放　射

放射は輻射ともいうが，電磁波を放出することである。電磁波にはマイクロ波，赤外線，可視光線，紫外線などが含まれる。

a　赤外線*2

波長0.8μmから1000μm（1mm）までの電磁波を赤外線と呼び，ことに，波長2.5μm～30μmの赤外線は放射により物質内の熱運動を励起するため，物質の温度が上昇するので熱線と呼んでいる。さらに，赤外線は波長の長さで，近赤外線，中赤外線，遠赤外線に分類されている。一般加熱調理器具は近赤外線や中赤外線を放射している。

*2 赤外線　可視光線の赤色よりも外側（波長が長い）にある電磁波ということから赤外線と呼ばれている。紫色よりも波長が短い電磁波を紫外線（100～400nm）と呼ぶ。紫外線には殺菌効果がある。

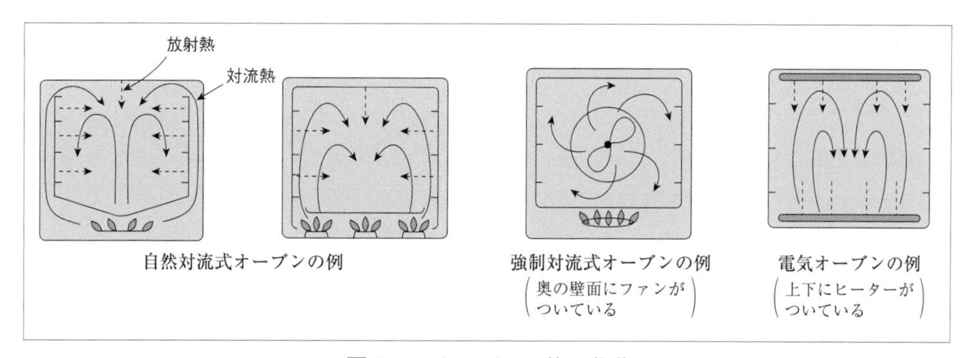

図4.11　オーブンの熱の移動

出所）渋川祥子：調理科学，32，同文書院（1986）

b　遠赤外線

近年，遠赤外線放射体利用の加熱調理器具などが開発されて，食品分野では3 μm以上を遠赤外線と呼んでいる。遠赤外線の放射を食品が受けると，表面のごく浅い表面で吸収されると考えられているので，遠赤外線を利用した調理機器を用いると，表面の色づきがよくなる。そこで，遠赤外線ヒーターとハロゲンヒーターなどの近赤外線を多く照射するヒーターを併用すると内部の温度上昇も早く，しかも表面の焦げ色が付きやすくなる。そのため，内部の水分が保持されるので，軟らかく，しかも焦げ色が付くことになる。

c　マイクロ波

電磁波であるマイクロ波が食品に放射されると，マイクロ波を吸収してくれる物質に出会うまで内部に浸透する。マイクロ波は主に水分子に作用し，振動させて熱を発生する原理である（電子レンジの項参照：147ページ）。

3)　熱 伝 導

熱伝導とは，熱が物体内を移動する現象をいい，物質の移動なしに熱が高温部から低温部に移動する原理によるものである。熱伝導による熱の伝わり方は物質の固有の値であり，この値を熱伝導率[*1]と呼ぶ。調理と関係の深い物質の熱伝導率を表4.6に示した。熱伝導率は金属，ことに銅がもっとも高く，アルミニウムが続く。これらの物質は鍋などの素材として利用されている。一方，熱伝導率の低い木材やコルクなどは断熱剤として利用されている。

＊1 熱伝導率と温度伝導率　熱の移動の速度には媒体とする物質（鍋など）の熱伝導率λが重要な要因となる。また，食品の加熱が速いか，遅いかは，食品自体の熱伝導率に影響される。しかし，調理では，熱の移動よりも温度の伝わり方と考えたほうがわかりやすい。温度伝導率は物質の比熱cと密度ρも関係するので，温度伝導度が大きい物体ほど温度上昇が速いといえる。温度伝導率aは次の式で表される。

$$a = \lambda / c\rho$$

＊2 熱容量　熱容量Cとは，物質の温度を単位温度（℃/g）だけ上昇させるのに要する熱量である。均質な物質では熱容量Cは比熱cと質量mの積で与えられる。

$$C = c \times m$$

＊3 比熱と油　油は水に比べ熱しやすく冷めやすいといわれているが，これも熱容量に由縁している。油の比熱は水の比熱の約半分であり，水の同じ容量の場合は油の熱容量は約半分であるため，冷めやすく，熱しやすいことになる。

表4.6　物質の熱伝導率λ

物　質	温度（℃）	熱伝導度（$Wm^{-1}\cdot K^{-1}$）	物　質	温 度（℃）	熱伝導度（$Wm^{-1}\cdot K^{-1}$）
銅	100	395	牛　乳	22.6	0.57
アルミニウム	100	240	畜　肉	常温	0.41-0.52
鉄	100	58	魚　肉	常温	0.41-0.47
18・8ステンレス	100	16.5	オリーブ油	20	0.17
磁　器	常温	1.5	木　材	18-25	0.14-0.18
パイレックスガラス	30-75	1.1	コルク	常温	0.04-0.05
水	10	0.582	空　気	0	0.0241

SI単位による表示
出所）理科年表（丸善）と食品科学便覧（共立出版，p. 252～256）から作成。

(2)　熱容量と比熱

調理では，野菜をゆでるときに沸騰した水の中に野菜を入れる場合，ゆで水が多い方がゆで水の温度が下がりにくく好ましいといわれている。この温度が下がりにくいという表現は，熱容量が大きいということを意味している。同じ質量ならば，熱容量[*2]は比熱が小さい方が小さくなるので，熱容量は比熱の大小と同じと考えてよい。一般に，比熱はJ/g･Kの単位をつけて示される。食品の比熱を表4.7に示した。

油の比熱[*3]は水の比熱の約30～40%であるため，熱容量が小

表4.7　食品の比熱

物　質	比　熱（$KJ\cdot Kg^{-1}\cdot K^{-1}$）	含水量（%）	物　質	比　熱（$KJ\cdot Kg^{-1}\cdot K^{-1}$）	含水量（%）
水（20℃）	4.186	100.0	大豆油	1.88～2.05	0.0
綿実油	1.97	0.0	牛　乳	3.77～4.10	88.9
氷	2.18	100.0	空　気	1.006	0.0
バター	1.71	10～16	牛　肉	2.93～3.52	62～77
豚　肉	2.43～3.47	47～54	魚　肉	3.01～3.43	70～80
果　実	3.56～3.85	83～90	野　菜	3.77～4.06	88～95

SI単位による表示
出所）理科年表（丸善）と食品科学便覧（共立出版，p. 246）から作成。

さいので，水よりも温度上昇は速いし（熱の供給速度が同じであれば），温度の低下も速い。表4.7に食品の含水量も併せて示したが，固体の比熱は含水量が多いほど大きくなる傾向がみられる。

(3) 潜　熱

潜熱とは，温度上昇の効果を示さず，単に物質の状態が変化するために費やされる熱のことをいう。液体から気体へ変化する場合には気化熱[*1]，気体から液体へは凝縮熱，液体から固体への変化には凝固熱，固体から液体へは融解熱が必要である。水の気化熱（凝縮熱と等しい）は40.6kJ/mol（水1g当たりでは2.26kJ），融解熱（凝固熱と等しい）は6.03kJ/mol（水の1g当たりでは0.33kJ）である。

*1 気化熱　揚げ物では油のなかに食品を入れると，食品から蒸発する水分の気化熱（蒸発熱とも考えられる）により油の熱がうばわれ温度が降下する。材料の熱容量に対して，油となべの熱容量が十分に大きい場合には，温度が一端低下しても回復が速いが，材料の熱容量が大きいと温度の回復が遅く，低い温度で加熱することになる。これを防ぐには，熱容量は比熱と質量の積であるから（熱容量の項：129ページ），なべは厚手のもの（質量大）を用い，熱容量を大きくしたり，油の量に対して一度に揚げる食品の量を制限するなどして，温度低下を緩慢にすることである。

5　冷凍・解凍のサイエンス

食品の品質をほとんど変えることなく長期間保存する方法として，冷凍貯蔵という方法がとられる。冷凍貯蔵は近年急速に用いられるようになったが，冷蔵庫の品質の向上に伴い，ホームフリージング（135ページ）という形態で家庭でも手軽に行われるようになってきた。また，食品素材のみでなく調理済み食品も冷凍状態で流通するようになり，冷凍・解凍についての知識が要求される。

(1) 冷　凍

冷凍とは，品温を氷結点以下に下げて食品中の水を凍結させる方法であり，－18℃以下で凍結状態を維持する貯蔵方法である。凍結状態にある食品に含まれる水は，大部分が氷結晶となっており，残りのわずかな水に水溶性成分が濃縮された形で溶けている。このような状態では，水分活性は非常に小さいので，大部分の微生物の育成は抑えられている。また，低温のため酵素反応や食品成分間の化学反応も起こりにくくなっている。食品によっては凍結濃縮の過程で種々の反応が促進されることがあるので，注意が必要である。

1) 急速凍結と緩慢凍結

食品を凍結する場合，できるだけ速やかに品温を低下させる必要がある。図4.12に食品の凍結曲線を示した。氷結晶は純水であれば0℃で生成するが，食品中の水分には電解質や非電解質が溶け込んでいるため，凝固点降下を起こし，氷結晶を生成し始める温度は－0.5～－2℃となる（表4.8）。

通常－5℃で食品中の水分の約75%が凍結する（－20℃までには残りの大部分の自由水が凍結する）といわれ，－1～－5℃の範囲を最大氷結晶生成帯と呼ぶ。最大氷結晶生成帯では，食品中の水の氷結に伴い凝固熱[*2]が放出され，温度低下が停滞あるいは緩慢になる。

*2 凝固熱　水の温度を低下させる場合には，相変化が伴わなければ1g当たり4.19J（0.075kJ/mol）の熱（エネルギー）を奪うだけで温度が－1℃低下する。しかし，1gの水を凍らせるには334J（6.03kJ/mol）のエネルギー（凝固熱）を奪う必要がある。冷凍によって食品中のほとんどの水が氷結してしまうと，1g当たり4.19Jの熱を奪うだけで－1℃ずつの温度低下となるので，奪われるエネルギー（冷却に要するエネルギー）が少なくてよいことになる。

冷凍食品の品質には生成する氷の結晶から及ぼされる影響が大きいため，

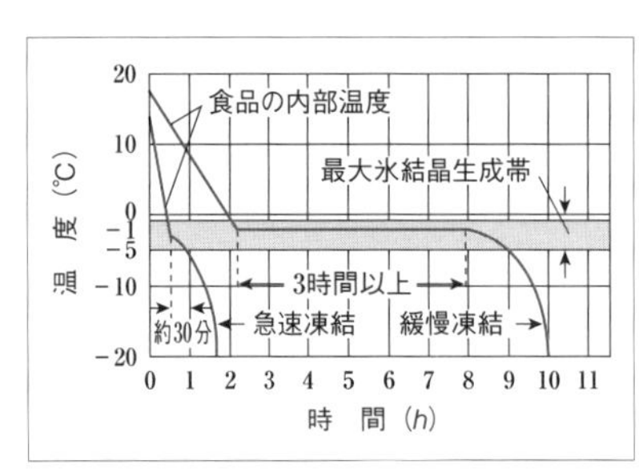

図 4.12　食品の凍結曲線

表 4.8　食品の凍結点

種　類	凍結点（℃）	含水率（%）	種　類	凍結点（℃）	含水率（%）
サラダ菜	−0.4	95.4	バナナ	−3.4	75.5
トマト	−0.9	90.5	牛　肉	−0.6～−1.7	71.6
タマネギ	−1.1	89.1	魚　肉	−0.6～−2.0	81.0
ジャガイモ	−1.7	79.5	牛　乳	−0.5	88.6
サツマイモ	−1.9	69.3	卵　白	−0.45	89.0
リンゴ	−2.0	87.9	卵　黄	−0.65	49.5
オレンジ	−2.2	88.1	バター	−2.2	15.5
サクランボ	−2.4	85.5	チーズ	−8.3	35.3

出所）　日本冷凍食品協会監修：最新冷凍食品事典，607，朝倉書店（1987）

最大氷結晶生成帯の温度域を通過する時間が短ければ短いほど良いといわれている。急速凍結し最大氷結晶生成帯の通過時間を短くすれば，生成する氷結晶[*1]は小さく，微細な氷結晶が細胞内にほぼ均一に広がることになる。したがって，上手に解凍することにより，凍結前の状態に近づけることができる。一方，冷却が緩慢になれば氷結晶が成長し，細胞膜を破壊したり，細胞を圧迫したりして，組織の破壊が生じる（図4.13）。細胞組織が破壊されると解凍した際，ドリップが生じたり栄養成分が流出するなどの品質低下が起き，元の状態には戻らない。そのため，最大氷結晶生成帯を短時間（30分以内）に通過させる必要がある。最大氷結晶生成帯を30分以内に通過させることのできる冷却法を急速凍結法，30分以上の場合を緩慢凍結法と呼んでいる。

*1 氷結晶　凍り豆腐や凍みコンニャクなどは，大豆たんぱくゲルやコンニャクゲルの構造を，氷結晶の力を利用してスポンジ状の組織とし，特有のテクスチャーを有する食品としたものである。

2）　保存中の氷結晶の変化

凍結により生じた氷結晶は貯蔵中に変化する。たとえば，貯蔵温度が変化すると，氷結晶から気化した水蒸気がふたたび氷結し，氷結晶が成長する。また，氷結晶から気化によって水分が失われると，食品が乾燥し，食品の表面が空気にさらされる。このことにより，空気（酸素）と直接食品成分が接触するので，酸化が起こりやすくなり，「冷凍やけ」[*2]が起こる。そこで，

*2 冷凍やけ　冷凍された食品ではほとんどの水が凍っているため，酸化防止的役割をしていた水がないので，ことに油の多い魚類では油の加水分解や酸化が起こりやすい状態になっている。

冷凍やけを防ぐ手段として，食品の表面に薄い氷の膜（グレーズ）をかけたり，通気性のない材料で表面を包装し，酸素との接触を妨げるようにするとよい。

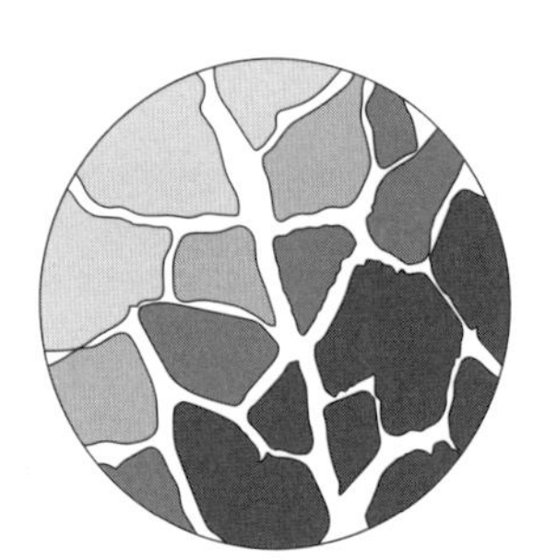

凍結前の細胞

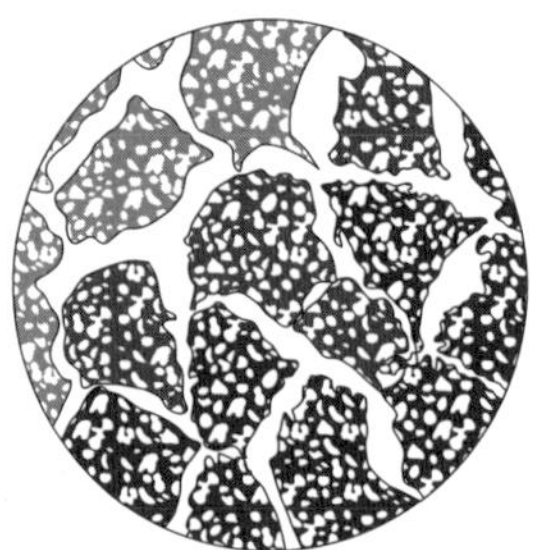

急速凍結した細胞
（氷の結晶が小さく，組織の損われ方が少ない。）

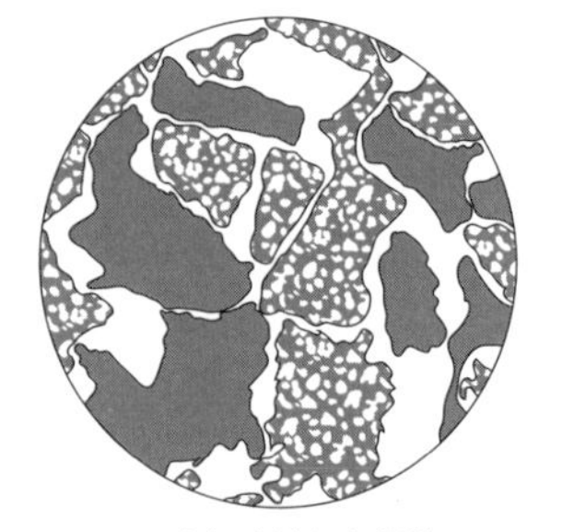

ゆっくり凍結した細胞
（氷の結晶が大きいため，組織が損われている。）

図 4.13　細胞に及ぼす凍結の影響

出所）　日本冷凍食品協会：業務用冷凍食品取扱マニュアル＆給食メニュー集，7（2004）

冷凍食品の品質を保持するためには，－18℃以下に貯蔵温度を維持するのみならず，プラスチック袋に入れるなど気化を防止する対策を講ずる必要がある。－18℃以上になった冷凍食品は品質の劣化を招きやすいので，できるだけ速やかに消費することが望ましい。

(2)　解　　凍

冷凍食品中の氷結晶を融解し，元の状態に戻すことを解凍という。

冷凍食品の場合，解凍方法によって料理の良し悪しが決まると言っても過言ではない。食材に合わせた解凍方法を理解しておく必要がある。

解凍には氷結晶がまだ残っているが，包丁が入るくらいの硬さまで解凍する半解凍と，まったく氷結晶を溶かしてしまう完全解凍がある。解凍の程度は食品の種類や料理によりまちまちであるが，調理しやすいということで半解凍が一般的である。

また解凍速度によって，緩慢解凍と急速解凍に分けることができる。緩慢解凍には，低温解凍，自然（室温）解凍，液体中解凍，砕氷中解凍などがある。一方，急速解凍には，加熱解凍，電子レンジ解凍，加圧空気解凍などがある。一般的に，生ものは緩慢解凍，野菜類，調理済み冷凍食品は急速解凍が適している。

(3)　氷　　温

氷温とは0℃以下でその食品の凍結点に至るまでの温度を指し（表4.8），その温度帯を利用する貯蔵法を氷温法*という。氷温帯を利用する保存には生鮮食品が適している。また，氷温状態は氷ができていないか，できていてもわずかであり，氷温による貯蔵期間は2週間から1カ月程度の中期となっている。

＊ 氷温法　冷蔵庫内において，肉や魚の保存に向くように開発された温度帯である。市販されている冷蔵庫には，微凍結状態であるパーシャル（－2～－3℃）や，氷温（－1℃），チルド（0℃）などがある。

6　テクスチャーに関するサイエンス

食品のテクスチャーはレオロジー的性質と深くかかわっている。ここでは，レオロジーに関する基礎的な知識について概説する。

(1)　レオロジー

レオロジー（Rheology）とはギリシャ語の「Rheo：流れる」から派生した言葉で，“物質の流動を含む変形に関する学問である”といわれている。食物にかかわるレオロジー的性質には，流動における流動特性（flow behavior），微小変形領域における粘弾性（viscoelasticity），咀（そ）しゃく（嚼）などの破断に至る大変形領域の破断特性（rupture property），テクスチャー特性（texture property）などがある。

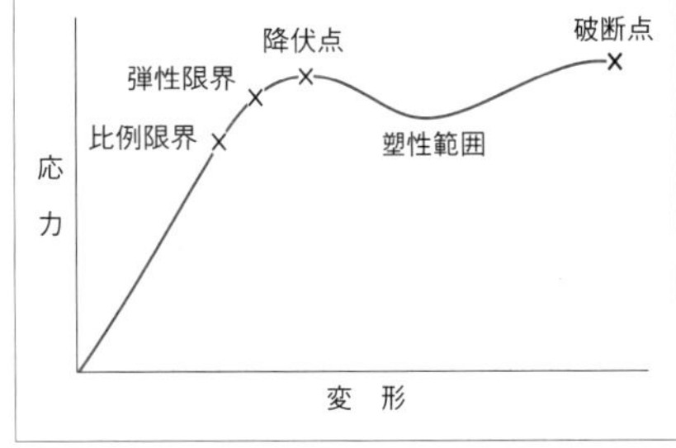
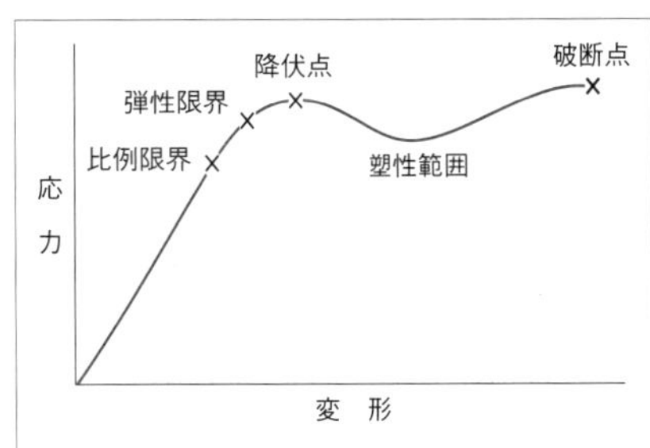

図 4.14　応力と変形の関係

(2)　弾性と粘性

1)　応力と変形の関係

コンニャクやカマボコなどを手などで軽く押したのち，手をはなすと瞬間的に変形が元に戻るように見える。このような現象は食品の示す弾性（elasticity）によるものである。

図4.14に物質に外力を加えたときの応力と変形の関係を示した。変形が十分に小さいときには，外力を除けば物質は完全に元に戻るが，変形がある限界を超えると完全には元に戻らなくなる。この限界を弾性限界という。弾性限界内で応力と変形の間に比例関係が成り立つ限界を比例限界という。

図4.14に示すように，変形と応力 P の関係が比例関係（比例限界まで）にあるとき，ひずみ ε と応力 P[*1] の関係には，次に示すフックの法則が成立する。

$$P = E\varepsilon \quad (\mathrm{N/m^2}) \qquad \cdots\cdots\cdots (1)$$

この式の比例定数 E は弾性率であり，ヤング率とよばれている。この比例関係が成立する領域を微少変形領域という。さらに変形が進み，降伏点を過ぎると力（応力）を除いても変形は元に戻らなくなり，ついには破断点に達する。降伏点を過ぎて破断点までの領域を大変形領域という。

＊1 応力（stress）　物質に外力を加えたときに，元に戻ろうとする内部力のことを応力 P と呼ぶ。すなわち，単位面積 A あたりの力 F である。力の単位は N（ニュートン）であり，応力の単位は Pa（パスカル）または，$\mathrm{N/m^2}$ で表される。

2)　弾　　性

弾性変形について，図4.15に示す。力 F がどの方向にかかるかによって，縦方向の圧縮変形と横あるいはひねりなどのずり変形に分類される。いずれも，応力 P とひずみ ε[*2]，またはずり応力 S とずりひずみ γ が比例関係にあれば，(1) 式のフックの法則が成立する。

ただし，ずり変形の場合は，ずり変形が小（θ が小）のときにずりひずみ γ は，$\gamma = \mathrm{d/h} = \tan\theta \fallingdotseq \theta$ で表される。また，ずり応力 $S(= F/A)$ とずりひずみが比例関係にあれば，フックの法則 $S = G\gamma \fallingdotseq G\theta$ が成立する。ずり変形の場合の弾性率 G をずり弾性率ある

＊2 ひずみ（strain）　ひずみ（歪み）とは，試料の高さ l に対する変形量 Δl の割合である。
$\varepsilon (= \Delta l / l)$

(a) 圧縮変形　　(b) ずり変形

(a) 圧縮変形　応力 P $(=F/A)$，F：力（N），A：断面積（$\mathrm{m^2}$），Δl：微少な変形（m），l：高さ（m），
(b) ずり変形　ずり応力 S $(=F/A)$，ただし，F：力（N），A：断面積（$\mathrm{m^2}$），h：試料の厚さ　d：移動距離（m）　$\tan\theta = d/h$

図 4.15　弾性変形

コラム 23　SI（standard international）単位

国際単位系の表示法。重さの単位はキログラム（kg），長さの単位はメートル（m），時間の単位は秒（sec）で表記する。その他の単位として，エネルギーはジュール（J），力はニュートン（N），応力はパスカル（Pa）などがある。またエネルギーなどの単位には，絶対温度 K が用いられる。

いは剛性率という。

3) 粘　性

液体は，川のように流れるが，平らな板の上では流れは起こらない。わずかな傾斜がそこに存在すると，高いほうから低いほうへと流れが起こる。傾きによって生じる流れの速度は，液体の粘性と関係があり，粘る液体はさらっとした液体より流れにくい。これは，板と液体の間に摩擦抵抗が生じるためで，粘る液体ほど抵抗が大きい。

図4.16に示すように，$A(\mathrm{m}^2)$ の面積を持ち，$H(\mathrm{m})$ の厚みをもつ液体を2枚の板の間にはさみ，上の板を横に $F(\mathrm{N})$ の力で1秒間に $v(\mathrm{m})$ 移動（ずり）させたとする。このとき上の板に最も近い液体は v (m/sec) の速度で横への移動を行う。しかし，v(m/sec) で移動するのは最上層部の液体のみで，他の液体の流れは下の板からの距離 H に比例して一定の速度勾配 γ が生じる。この速度勾配 $\gamma(=v/\mathrm{Hsec}^{-1})$ をずり速度と呼んでいる。液体に定常的にずり速度を起こさせるために加えられるずり応力 $S(=F/A)(\mathrm{N/m}^2)$ はずり速度 γ に比例する。

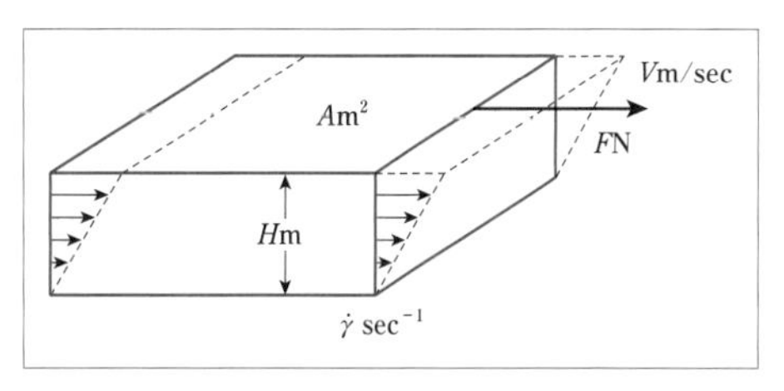

図 4.16　粘性流動

$S=\eta\gamma$ の関係が成り立つとき，比例定数 η を粘性率あるいは粘度（viscosity）といい，この関係式をニュートンの粘性法則という。

図4.17にニュートン流体と非ニュートン流体の流動曲線を示した。ニュートンの法則に従うものをニュートン流動（Newtonian flow）といい，ニュートン流動する流体をニュートン流体という。食品では油・シラップなどのように，ずり速度が変化しても粘性率が変わらないものがニュートン流体である。一方，ニュートンの粘性法則に従わないものを非ニュートン流動（non-Newtonian flow）といい，非ニュートン流動する流体を非ニュートン流体という。スープ類やソース類などのように，ずり速度が増加するに従い粘性率が減少する（さらりとする）粘稠な液体はほとんどが非ニュートン流体である。

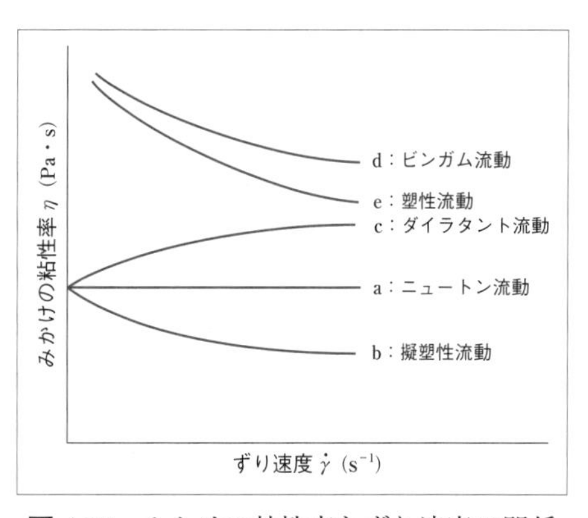

図 4.17　みかけの粘性率とずり速度の関係

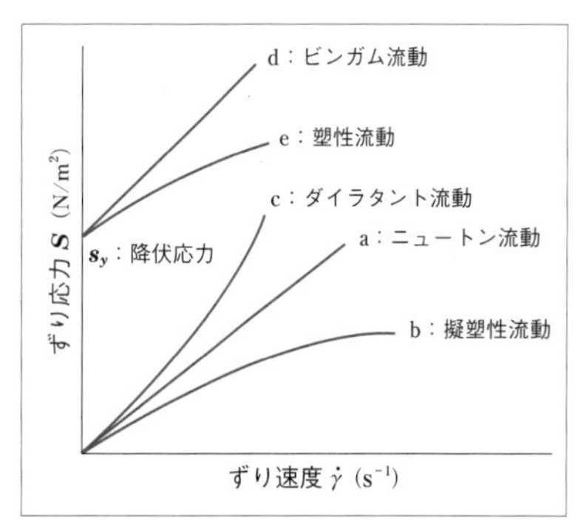

図 4.18　ずり応力とずり速度の関係
応力と変形の関係

(3) 流動特性

1) みかけの粘性率

食品の多くは非ニュートン流動を示す液体であるが，非ニュートン流体は図4.18に示すように，ずり速度により粘性率が変化する。非ニュートン流動を示す食品は，ずり速度によって粘性率が一定でないので，特定のずり速度における粘性率で表し，このときの粘性率をみかけの粘性率（apparent viscosity）という。

2）降伏応力

液体は塑性流動（図4.18のe）のように降伏応力をもつ流体がある。このような液体は，流動を開始するためにある力を必要とする。この力のことを降伏応力（yield stress）という。降伏応力は，ソース類のレオロジー的性質として重要なもので，ソースを肉や魚にかけたときに一定の厚さを保ち，肉などの表面をおおって流れさらないような現象にみられる性質でもある。

3）ベキ法則

粘性率とずり速度の関係は両対数グラフ上で直線関係にある場合が多い。

図4.19にホワイトソースのずり速度γとみかけ粘性率ηappの関係を示した。直線関係にある場合，ベキ法則が成り立つ。ベキ法則（power low）は流体の性質を表す次に示すような流動方程式である。

$$\eta app = K\gamma n-1 \quad \cdots\cdots\cdots \quad (2)$$

定数Kは粘稠性係数と呼ばれ，ずり速度1sec^{-1}におけるみかけの粘性率である。nは流動性指数であり，直線の傾きを表す。流動性指数が$n=1$のときはニュートン流動，$n<1$のときはずり流動化流動（擬塑性流動：図4.18のb），$n>1$のときはずり粘稠化流動（ダイラタント流動：図4.18のc）である。

4）異常粘性

a　曳 糸 性　卵白やトロロイモなどは粘性を示す液体であるが，強くかく拌して放すと弾性体のように戻る。このような粘弾性を示す液体にガラス棒を浸して引き上げると糸を引く様子がみられ，糸を引く性質を曳糸性（spinnability）と呼ぶ。ただし，曳糸性は下から上へ引き上げられるような糸を曳く現象であり，ニュートン流体にみられるような滴りによる糸を曳く様子とは異なる。

b　チキソトロピー　ケチャップなどの粘稠な液体は攪拌すると軟らかくなり，静置しておくと硬さが回復するような性質を示す。このような現象をチキソトロピー（thixotropy）という。チキソトロピーにはずりチキソトロピーと呼ばれるものと，ずり速度チキソトロピーと呼ばれるものがある。ずりチキソトロピーはずりを与え続けると軟化する現象である。図4.20のホワイトソースの流動曲線（応力－時間曲線）は，時間経過とともに暫時応力が減少し，軟化しており，ずりチキソトロピー現象がみられる。また，ずり速度が増加すると軟化する現象をずり速度チキソトロピーと呼ぶ。

図4.20にみられるように，ホワイトソースはずり速度が増加すると粘性率が小さくなるので，ずり速度チキソトロピー現象も示すが，静置するとふたたび硬くなるので，チキソトロピー現象は

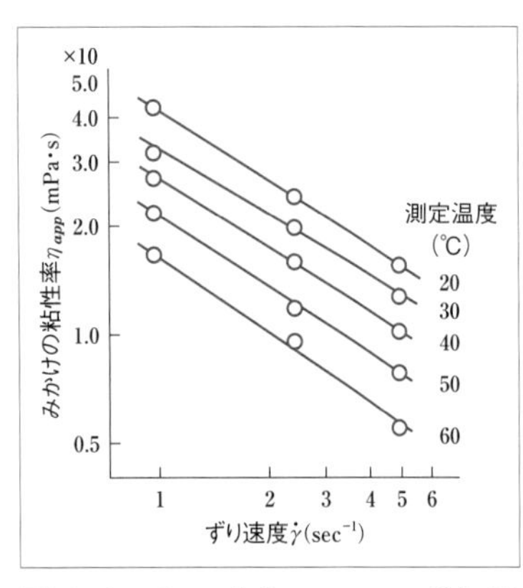

図 4.19　ホワイトソースのずり速度とみかけの粘度の関係

回復を伴うものである。

c　**ダイラタンシー**　片栗粉などの生デンプンにひたひたの水を加えるとさらさらしているようにみえるが，急激にかき混ぜると非常に硬くなり，水が粉に吸水されたようにみえる。図4.21に示すように，ひたひたの水を加えた場合には空隙率が少ない最密充填状態であるが，急に攪拌すると最疎状態となり空隙率が増加し，水が吸い込まれたようになる。このような現象をダイラタンシーという。

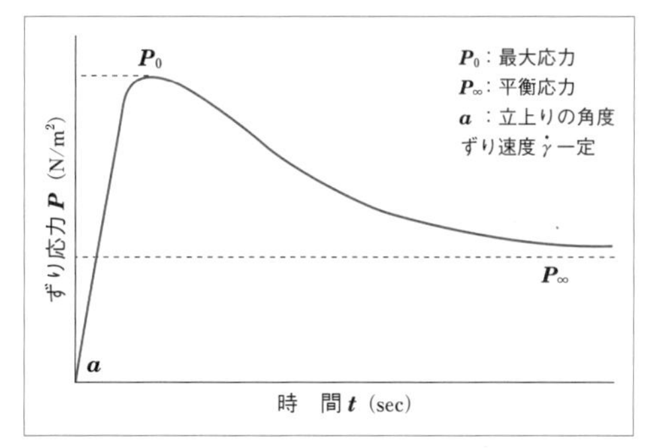

図 4.20　ホワイトソースの応力－時間曲線

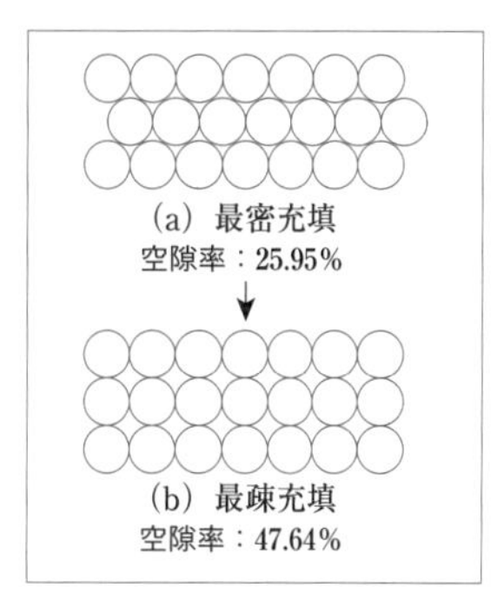

図 4.21　ダイラタンシーの原理

(4)　粘 弾 性

ほとんどの食品は，弾性と粘性の組み合わされた粘弾性体と考えられる。粘弾性を表す手段として，静的および動的な粘弾性の測定方法がある。

1)　静的粘弾性

静的粘弾性測定はクリープ測定[*1]と応力緩和測定[*2]が一般的である。クリープ現象や応力緩和現象から得られる粘弾性を静的粘弾性と呼び，シリンダー状の粘性要素（ダシュポット）の模型とバネ状の弾性要素（スプリング）の模型が組み合わされた，粘弾性（力学）模型に解析することが多い。

たとえば，豆腐をまな板の間にはさみ水を絞るような場合，豆腐の形は崩れないが，時間経過と共に変形し水分が十分に抜け，豆腐の厚さが減少し，ひずみが増加する。これをクリープ現象と呼び，この現象を解析して，粘弾性模型を得る方法をクリープ測定という。

図4.22に寒天ゲルのクリープ曲線と対応するフォークトの4要素の粘弾性模型を示した。

2)　動的粘弾性

静的粘弾性に対して，周期的な変形あるいは力を試料に与えて，応答する力あるいは変形の周期的な変化を測定し，粘弾性を求める方法を動的粘弾性の測定[*3]といっている。動的粘弾性定数は，貯蔵弾性率と損失弾性率の2つの要素で表される。貯蔵弾性率は，

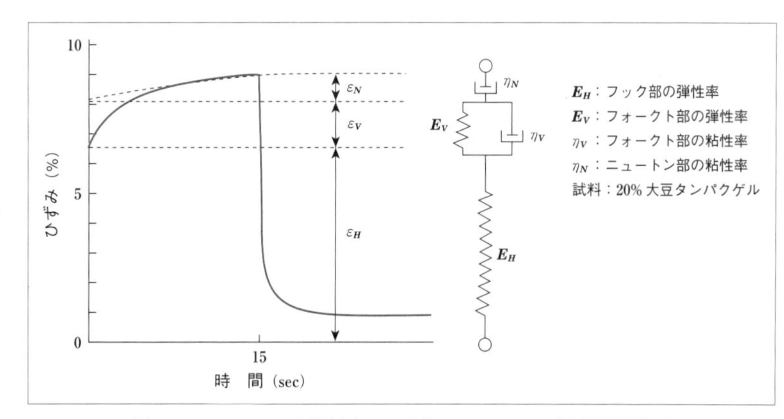

図 4.22　クリープ曲線と4要素フォークト型粘弾性模型

*1 クリープ測定　クリープによる粘弾性の測定は，食品に一定の応力を与えたときに生じるひずみの時間的な変化を記録したクリープ曲線を粘弾性定数に解析する方法である。

*2 応力緩和測定　一定の変形を食品に与えつづけ，その間の応力の変化を記録した，応力－時間曲線を粘弾性定数に解析する方法を応力緩和測定という。応力緩和現象からはマックスウェルの粘弾性模型が得られる。

*3 動的粘弾性測定　静的粘弾性の測定に対して，動的粘弾性の測定方法は測定時間が短いので，食品の粘弾性の測定に適しており，経時変化をとらえることもできる。

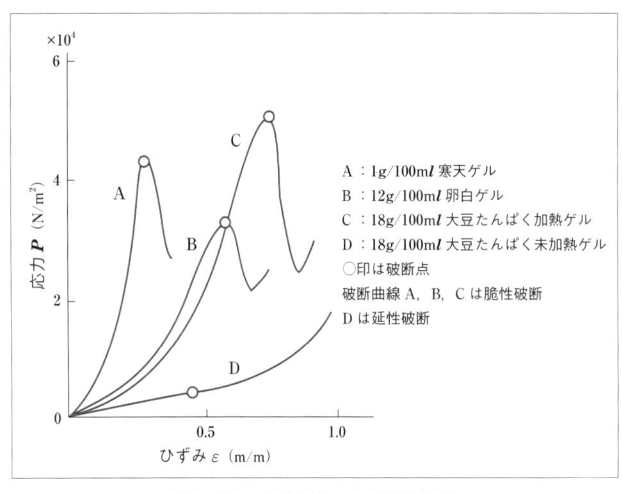

図 4.23　各種ゲルの破断曲線

弾性的要素を示し，損失弾性率は貯蔵弾性率よりも内部抵抗により90°位相が遅れた弾性率であり，粘性要素を含む値といえる。

(5)　破断特性

食べ物は咀しゃくによりかみ切られたり砕かれたり，加工・調理過程では攪拌や破壊などを受けることが多い。圧縮による応力を食べ物が破断するまで与え，破断に至るまでのひずみと応力の関係，すなわち，応力－時間曲線から破断現象を解析し，破断特性値が得られる。

1)　破断の種類*1

一般にゲル状食品は破断点が明確な脆性的な破断を示す。しかし，食品によっては破断点のはっきりしない延性的な破断を示すものもある。

図4.23に各種ゲルの破断曲線を示す。

2)　破断ひずみ

応力－時間曲線を解析して，破断時（破断点）のひずみから，破断ひずみが得られる。破断ひずみは破断する際の変形量を試料の高さで除したもので，食べ物によって固有の値を示す*2。

3)　破断応力*3

破断点の応力（単位面積当たりの力）を破断応力という。破断応力は圧縮するプランジャーが試料面よりも大きい場合は，試料の断面積で破断点の荷重を除すことで得られる。プランジャーの面積が試料面より小さい場合には，プランジャーの面積を破断面積として破断応力を求めることになる。

4)　破断エネルギー

破断開始から破断点までの破断曲線の面積から破断エネルギーが得られる。破断エネルギーは食べるときの仕事量であり，試料の大きさ（破断面の面積と高さの積）に影響される値であり，かみごたえ*4とも考えられる。

(5)　テクスチャー特性

テクスチャーとは食べ物の食べたときの物理学的な味を表す言葉のひとつであるが，テクスチャーを客観的に測定する方法として，シェスニアックが実際の咀しゃく動作を模した測定機器（テクスチュロメータ）を開発し，テクスチャー特性が得られるようになった。テクスチャー特性値は官能評価から得られた主観測定値と対応がよいといわれている。

1)　硬　　さ

テクスチャー記録曲線（図4.24）の第１山目の高さからテクスチャー特性

*1 破断の種類　脆性的な破断を示すものは，センベイやクッキーなどの脆い食品であり，延性的破断を示すものは，モチなどの粘りの多い食品である。

*2 破断ひずみ　たとえば，寒天ゲルの破断ひずみは約0.3，クッキーでは0.2～0.3，卵白ゲルで約0.6，大豆タンパクゲルで約0.8となっており，破断ひずみはもろいものほど小さく，しなやかで変形しにくい食品ほど大きく，食べ物の弾力性をある程度表す値といえる。

*3 破断応力　破断面積や大きさが異なると形状効果により破断応力が異なる場合がみられるし，試料によっては圧縮速度が異なると破断応力が変化する。

*4 かみごたえ　寒天ゲルのように破断ひずみの小さなものと，しなやかでなかなか壊れにくいカマボコのようなものを比較するとき，破断応力がほぼ同じ場合には，破断エネルギーはしなやかで壊れにくい食品の方が大きく，かみごたえがあることになる。また，クッキーではもろいものほど破断エネルギーが小さい。

の硬さが得られ，食べたときのかたさ（官能評価値）とよく対応する値でもある。圧縮条件をほぼ等しくし，プランジャーの面積などを考慮して硬さを応力単位で表すと，破断特性の破断応力とほぼ対応する値でもある。

2）付着性

図4.24の第1山目の負方向の面積から得られ，ホワイトソースなどの液状食品では粘性率と関係があり，食品の粘さを表す特性値である。仕事量と考えられるので，エネルギー単位で表す。

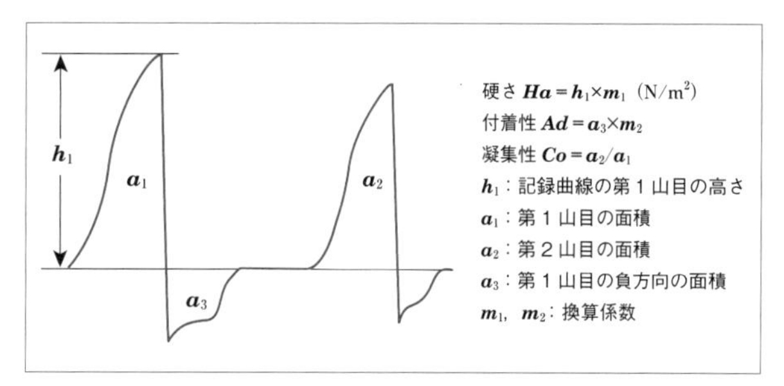

図4.24　テクスチャー記録曲線

3）凝集性

図4.24の第1山目の面積に対する第2山目の面積の比で表され，食品内部の結合力を示すものであるとされている。脆性的な破断を示すものは，凝集性が小さく，粘りがあり延性破断するようなものは凝集性が大きくなっている。ただし，液体状のものでは凝集性は異なる考え方が必要である。

4）その他のテクスチャー特性値

もろさ，弾力性，ガム性，咀しゃく性などがテクスチャー記録曲線から得られる。

II　調理操作のサイエンス

1　非加熱操作

調理操作とは，食品材料を安全性，栄養性，嗜好性の高い食べ物に調製することを目的としている。調理操作は大きく「非加熱操作」と「加熱操作」に区分される。

洗浄，浸漬，吸水，抽出，溶解，冷却，冷凍などの非加熱操作中には，「水」がかかわることが多く，温度が上がるとその変化が加速する。非加熱操作とは調理の前段階や途中，仕上げなどの段階で行われる操作であり，準備操作として位置づけられることが多い（表4.9）。しかし，最終の料理の出来映えに影響を与えるばかりでなく，刺身，サラダのように非加熱操作だけ

表4.9　非加熱操作の分類

操　作	内　容
計　量	重量，容量，体積，温度，時間を計る
洗　浄	流し洗い，こすり洗い，もみ洗い，ふり洗い，さらし洗い，混ぜ洗い，とぎ洗い
浸　漬	もどす（吸水・膨潤），浸す（吸水・膨潤，あく抜き，塩出し，呈味成分の抽出，調味料の浸透，変色防止，水分の補給）
切砕・成形	切砕（切る，刻む，皮をむく，魚をおろす，けずる） 成形（のばす，固める）
混合・攪拌	まぜる（かき混ぜる，かき回す），粉をふるう あえる（混ぜ合わせる），こねる，ねる，泡立てる
粉砕・磨砕	粉砕（つぶす，砕く，うらごしする，肉をひく） 磨砕（野菜をおろす，する）
圧搾・ろ過	圧搾（しぼる），ろ過（こす）
冷　却	冷やす，冷ます

でできる料理もある。

⑴　**計量・計測**

計量・計測は調理を効率的にかつ再現性をもたせて行うための操作である。計量・計測には材料・調味料の重量，容量の測定，調理時の温度や時間の測定などがある。計量カップ（200mℓ，1ℓなど）や計量スプーン（5mℓ，15mℓなど）による計量では，食品の重量と容量の関係を把握しておく必要がある。他に温度計（温度域－20～100℃，300℃など），キッチンタイマーなどが使われる。また，調理に用いる材料の分量は，食べられない部分（廃棄率）を考慮して準備しなければならない。魚の頭や内臓など，野菜の皮や根などの食べられない廃棄部分を除いたものが可食部（正味）である。

⑵　**洗　　浄**

洗浄は調理の最初に行われる基本的操作であり，食品を衛生的で安全な状態にする。洗浄の目的は，①土壌や空気中の汚れ・農薬などの有害物の除去，②あくなどの不味成分，臓物，血液，遊離脂肪酸などの悪臭成分の除去，③皮，すじ，種，泥，砂などの不消化成分部分の除去，④食品の色や外観をよくし，嗜好性を上げるなどがある。水洗いが基本であるが，洗剤，塩水，酢水，氷水を使うこともある。また，ふり洗いだけですむ場合と物理的なこすり洗いが必要な場合がある。たとえば，ポストハーベスト農薬（輸送途中の農薬散布）が心配される輸入野菜は，洗剤とこすり洗いを併用し，ていねいに洗浄する方がよい。洗浄には，洗い桶，水切りかご，ざる，たわし，スポンジ，ふきん，食器洗浄機等を用いる。

⑶　**浸　　漬**

浸漬とは，食品を水，食塩水，酢水，重曹水などの液体に浸すことである。浸漬操作は以下に示す5つの目的によって行われる。

1)　**吸水・膨潤**

水分20%以下の穀類，豆類，乾物類は，加熱前に水や熱湯に浸漬し，十分吸水，膨潤させることで，重量が2～10倍に増加する。また，加熱によるタンパク質の変性やデンプンの糊化が容易になる。

2)　**不味成分の溶出**

不味成分・悪臭成分・有毒成分などを除去するために，水，食塩水，酢水，米のとぎ汁，ぬか水などに浸ける。魚介類や獣鳥肉類は，調味液に浸透することで脱臭と調味液の浸透が行われる。塩蔵品の塩出しは1～1.5%の塩水に浸す（呼び塩*）場合がある。

3)　**旨味成分の抽出**

コンブや煮干しなどは水に浸漬することで旨味成分が溶出する。

＊ 呼び塩　塩蔵品は真水よりも薄い塩水に浸けることで，濃度勾配が小さくなるため，表面の急激な脱塩を防ぐことができるので，用いられている。しかし，あえて真水に浸けても，すぐに，塩蔵品表面の塩が溶出するので，必ずしも有効な方法ではない。

4)　変色防止

褐変しやすい野菜・果物は水，食塩水や酢水などに浸漬することで，褐変物質を溶出させる。また，空気（酸素）を遮断し，酵素反応を抑制するために変色が防止できる。

5)　テクスチャーの向上[*1]

野菜類に「はり」をもたせるためには水に浸漬し，やわらかく「しんなり」させるためには食塩水に漬ける。

(4)　混合・かく拌

混合は2種類以上の食品材料を合わせることをいう。混合の形態は，液体－液体，液体－固体，液体－気体，固体－固体の場合がある。

混合操作の目的は，①食品材料・調味料の均一化，②乳化（マヨネーズソース），③泡立て（卵白，クリーム），④粘弾性の増強（肉団子，ハンバーグ，カマボコ，パン生地など），⑤食品成分の交流などである。かく拌（かきまわす）は混合，混ねつなどと併せて行われることが多い。

(5)　切砕・成形

切砕とは，器具を用いて食品を2つ以上に分割したり，むく，けずるなどの調理操作をいう。成形も併せて行う場合もある。切砕の目的は，食品の不可食部を除き，食べやすく，加熱しやすくすることである。切砕には一般に包丁類が使われることが多いが，料理ばさみや野菜スライサーを使ったり，手でちぎることもある。

1)　組織とテクスチャー

ゴボウや肉類などのように，繊維（線維）[*2]が一定の方向に走っているために硬い食品は，切り方によってテクスチャーが異なる。繊維（線維）に対し直角方向に切るとテクスチャーは軟らかく，繊維と平行に切ると硬い。また，コンニャクは手でちぎったり，鹿の子状に包丁を入れて表面積を大きくすることにより，調味液が浸透しやすくなる。体積が同じであれば，食品の表面積が大きい方が軟化時間は短くなり，調味料の浸透も早くなる。その他，調味料を浸透しやすくする方法として隠し包丁，[*3]乱切り，[*4]イカの松笠切り・かのこ切りなどがある。野菜は面取り[*5]をすることで煮崩れを防ぐことができる。料理の最終的な出来映えに影響する飾り切り[*6]として，人参を用いたねじり梅の他，亀甲シイタケ，矢羽根レンコンなどがある。

2)　成　　形

切砕を伴わない成形には，外観を整え，食べやすく，テクスチャーに変化をもたせるなどの目的があり，巻く（巻きずし），丸める（だんご），のばす（パイ，餃子の皮），押し固める（にぎり飯）などの操作がある。

*1 テクスチャーの向上　野菜類は切った後に水に浸漬することで，半透性の細胞膜を通過して内圧と平衡になるまで吸水するので，組織に「はり」が出て，歯ざわりがよくなる。反対に塩水に漬けると外圧が高くなるため，細胞から水が出て，組織が軟らかくなる。浸透圧の項参照（119ページ）。

*2 線維と繊維　野菜のように植物性の「せんい」に対しては繊維を用い，肉類などの動物性の「せんい」には線維を用いて，区別する。

*3 隠し包丁　火の通りをよくし，味の浸透を早めるため，料理を盛り付けるさいに裏面になるほうに切り込みを入ることをいう。火の通りの悪い材料や材料を大きいまま加熱するときに用いる方法である。

*4 乱切り　筑前煮など，数種の野菜を同時に煮る場合に用いる方法で，繊維に対して斜めに包丁を入れることで，噛んだときに軟らかくなり，また，表面積も大きくなる。また，数種の野菜の一個当たりの体積もほぼ等しくそろえることができる。

*5 面取り　切砕面の角を落とすことで，煮ている間の煮崩れを防ぐ方法である。

*6 飾り切り　材料を切るさい，工夫をこらし，細工して切ること。花や葉，動物など季節の風物をかたどり，料理に季節感を出したり，祝儀には鶴亀，末広，松竹梅や寿の文字を切り，祝い事に趣を添える。

(6)　粉砕・磨砕

粉砕・磨砕は食品材料に外力を加え，切砕より細かくすることである。乾燥食品を粉末状にすることを粉砕，水を含むものをペースト状にするものを磨砕という。粉砕・磨砕の目的としては，以下のことがあげられる。

①　食品が小さく均一になるので，調味料や他の材料と混ざりやすくなる（コムギ粉，パン粉など）。

②　口当たりがよく，消化しやすくなる（つみれ，ごま豆腐の和えごろも，練りみそなど）。

③　食品中の酵素を活性化させる（ワサビなど）。

④　芳香を増強させる（コーヒー，コショウなど）。

また，マイナス面としては，①酵素が活性化し，野菜・果物類のビタミンは破壊されやすくなる，②ポリフェノール類が褐変するなどがある。

(7)　圧搾・ろ過

圧搾とは，外的な圧力を加えて，食品を変形させる操作で，押す，にぎる，詰めるなどの操作をいう。うらごしも圧搾操作に含まれる。ろ過は水分を含んだ食品を固形成分と液体部分に分離する操作をいい，浸し物や凍り豆腐などの余分な水分を除く場合と果汁，だし汁，お茶，コーヒーの抽出液のように液体部分を利用する場合がある。

(8)　冷却（冷蔵・冷凍），および解凍

1)　冷却（冷蔵）

冷却は，食品や調理した材料の温度を常温以下に下げる目的で行われる操作であり，食品内部が凍結しない範囲の温度帯（0～10℃）で実施する。食品の冷却には自然冷却を除き，冷蔵室（約3～5℃）において行うことが多い。食品は冷却することで，酵素活性も微生物の繁殖が抑えられ，品質の低下を防ぐことができる。

冷却の目的は，①微生物の繁殖を抑制して，腐敗を遅らせる，②ジュース，牛乳，ビールなどの飲物，サラダ，刺身などの料理を冷やし，嗜好性を高める，③ゼラチンや寒天ゼリーの凝固を促進する，④コムギ粉のグルテン形成を抑制する，⑤魚のあらい，霜降り，湯引き，⑥めん類のゆですぎ防止などがあげられる。品質は保存期間の経過に伴い，劣化するが冷凍と異なり食品の組織破壊がないので，短時間の貯蔵であれば，冷蔵庫を利用したほうがよい。しかし，長期間冷蔵保存すると，ご飯など糊化デンプンは老化し，物性が変化する。また，低温障害*を起こす野菜，果物もある。その他，魚肉類の保存はチルド（0℃），氷温（－1℃），パーシャルフリージング（－2～－3℃）の温度帯がよい。このように各食品に適した温度で貯蔵する必要がある。

＊ 低温障害　野菜や果物の適当な貯蔵法として低温貯蔵が採用されているが，低温貯蔵中に代謝に異常をきたし，変質，腐敗することをいう。低温障害を受けやすいのは，サツマイモなどのイモ類，野菜ではナス，トマト，キュウリ，ピーマンなどがあり，果物ではバナナ，メロン，モモ，パパイアなどがある。特に熱帯産の植物由来の果実にはこの障害を起こすものが多い。

2) 冷　凍

冷凍は品温を氷結点以下に下げて凍結させる方法であり，-18℃以下で凍結状態を維持する貯蔵方法である。－5℃で食品中の大部分の水が凍結し，－12℃以下で水分活性が非常に小さくなるため細菌やカビの繁殖は停止する。また，低温のため酵素反応や食品成分間の科学反応も起こりにくくなる。食品を凍結する際できるだけ速やかに品温を低下させる必要がある。冷凍法については基礎サイエンスでの概説（123ページ参照）に従って，ここでは家庭で行える冷凍，すなわちホームフリージングに限定して保存操作という観点から述べる。

ホームフリージングのポイント　家庭用冷蔵庫では，短時間に最大氷結晶生成帯を通過させることは難しいので，冷凍するさいには工夫が必要である。

ホームフリージングは，家庭用冷凍庫を使用するが庫内温度が－18～－20℃位なので，緩慢凍結しかできず，急速凍結でつくられる市販の冷凍食品の品質とは異なる。ホームフリージングするさいのポイントとしては，①1回の使用量ごとに分け，②薄く成形し，③密閉包装した後，④金属板などに乗せ速く凍結する工夫をするとよい。また，魚や肉は加熱調理したもの，野菜はブランチング[*1]するなど，前処理を施してから凍結するとよい。

冷凍保存の期間　冷凍食品を購入した場合に，店頭では－18℃以下に保存されているが，購入後，自宅の冷凍庫に保管するまでに－18℃以上になってしまうことが多い。そこで，生鮮食品の冷凍食品，調理済みの冷凍食品もできるだけ速やかに消費することを心がけたい（1カ月位）。また，ホームフリージングした食品についても同様である。

3) 解　凍

解凍とは，凍結されたまま，食品を凍結前の状態または加熱された状態にすることを目的とする操作である。解凍速度により，緩慢解凍[*2]と急速解凍[*3]に大別される。また，解凍時の問題点として，ドリップがあげられる。ドリップ[*4]は凍結処理中の氷結晶の生成に伴う組織の物理的な変化や損傷による影響が大きい。解凍する際は，ドリップ量が少ないほうがよい。解凍後は品質劣化が著しいので，できるだけ短時間で調理に用いることが望ましい。解凍後の再凍結はしない。

解凍方法　冷凍野菜類はブランチング処理されているので，凍ったまま加熱し，急速解凍することがよい。冷凍調理済み食品についても凍ったまま加熱して，急速解凍するが，製品によって加熱方法や加熱時間が異なるため，解凍や調理に関しては表示されている調理方法に従って行う。

＊1 ブランチング　野菜や果物の調理・加工中に生じる酵素的褐変を抑制するために行う操作で，一般的には湯通しのことをブランチングという。沸騰水によるもの，蒸気によるもの，高周波加熱によるなどの方法がある。

＊2 緩慢解凍　低温解凍（冷蔵庫で5℃以下に保って解凍），自然解凍（冷暗所に保って解凍），液体中解凍（水，氷水，食塩水などにつけて解凍）がある。

＊3 急速解凍　調理済み食品などの凍結品を蒸気，熱湯，油の中で加熱して解凍と加熱を同時に行う方法と，生鮮食品の解凍が短時間で行える電子レンジ解凍がある。ただし，電子レンジは短時間で解凍できるが，加熱むらが生じやすいので注意が必要である。

＊4 ドリップ　→61ページ側注参照。

表 4.10　加熱操作の分類と特徴

加熱法の分類		主な調理操作		主な熱の媒体および伝熱方法	主な利用温度	調味のタイミング
湿式加熱	水系	ゆでる		水の対流	95～100℃	加熱後
		煮る		水の対流	95～100℃	加熱中
		蒸す		水蒸気の対流＋凝縮（熱）	85～100℃	加熱前＋加熱後
		炊く		水＋水蒸気の対流	95～100℃	加熱前
		加圧加熱		水＋水蒸気の対流	110～120℃	加熱中
		過熱水蒸気加熱		過熱水蒸気の対流＋凝縮（熱）	100～300℃	加熱前＋加熱後
乾式加熱	空気系	焼く	直火焼	熱源からの放射	150～300℃	加熱前＋加熱後
			間接焼（銅板焼）	鍋・金属板の伝導		加熱前＋加熱中
			オーブン焼	熱源の放射＋空気の対流＋金属板の伝導		加熱前＋加熱後
	油系	揚げる		高温の油の対流	150～200℃	加熱前（下味）
					120～140℃（油通し）	加熱後
		炒める		高温の油と金属板の伝導熱	100～150℃	加熱前（下味）加熱中
誘電加熱（電子レンジ加熱）				マイクロ波の放射による食品自体の発熱	水分の多いもの100℃，水分の少ないもの120℃以上	加熱前（下味）加熱後
電磁誘導加熱（電磁調理器加熱）				磁力線に変換させた電気エネルギーでまず鍋底を発熱させた後，熱媒体により種々の伝熱形態となる	100～300℃	湿式･乾式に準じる

2　加熱操作

加熱操作は，調理過程において最も重要な操作であり，さまざまな道具を媒体として，食品に伝熱[*1]し，加熱を行っている。加熱操作は表4.10のように，湿式加熱，乾式加熱，誘電加熱および電磁誘導加熱に分類できる。

加熱する目的として，①殺菌・殺虫により安全な食べ物にし，腐敗を防ぐ，②結合組織や脂肪組織の軟化，デンプンの糊化，タンパク質の熱変性，脂質の融解，水分の減少または増加，無機質の減少，ビタミンの減少など食品の組織や成分に変化を起こす，③消化吸収率の増加，④不味成分の除去，テクスチャーの変化，調味料・香辛料・旨味成分の浸透または付与など，風味・嗜好性を増加させるなどがあげられる。

＊1 伝　熱　→121ページ側注参照。

(1)　湿式加熱

水（または水蒸気）を媒体とする加熱操作の総称であり，ゆでる，煮る，蒸す，炊くなどがある（表4.10）。

1)　ゆ で る

ゆでる[*2]は，水の対流を利用し，食品を加熱する操作である（熱容量の項：122ページ）。そのまま食べる場合と，つぎの調理操作への準備（下ごしらえ）として行われる場合があり，しかも，加熱温度と時間は食品の種類と調理の目的により異なる。

＊2 ゆでる　葉菜類は，緑色に保つために，大量の沸騰水を用い，高温短時間の加熱を行う。一方，水からゆでる根菜類は，食品材料がかぶる程度のゆで水でよい。ゆで水が多いと沸騰するまでの時間がかかり，消費エネルギーが無駄になる。

ゆでる操作の目的と効果は，①組織の軟化，②デンプンの糊化，③タンパク質の凝固，④色彩の保持または変化，⑤あく，不味成分，不快臭の除去，⑥吸水・脱水，油抜き，⑦酵素の失活，⑧殺菌など，がある。ゆでる食材とその目的によって，ゆで水に添加物を加える場合が多い。青色を保つために食塩（1～2％），レンコン，カリフラワーなど褐変を防ぎ白く仕上げるため

表 4.11　主な煮る操作法（手法）

	主な手法	調理操作の特徴
煮汁をほとんど残さない	煮しめ	主に野菜料理に用いられる。煮汁がなくなるまで味をなじませる。落としぶたを活用する。
	煮つけ	主に魚料理に用いられる。調味液を煮立てたなかに魚を入れて短時間で仕上げる。落としぶたを活用する。
	炒り煮	煮る前に材料を油で炒めたり揚げたりする手法。炒りどりなどがこの方法である。
煮汁を適量残す	含め煮	煮くずれやすい材料に適した手法で，薄味の多汁のなかでゆっくり味を含ませる。
	煮浸し	さっと煮た材料を薄味の煮汁に浸す。色を重視した青煮・白煮などもこの手法である。
	蒸し煮	水，酒，だし汁を少量加えふたをした状態でじっくりと仕上げる。

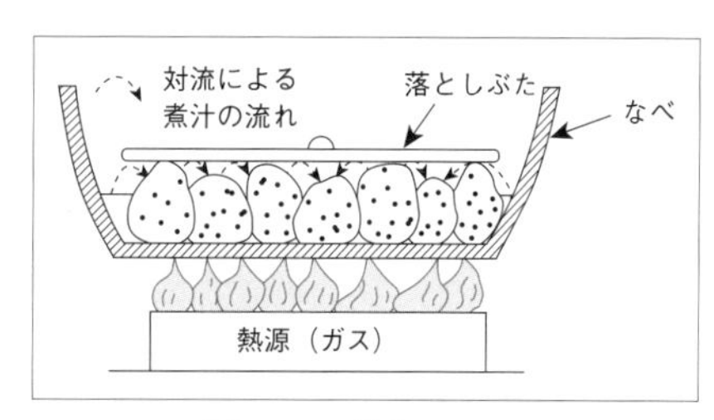

図 4.25　落としぶた

に酢（3 ～ 5%），あく抜きと組織の軟化のために山菜類には重曹（0.3～0.5%）や木灰（2 ～ 3%），タケノコなどのあくやえぐみを除去するためにヌカ（5 ～10%）などをゆで水に加える。

2）煮　　る

煮る操作では，加熱しながら調味料を浸透させることができ，煮汁の移動は対流により行われ，煮汁の熱は食品の外側から内側へと伝導により伝達される。沸騰状態の溶液のなかで加熱調理されるという点では，ゆでる操作と同じであるが，調味液のなかで味を付けながら加熱されるので，仕上げの調理操作といえる。

手　法　煮物の主な手法とその特徴を表4.11に示した。煮物に落としぶたを用いると，図4.25のように少ない煮汁でも，沸騰に伴い煮汁が落としぶたにぶつかり，まんべんなく食品にかかるので，調味料がいきわたる。また，煮汁の対流に伴い食品がぶつかりあい，煮くずれしやすいので，落としぶたをすることでこれを防ぐことができる。

3）蒸　　す

「蒸す」は水蒸気の持つ凝縮熱*を利用して食品を加熱する方法である。蒸し物の加熱温度と調理の目的を表4.12に示した。蒸す操作の長所として，①蒸し器内の温度分布が一様である。②ゆっくり材料の中心部分まで加熱できる。③水溶性成分の溶出が少ないため，栄養素の損失が少なく，材

＊ 凝縮熱　水蒸気が食材に接することにより冷やされ，水滴になるために必要な熱であり，気化熱と熱エネルギーに等しい（潜熱の項：123ページ）。

表 4.12　蒸し物の目的と加熱温度

火力	温度	主な調理名	調理目的	調理の要点
強火	100℃	こわ飯	コメの吸水とデンプンの糊化	米粒の層を薄めにして蒸気の通りをよくする。十分な蒸気で蒸し，途中で振り水をする
		サツマイモ	デンプンの糊化と甘味増強	丸のままか大きく切る
強火→弱火	100℃→85～90℃	茶碗蒸し，卵豆腐，プディング	タンパク質の凝固	強火で 3 ～ 4 分加熱した後，高温にすると「す」が入るため，85～90℃で蒸す
中火	100℃	蒸しパンまんじゅう	膨化，皮のデンプンの糊化	強火だと表面に割れ目が入るので，中火がよい
		魚，貝，肉	タンパク質の凝固	皿に入れて蒸す。淡白な味の白身魚や鶏肉が適す

料の味や香りを保ちやすい，④脂肪量の多い肉や魚類では組織が加熱により軟化するとともに，脂肪も水滴とともに落ちる，などである。

短所としては，①あくや不快臭などを除くことができない，②加熱中に調味ができない，③煮る操作やゆでる操作に比べてエネルギーが30～50％増となる，などがある。

4）炊　く

「炊く」は「煮る」と同義に使用される言葉であるが，「炊く」は主にコメに水を加えて米飯にする操作をいう。炊飯は「煮る」と「蒸す」をあわせた調理操作といえる。炊飯は水分14～15％のコメに水を加え加熱して炊きあげる過程をいう。炊飯は煮る，蒸すなどの複合操作であり，炊きあがったときにほとんどの水分が米粒に吸収された状態であり，炊き干し法ともいわれる。炊飯の詳細についてはコメの項で述べる（27ページ参照）。

5）加圧加熱調理・真空調理

加圧加熱調理は，高圧になると水の沸点が上昇することを利用した調理法である。加圧加熱調理では，沸点は120℃前後まで上昇するので，調理時間が約３分の１に短縮される。煮えにくい肉（結合組織の多い肉）や魚の骨，玄米，乾燥マメ類などの調理に向いている。

真空調理では，加圧加熱とは逆に，真空包装（脱気による減圧）して，低温で加熱を行うので，食材の風味やうま味を逃さず，栄養素の損失も少ないことに加えて，少量の調味料，香辛料で味や香りをつけられることが利点である。詳細は新調理システム参照（150ページ）。

6）過熱水蒸気加熱

過熱水蒸気加熱とは，飽和水蒸気をさらに加熱した蒸気（過熱水蒸気）を用いた加熱方法である。

過熱水蒸気加熱の特徴は，①大熱容量の気体のため熱伝導特性に優れている（図4.26），②加熱初期段階で，表面全体の水の凝縮が生じ，その後凝縮水の乾燥が始まる，③低酸素雰囲気での加熱が可能，④常圧での利用が可能であるため，安全に使用できるなどがある。

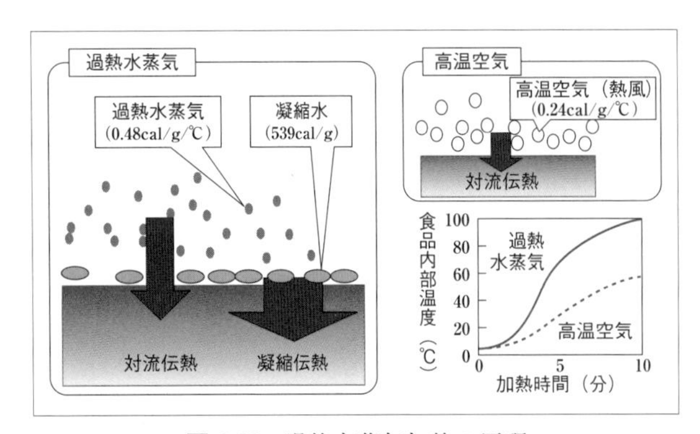

図 4.26　過熱水蒸気加熱の原理

出所）門馬哲也ほか：日調科誌，39(2)(2006)

過熱水蒸気調理では，過熱水蒸気が最高約300℃まで高温になるため，庫内中央部の温度を250℃まで設定でき，従来の空気によって加熱するオーブンと比較すると約11倍の熱量を食品に加えることができる。

(2)　乾式加熱

乾式加熱とは水を加えず加熱する方法であ

る。そのため，加熱温度は調理操作によって幅があるが，湿式加熱よりも概して高い。主な熱媒体により表4.10に示すように，空気系（焼く）と油系（揚げる，炒める）に分類される。

1）焼　く

焼く操作は直火焼きと間接焼きに分類される。図4.27に直火焼きの伝熱方法，図4.28に間接焼きの伝熱方法の模式図を示した。

焼く操作の特徴　①加熱温度が他の加熱操作に比べ高く，食品表面は130～280℃と高温だが，内部は80～90℃で表面と内部の温度差が大きい。②食品の表面は高温に接しているので焦げる現象がみられるが，焦げ色と焦げの香味は嗜好性を高める。③表面が加熱により硬くなるので，内部の旨味成分の溶出が少ない。

直火焼き　直火（じかび）焼き（図4.27）に用いられる熱源は放射熱を発する面が広いほうが有効である。直火焼きは強火の遠火といわれており，炭火などが用いられている。その理由として，炭火は表面温度が高く，しかも放射熱を出す面が広いので赤外線や遠赤外線の放射も多いためと考えられる。ガスを利用した直火焼きでは，ガスの炎自体の放射熱量は少なく，部分的な加熱になるので，セラミックなどでできた焼き網などを用いて，焼き網をガスで加熱し，そこから発せられる放射熱により加熱操作を行う方法がとられている。

間接焼き　フライパン，鉄板や鍋などで，伝導，放射による熱の移動を利用する操作である（図4.28）。しかし，表面のみが加熱されるので表面と内部温度の差が大きい。間接焼きには，鉄板焼き，フライパン焼き，奉書（紙包み）焼きやホイル焼き，すき焼きなどがある。

オーブン加熱　間接焼きといえるが，オーブン内の空気を加熱してその熱により食品を加熱する方法で，蒸し焼きにする操作法ともいえる。図4.11（121ページ）にオーブンの熱の移動を示したが，オーブンの壁からの放射熱，天板からの伝導熱，熱せられた空気の対流熱によって複合的に加熱される。

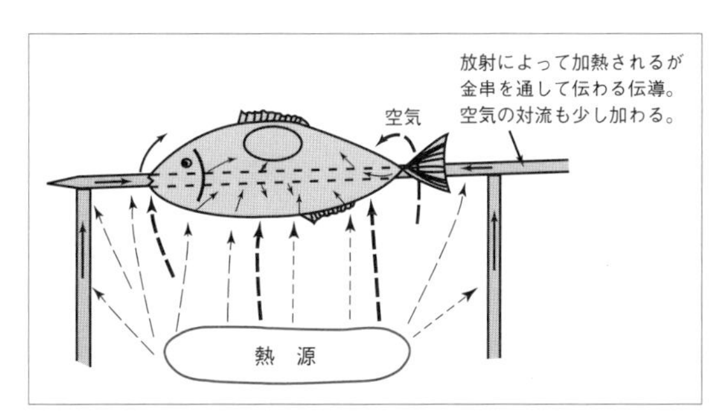

図 4.27　直火焼きの伝熱方法

出所）渋川祥子：調理科学，27，同文書院（1986）

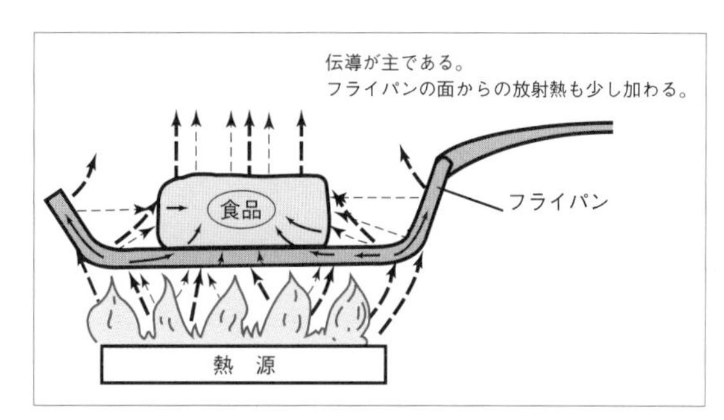

図 4.28　間接焼きの伝熱方法

出所）図4.27と同じ。

表 4.13　揚げ物の吸油率

手　法		吸油率（%）
素揚げ		3〜10
唐揚げ		6〜8
衣揚げ	パン粉揚げ	10〜20
	天ぷら	15〜25
	フリッター	10〜20
変り揚げ	素麺	10〜15
	春雨	100〜200

表 4.14　揚げ物の適温と時間

調理の種類	温　度	時間	調理の種類	温　度	時間
天ぷら（魚貝類）	180〜190℃	1〜2 分	コロッケ	190〜200℃	1〜1.5 分
さつまいも・じゃがいも・れんこん（厚さ 0.7cm）	160〜180℃	3 分	ドーナツ	160℃	3 分
			クルトン	180〜190℃	30 秒
			フリッター	160〜170℃	1〜2 分
かき揚げ（魚貝類・野菜）	180〜190℃	1〜2 分	ポテトチップ	130〜140℃	8〜10 分
			こいのから揚げ	140〜150℃	5〜10 分
				180℃二度揚げ	30 秒
フライ	180	2〜3 分			
カツレツ	180	3〜4 分	パセリ	150〜160℃	30 秒

出所）山崎清子・島田キミエ：調理と理論，同文書院（1967）

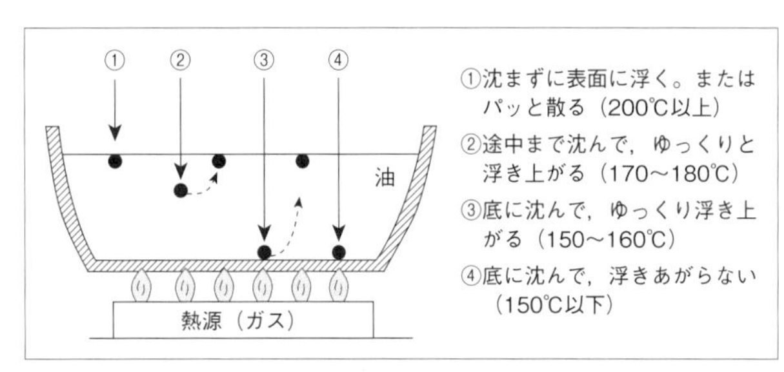

図 4.29　油の温度簡易測定法

2）揚げる

「揚げる」は，油を熱媒体とする調理操作である。揚げる調理の特徴は，①熱媒体が油脂であるため，使用温度範囲が120〜200℃と広い，②油の比熱は水に比べて小さく，温度変化が著しいので温度調節が難しい，③油と水の交代が起こり，それにより食品は軽くなり，油脂の風味が加わる。④高温短時間加熱，⑤加熱中は調味できない，⑥食品や衣などに吸油されるため摂取エネルギー量が増加しやすいなどである。

揚げ物の吸油率　手法別吸油率を表4.13に示した。素揚げ，唐揚げの吸油率は低く，衣揚げ，変わり揚げは高い。

揚げ温度　油の温度と加熱時間は，食品の成分や状態，大きさによって決まる。表4.14に揚げ物の適温と時間について示した。内部がすでに加熱されているコロッケや魚介類の天ぷら・かき揚げは高温短時間で揚げ，イモ類や根菜類などのデンプン性食品は比較的低温で時間をかけて揚げる。ポテトチップやこいのから揚げなど，十分な脱水を目的とするものでは，140〜150℃で加熱した後，食品を取り出して180〜190℃で再度揚げる操作である二度揚げを行う。参考のために揚げ温度を知るための簡易法について，図4.29に示した。

3）炒める

炒めるは少量の油脂を用いて，食品を加熱する方法である。炒める調理操作の特徴は，①フライパンの表面に触れている食品の一部が高温にさらされるため，食品を混ぜたり揺り動かしたりしながら加熱する，②高温短時間加熱，③食品の水分は減少し，代わりに油脂が付着し，油脂の風味が加わる，④加熱中に調味ができる，などである。

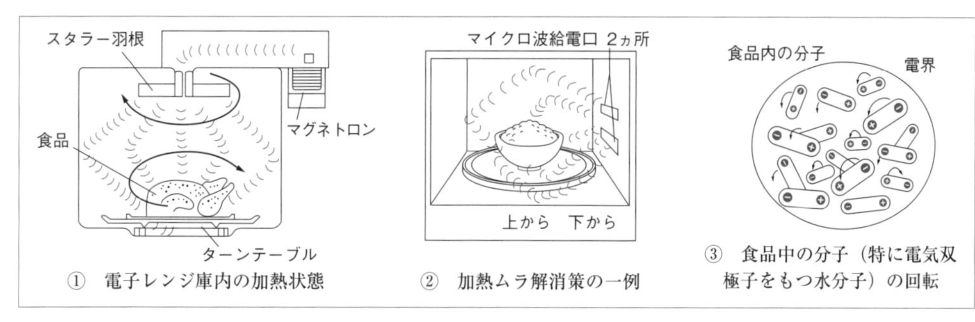

図 4.30　電子レンジの加熱の原理

出所）肥後温子・平野美那世編：調理器具総覧，食品資材研究会，171（1997）

(3)　誘電加熱（電子レンジ加熱）

電子レンジ加熱はマイクロ波帯の電磁波を使い，食品を内部より加熱する誘電加熱法である。電子レンジで使用する周波数は2450±50MHz と定められている。電子レンジでは図4.30に示すように，マグネトロンから照射されるマイクロ波が加熱室の金属壁面で反射しながら四方八方から食品に注ぐ（図4.30①）。食品を構成する分子にこのマイクロ波を使うと正と負に誘電分極し，１秒間に24.5億回も電場の向きが変わる。このため水をはじめとする食品の荷電分子は電界の変化に追従して振動回転し（図4.30③），分子間の摩擦によって食品内部から熱が発生する（誘電加熱法）。この際マイクロ波を散らし，加熱むらを減らすためにファンやターンテーブルが利用され，マイクロ波給電口を増やす（図4.30②）などの工夫がされている。含水率が少ない食品は内部が加熱されやすく，水分や塩分が多いと端部が加熱されやすくなる。これは電波の浸透距離（電力半減深度）が乾燥食品（約20cm），パン（約７cm），米飯（約５cm），野菜・魚肉（１～３cm），塩分の入った調味食品（１cm 以下）の順に小さくなるためである。

1)　誘電加熱（電子レンジ加熱）の長所

①食品内部から加熱されるため短時間で加熱できる，②焦げないので食品の色，風味，形状が生かされ，栄養的にもビタミン類の損失が少ない，③冷凍食品の解凍，調理食品の再加熱に適している，④容器に入れたまま加熱できるので形が崩れない，⑤食品自体の発熱により食品の温度が上昇し，そのために容器が熱くなるが，電子レンジ周辺は熱くならない。

2)　誘電加熱（電子レンジ加熱）の問題点

①使える容器と使えない容器がある，②加熱時間が短いと加熱不十分，過加熱では食品が硬くぱさつく，③加熱むらができ，温度分布が不均一である。フライや天ぷらの衣が湿り，かりっとしない，④ピザや肉，魚を焦がすことができない，⑤水分の蒸発を抑えるためにラップが必要である，⑥糖化酵素（β-アミラーゼ）が働きにくくサツマイモが甘くなりにくいなどがある。

(4) 誘導加熱（IH：電磁調理器加熱）

IHとは電磁誘導加熱（Induction Heating）の頭文字をとったものである。発熱の機構はトッププレートの下に磁力発生のコイルがあり，高周波電流（20～25MHz）を流すと発生する磁力線が鍋底に誘導電流（うず電流）を起こし，鍋底の電気抵抗により熱が発生する。鍋底が発熱するので従来の電気コンロよりも熱効率が高く，約80～90％と高い値を示す。このため200Vの電源の場合，ガスコンロと同等の火力を得ることができる。

Ⅲ 調理用設備・機器とエネルギー

1 調理用設備

家庭で調理操作を行う場は台所と呼ばれているが，営業用や給食施設などでは厨房や調理室と呼ばれることが多い。調理作業を大きく分けると，①材料の用意（収納棚，冷蔵庫，はかり），②食品の洗浄と下ごしらえ（流し，厨芥入れ），③調理（各種調理器具，電気器具），④配膳（配膳台，食器類）がある。作業の大きな流れは①から順に進行するが，料理を作るまでの一連の動作がなめらかに進むように調理台付近の収納棚，冷蔵庫，調理台，流し，レンジ，配膳台を配列する必要がある。

(1) 台所の条件

一般的な台所の条件は安全性，経済性，さらに能率性が求められ，食べる楽しみも加えられる。これらの要素が組み合わされてよい台所ができあがる。近年は，システムキッチン[*1]などが開発され，調理操作を行う場のみでなく，インテリアの一部としての台所のイメージが生まれてきている。いずれにしても台所の設備は，①採光・通風・換気などがよい，②清潔な水が得られる，③排水が衛生的にできる，④材料の搬入・廃棄物の処理が能率よくできる，⑤材料の搬出，下膳が便利である，などが考慮されるとよい。

＊1 システムキッチン　流し台，こんろ台，調理台などと収納家具などを組み込んだ継ぎ目のない仕上げになっている台所設備のことをいう。高付加価値や高機能化が求められている。通常の作業は効率的に，楽しむ部分の作業はゆったりと進められるなど多様化している。

(2) 調 理 台

調理台の材質は清潔を保てるようにステンレスが使われることが多い。調理操作の流れに従って，効率よく作業が進められるように，調理台はシンクと加熱設備の間に配置される。調理台の高さは，流し，こんろなどと同じ高さが必要であり，JIS規格[*2]で規定されている。

＊2 JIS規格　日本産業規格のこと。調理台の高さは，流し，こんろなどと同じ高さが必要である。JIS規格では，80，85cmと決められているが，本来は使用者の体型を考慮して疲れない高さが好ましい。80cmの調理台には身長153.0～159.5cm，85cmの調理台には159.6～166.0cmの身長の人が適している。

(3) 加熱用設備

加熱用設備はガスこんろが主流であるが，電気こんろも用いられる。電子レンジには単機能のものよりグリルやオーブン，最近では過熱水蒸気（ナノスチーム）が組み込まれたものが主流となっている。また，火災に対する安全性，衛生面の点から集合住宅，高齢者などにすすめられているのが「ビルトイン200V IH」[*1]である。

(4)　水まわり

給水設備として水道，排水設備として流しがある。給水，給湯の水栓，流し台のシンク，排水口など使いやすさを考慮して選択する必要がある。

*1 ビルトイン200V IH　こんろが一体化されているタイプのもので，最も多く採用されている3つ口のものは，手前左右にIHヒーター，奥にラジエントヒーターがあり，下部のロースターグリル部分にはシーズヒーターがついている。

2　調理器具

調理器具は食事様式，食事形態の多様化，最新技術の開発に伴い，種類が多くなっている。また，一部の調理器具は便利さと労力の軽減を計るために手動から電動へと発達している。このような現状で，安全かつ合理的・経済的にまた環境にも配慮しながら調理操作を行うためには，使用目的にあった調理器具を正しく選択する必要がある。

(1)　計量用計器

1)　重量・容量測定

秤量用はかり（上皿台ばかり，自動電子ばかりなど）が用いられる。また容量を測るのは計量スプーン，[*2]計量カップ[*3]が使われる。

2)　温度測定

一般的な棒状温度計（水銀，アルコール）[*4]のほか，平板型バイメタル温度計，熱電対温度計[*5]などが用いられる。

3)　時間測定

時間測定には，ストップウォッチやタイマーが用いられる。

*2 計量スプーン　小さじ5 mℓ，大さじ15mℓが基本であるが，小さじ1/2（2.5mℓ）の計量スプーンや塩を測るミニスプーン（1 g）もある。

*3 計量カップ　200mℓ，500mℓ，1ℓなどがある。コメの1合カップは180ml である。

*4 アルコール温度計と水銀温度計　アルコール温度計は70℃以下の低温側の測定に向き，水銀温度計は100℃以上の高温側に向く。

*5 熱電対温度計　2種の異なる金属を接合し，熱起電力によって生じる電力の差を温度として検出する特殊な温度計。天ぷら温度計などに用いられている。

(2)　非加熱用器具

1)　洗浄・浸漬・乾燥用器具

食品，食器，調理器具の洗浄，浸漬，水切り，乾燥などに使う機器類には，洗い桶，ボウル，ざる，食器洗浄機，食器乾燥機などがある。洗浄を助けるための道具にはスポンジ，たわし，スチールウール，ブラシなどがある。

2)　混合・かく拌・粉砕・磨砕器具

通常家庭で用いられている手動の混合・攪拌の器具として，しゃもじ，木製へら，金属へら，ターナー，箸などがあげられる。また，粉砕・磨砕する器具として，すり鉢，すりこぎ，おろし器[*6]（ダイコン，チーズ，ワサビなど），ポテトマッシャーなどがある。

野菜をみじん切りにしたり，魚肉をペースト状にしたり，また果実をジュースにする操作は手間と労力を要するので，秒速で磨砕できる回転電動調理器が用いられることがある。代表的なものとしてミキサー，ジューサー，フードプロセッサーがある（図4.31）。

また，ハンドミキサーやスティックミキサーは生クリームや卵の泡立て，スープ，ケーキ材料の混合や少量の離乳食作りに用いられる。持ち運び可能

*6 おろし器　おろし器は，ダイコンをおろすときはやや荒目のもの，ワサビやショウガをおろすときは細かい目のものを用いるとよい。一般に使われているものに金属製，プラスチック製，陶器製などがある。特殊な用途のものとしては，鮫皮をはったわさびおろし器やチーズおろし器などがある。

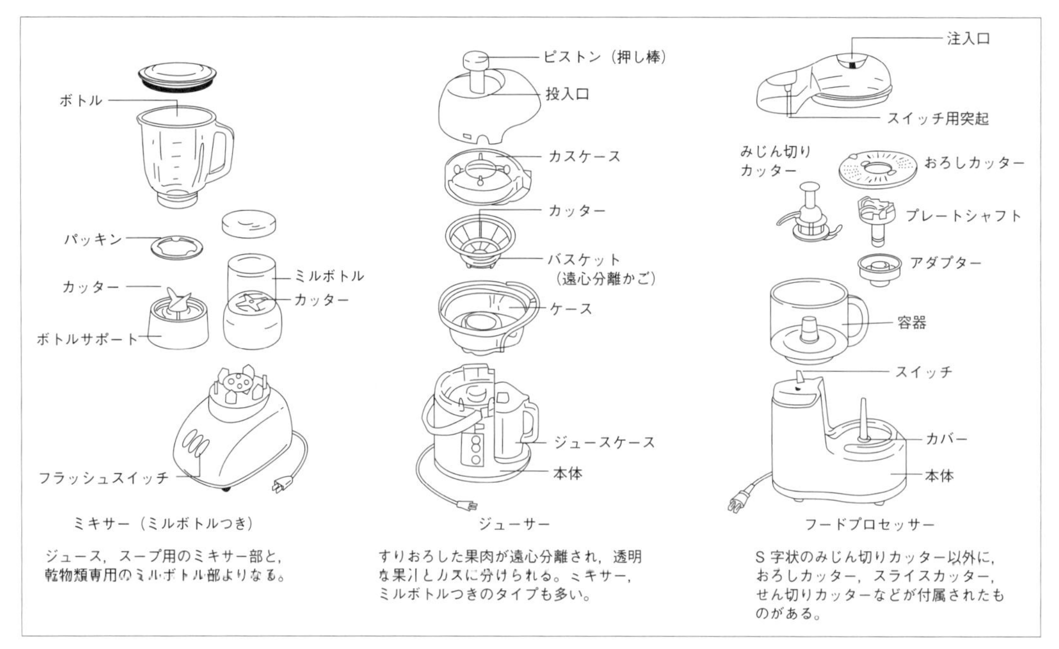

図 4.31　ミキサー・ジューサー・フードプロセッサー

出所）肥後温子・平野美那世編著：調理機器総覧，食品資源研究会，234（1997）

で，ミキサーやフードプロセッサーの簡易利用機器として使うことができる。

3）切砕・成形機器

食品を切ったり，つぶしたり，細かくするために，包丁，調理用はさみ，回転調理機器（フードプロセッサーなど），ピーラーなどがある。

包　丁　和包丁，洋包丁，中国包丁の3種類がある。その材質には，鋼とステンレス，セラミックス*があり，刃は両刃と片刃がある。表4.15に包丁の種類・特徴・用途を示した。学校等では肉から野菜まで用途が広く，薄刃で使いやすい牛刀（洋包丁）が使われることが多い。和包丁の主流であった菜切り包丁は最近少なくなったが，菜切り包丁と牛刀の長所を併せた

表 4.15　包丁の種類と用途

分類	名称と形状	刃型	用途
和	薄刃包丁	片刃	根菜類，かつらむき，せんぎり
	菜切り包丁	両刃	野菜
	出刃包丁	片刃	魚をさばく
	刺身包丁　柳刃 蛸引	片刃	刺身
折衷	三徳包丁 （万能包丁，文化包丁）	両刃	野菜，魚，肉などさまざまな食材
洋	牛刀	両刃	野菜，肉，魚など
	ペティナイフ	両刃	小さな材料の細工，果物
	パン切りナイフ	波形刃	パン
中	中華包丁	両刃	強度が高く重い，肉，野菜，魚などあらゆる食材に用いられる

出所）木戸詔子・池田ひろ編：食べ物と健康4　調理学（第3版），化学同人，134（2016）

＊ セラミックス　非金属の天然無機材料を高温で焼いた窯業製品である。硬くてさびないのが特徴。

文化包丁（三徳包丁）が家庭で愛用されている。

まな板　まな板の材質[*1]には，木製と合成樹脂製がある。刃あたりがよく，硬くて傷がつきにくく，水切れのよいものがよい。中国料理では桜の木の輪切りがよく使われる。

調理用はさみ　調理用はさみは切るだけでなく，栓を抜く，ねじぶたをまわしあけるなど多目的に用いられる。また，はさみの刃の部分にギザギザがついていて，硬い骨や殻が切りやすい。

成形用器具　巻きす，押し型，抜き型などのほか，ケーキ型やゼリー型がある。加熱，冷却を急速に行いたいときは熱伝導のよい金属製が用いられ，緩慢に行いたいときはガラスや陶磁器の型が用いられる。

ろ過用器具　うらごし器,[*2]シノワ，ロウシャオ（中国用穴杓子），万能こし器，油こし，ミソこし，茶こし，ふきんなどがある。

保存用・貯蔵用機器　食品の保存・貯蔵のほか，食器・調理器具の保存のための食器戸棚，食品庫，冷蔵庫などがある。

(3)　加熱用機器

加熱操作を効率よく行うためには，調理機器についても知る必要がある。ここでは，熱源のある加熱機器，熱源のない加熱機器別について示した。

1)　熱源のある調理機器

こんろ

こんろは古来の木炭を用いたこんろ（七輪）もあるが，一般的にはガス，電気などの熱源を用いる。

ガスこんろ　ガステーブルは，こんろが2～3個つき，台枠，五徳，バーナー部からなり，自動点火装置，グリル機能付きが多い。バーナーはブンゼン式で，ノズルから噴出したガスが混合管で一時空気と混合し，炎口で2次空気を取り入れ燃焼する。3～4個のガスバーナーを備えている機種では，標準バーナー（2000～2500kcal/h）や高カロリーバーナー（3000～5000kcal/h）を備えているものもある。現在はSiセンサー[*3]設置が義務化され，調理油過熱防止装置，立ち消え安全装置，消し忘れ消火機能，早切れ防止機能がつけられている。ガスこんろの熱効率は40～50％である。

電気こんろ　熱源を電気とし，シーズヒーター,[*4]エンクロヒーター,[*5]ハロゲンヒーター[*6]がある。炎は出ないので，安全で空気も汚さないクリーンな加熱調理機器である。どれも，ヒーター部分が熱くなり，その熱で鍋が加熱される。火力の立ち上げの遅いが，調理中の温度調節は簡単で，弱火でゆっくり加熱することができ，保温などに用いられる。また，従来は100V用が使われていたが，ガスこんろと同じくらいの火力をもつ200Vのヒーターが採用され，炒め物なども可能となっている。電気こんろの熱効率は約

*1 まな板の材質　木製のまな板にはホオやヒノキ製がよい。吸水性がよいため，使用後はよく乾燥させ，細菌による汚染に注意する。合成樹脂製まな板はポリエチレン製がほとんどである。木製に比べて，吸水性・中減りはないが刃あたりは硬く，滑りやすい。しかし，衛生管理に適する大量調理には合成樹脂製のまな板が主に使われる。

*2 うらごし器　毛ごしは馬の毛を使用しており，あたりが柔らかく目が細かい。金ごしは肉や魚など素材の硬いものを裏ごすのに向いている。

*3 Si センサー　2008年10月からガスこんろの全バーナーに温度センサーを搭載するように法律で義務付けられた。S は「Safety（安　心）」,「Support（便　利）」,「Smile（笑　顔）」, i は「Intelligent（賢い）」の略である。

*4 シーズヒーター　さびに強く，耐熱性のあるニッケル銅などの金属パイプの中にニクロム線（発熱体）を組み込み，間に絶縁粉末材を充填するもので，ふきこぼれや塩分にもさびにくく，手入れがしやすい。温度の立ち上がりは遅いが，火力調節は簡単である。ヒーターの表面温度は約800℃で，余熱の利用が可能である。

*5 エンクロヒーター　ニクロム線を耐熱性の物質で覆い保護したもの。前者はコイル状，後者は円盤状。

*6 ハロゲンヒーター　タングステン線を石英管でおおい，ハロゲンガスを充填したものをいい，近赤外線を放射する。短波長のため放射率が高いので，食品内部への浸透性が高く，表面には色がつきにくく，内部が効果的に加熱できる。また，加熱の立ち上がりが速く，低温から高温までの温度制御が可能である。

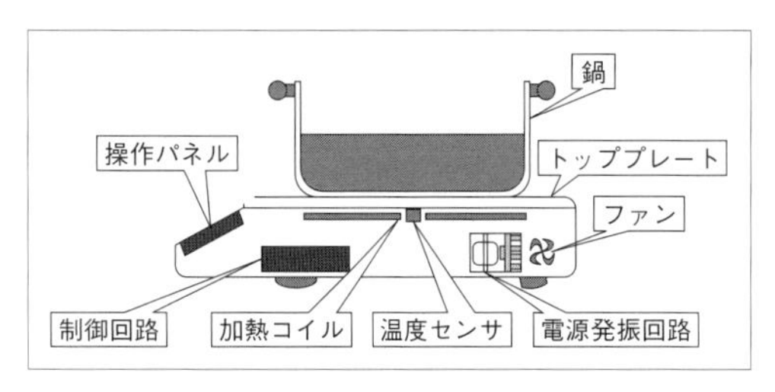

図 4.32　電磁調理器の構造

出所）大藪一：日調科誌，34（2），248（2001）

70％である。

電磁調理器（中山　2006）**（IH クッキングヒーター）**　磁力線を利用し，電磁誘導により加熱を行う機器である（図4.32）。電磁調理器に用いる鍋[*1]は発熱しやすい表皮抵抗の高い金属（鉄，ステンレス，鉄ほうろうなど）で平底の専用鍋が必要といわれていたが，「オールメタル対応 IH」が出てからは，いくつかの条件はあるものの一般の家庭にあるものでも使用できるようになった。電磁調理器は操作が簡単で，火力が自由に変えられる（火力調節機能）ことや温度調節機能がついていることなどから保温や煮込み料理，揚げ物などに便利である。電磁調理器の特徴として，火を全く使わないので安全性が高いこと，清潔で手入れが簡単，強い火力，また熱の発生が鍋自体なので，熱効率は約80～90％と他の加熱機器より高く，燃費が安いことなどから普及している。欠点として，直火焼きができない，２口以上で最大消費電力量を超える場合には，自動的に出力調整が行われ，火力が落ちるなどがあげられる。火を使わずに安全といわれているが，揚げ物調理において誤使用すると火災が発生することがある。主な原因として，①揚げ物時の油量不足，②鍋底が平らでない，③モードの切り替えの誤り，などがある。近年では，一般家庭や外食産業で卓上型 IH も普及している。

＊1 電磁調理器に用いる鍋　IH クッキングヒーターで使用する鍋は，メーカーの推奨品や SG マーク[*2]のついたものを選ぶとよい。IH に適した鍋の材質は，鉄，鉄ほうろう，鉄鋳物，ステンレスであり，形状は鍋底が平らで，底の直径が12～26cm である。逆に，形状において鍋底が丸いもの，反りや脚があるものは安全性や機能性の面から不向きである。また，鍋底の厚さが薄すぎるものも鍋底が反ることがあるので向いていない。オールメタル対応 IH クッキングヒーターにおいても，家にある鍋を実際に使用し，IH が機能しているかを確認する必要がある。

＊2 SG マーク　Safety Goods（安全な製品）の略号で財団法人製品安全協会が安全と認めた製品にのみ表示されるマークである。

オーブン

ガスや電気を熱源として，密閉された庫内の熱気で食品を周囲から均一に加熱する機器である。形崩れせず，焼き色がつき，風味よく蒸し焼きにされる。タイプはオーブンのみのもの，上部こんろと組み合わせたレンジ型，電子レンジと組み合わせたオーブンレンジ，過熱水蒸気を利用したスチームコンベクションオーブンなどがある。

ガスオーブン　下部のバーナーで加熱する下火式が多い。自然対流式と強制対流式（コンベクションオーブン）がある（図4.33）。自然対流式では，熱源より熱せられた空気が自然対流することにより加熱する構造になっている。

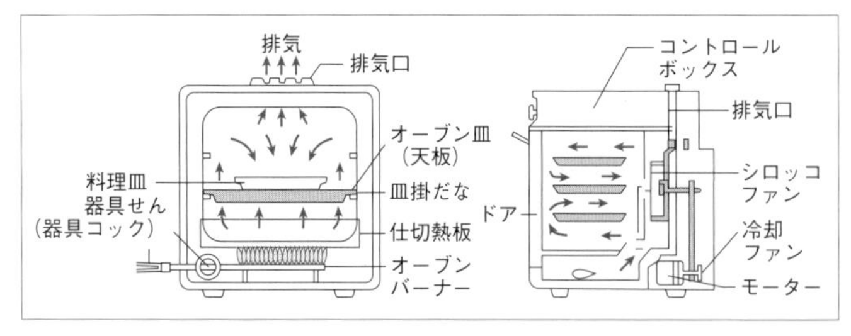

図 4.33　ガスオーブン

出所）渋川祥子・杉田浩一編：調理学，95，同文書院（1987）

自然対流式では天板を利用することにより熱せられた天板から伝導熱で食品の受ける熱が多くなるので，加熱は速いが温度むらを生じやすい。強制対流式は庫内に取り付けられたファンで強制的に熱い空気を循環させるので，火力が強く，温度むらが少なく，庫内の温度上昇も速く，予熱の必要もないので，時間と燃費の節約になる。また，調理時間は自然対流式の２分の１に短縮できる。

電気オーブン 庫内の上下にシーズヒーターがついたオーブンである。ガスオーブンに比べ，ヒーターからの放射熱があるので，自然対流式ガスオーブンに比べ，やや焼き時間が短い。電子レンジと一体になっているものが普及している。

スチームコンベクションオーブン（渋川 2002） オーブン機能に100℃以上の過熱水蒸気の噴射機能を追加し，温度コントロールを行えるようにした複合調理器で，蒸し加熱とオーブン加熱という２つの全く異なる加熱方法をあわせもつ。特徴として，蒸し加熱はもちろん水分の調節をしながらこげ色をつける焼き加熱，冷凍食品の解凍，解凍に続く焼き加熱，ゆで加熱などに利用できる。

＊ 炊飯後の保温 71±6℃で保温すると腐敗やデンプンの老化を遅らせることができるが，水分の減少，褐変，臭いの変化などがおこる。10〜12時間がおいしさの限界といわれている。

グリル・ロースター・ブロイラー 主に魚や肉を直火で焼く機器である。熱源が上部に取り付けてあり，赤外線バーナーやシーズヒーターの放射熱で魚を焼く仕組みになっている。受け皿に水をはることにより，煙がたちにくく手入れが簡単になる。

自動炊飯器 電気とガスを熱源とする炊飯器があり，ガス炊飯器は炊飯釜と燃焼部からなり，セットされた温度で炊き上がると感熱体が作動して保温に切り替わる。火力が強いので，大量炊飯に利用される。電気炊飯器はIH式炊飯器（図4.34）が主流になっており，マイコン内蔵式のものがほとんどである。炊飯後の保温＊は71±6℃になるように設定されている。また，炊飯時に加圧することにより好みの飯の状態にしたり，蒸らしのときに高温の水蒸気（ナノスチーム）をあてることで甘味・つやがあるふっくらとした飯ができるなど，いろいろな機能がついているものもある。

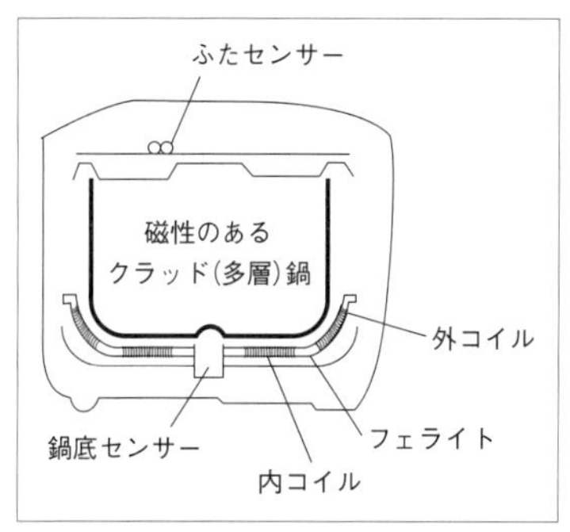

図 4.34 IH 式炊飯器

出所） 肥後温子・平野美那世編著：調理機器総覧，食品資源研究会，195（1997）

電子レンジ（大藪 2001） 電子レンジはマグネトロンと呼ばれる発振器から出た2450MHz のマイクロ波が食品へ照射され，そのエネルギーによる摩擦熱で加熱されるマイクロ波誘電加熱利用の機器である。温め・解凍の電子レンジ機能のみのものからオーブンやグリルスチーム機能を付加した機種，センサーつきのマイコンを組み込んだものなどがある。今までマイクロ波を均一化させるためにターンテーブルが使用されていたが，最近ではマイクロ波をアンテナでかく拌しながら照射する庫内底面が平らなものが増えている（図4.35）。その他，同時に

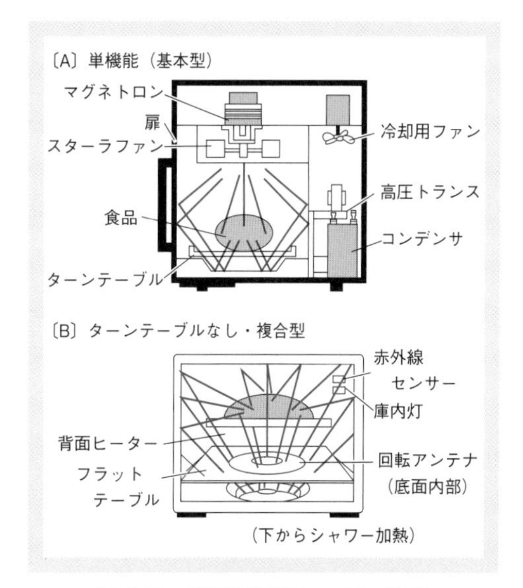

図 4.35 家庭用電子レンジの構造

出所） 和田淑子・大越ひろ編著：管理栄養士講座 三訂 健康と調理の科学─おいしさから健康へ─（第３版），建帛社，144（2016）

異なった複数の調理ができる機能や，プログラムが組み込まれた自動調理機能などを備えたものもある。

近年，温度と時間が制御できる家電調理加熱機器として，電気圧力鍋（コラム24）や低温調理器が普及しはじめている（渋川　2018）。

2)　熱源のない加熱機器

鍋　類　鍋は熱源からの熱を食品に伝える熱媒体となったり，食品の支持体となる器具類であり，最もよく利用されている。材質はアルミニウム，鉄，銅，ステンレス，耐熱ガラス，アルマイト，ほうろう加工，セラミックス，フッ素樹脂加工したものなどがあり，熱伝導率のよいものが用いられている。短時間加熱には熱伝導が高く，熱容量が小さいアルミニウム製など薄手の鍋が使用され，逆にほうろう製など厚手の鍋は熱容量が大きく温度変化が少ないので，煮込み料理に適する。使用目的，調理法，加熱時間，熱源などにより材質，大きさ，深さを考えて使い分ける必要がある。鍋の形によっても用途を変え，鍋の直径が大きく浅い鍋は蒸発量が多く，短時間用と考えられるが，逆に直径に比べて深い鍋は容量と比較して蒸発量が少ないので，長時間加熱の煮込み料理に用いられている。フライパンは焼くや揚げるなどの料理に向く。中華鍋は，底が丸く，炎が鍋底一杯に広がるので，熱効率がよく，焼く，炒める，煮る，せいろをのせて蒸すなど多目的に用いられる。

特殊な鍋類　一般調理用の鍋のように広く利用されていないが，特殊な目的や効果をねらって使用されている鍋として，圧力鍋,*1 文化鍋,*2 無水鍋,*3 保温鍋などがある。

圧力鍋は高圧で沸点が上昇するので，硬い肉（結合組織の多い肉）や魚の骨，玄米，乾燥豆類などの調理に向いている。また，魔法びんの原理を用いた保温鍋（コラム25）は省エネルギーの点から煮込み料理などに活用したい鍋である。

蒸し器　水蒸気を媒体とする加熱法（蒸す）に用いる器具で，下部で蒸気を発生させ，上部に蒸気が対流しやすい構造の蒸し器をおく。蒸し器には，

＊1 圧力鍋　家庭用では，内部圧力は0.6〜1.3kgf/cm^{2}で沸点は120℃前後まで上昇するので，調理時間が約3分の1に短縮される。安全弁や常圧にならないと開閉しないなどの安全装置が備えてあるが，高圧になるので取り扱いには注意が必要である。

＊2 文化鍋　中型のアルミ鋳物製で，ある程度熱容量がある（鍋の厚さがある）。煮炊きや煮込み料理にも向くが，炊飯に使われることが多い。

＊3 無水鍋　別名万能鍋ともいわれ，気密性の高い鍋で，一般的な煮込み料理に使用できる。その他，ふたをしたまま空だきすればオーブン代わりになり，中すを用いれば，蒸し器としても使えて，ふたは浅鍋やフライパンの代わりになる。

コラム 24　電気圧力鍋

電気圧力鍋は圧力鍋としての機能のほかに，数段階に温度調節ができること，その上，いくつかの調理について，自動的に加熱温度や時間を設定できることが特徴である。構造は，電気ヒーターの上に一定圧力まで蒸気を逃さない構造で加圧に耐える特定の鍋を重ねて一体化させたもので，その鍋の温度を感知して，ヒーターを自動的にマイコンで調節して加熱できるようにつくられている。庫内の温度は圧力加熱（120〜113℃），普通加熱（95〜90℃），低温加熱（85〜70℃），保温（63〜70℃）など数段階の温度設定ができるようになっている。また，タイマーも内蔵されているので，タイマーをセットすることで自動的に調節できる。これまでの圧力鍋と比べて，電気圧力鍋は温度と時間を設定すれば安心して操作できる便利な加熱機器である。

蒸気発生部と蒸し器が一体となった金属製のものがあるが，蒸気の抜けが悪く，水滴が蒸し器上部に溜まりやすい。せいろは杉板などの木製の曲げ物で，木製のため熱の保有率も大きく冷めにくく，水滴がつきにくい。中華せいろも竹製曲げ物で木製と同様の特徴がある。

(4)　保存用機器

1)　冷凍冷蔵庫

液体が気体になるときに気化熱を吸収する性質を利用して冷却するもので，冷蔵室に冷凍サイクルを取り付け，庫内を冷却する機器で食品の冷凍や冷蔵保存の用途が高い。冷凍冷蔵庫は大型化，多ドア化，多機能型が進んでいる。現在は，ミッドフリーザー・ファン式の冷凍冷蔵庫が主流になっている。中央部に冷凍室があるタイプをミッドフリーザーという。また，冷却方式はファン式（冷気強制循環方式）であり，冷却器で冷やされた冷気を，ファンで冷凍室と冷蔵室に吹き出す。強制的に冷気を送るので冷却能力があり，面倒な霜取り作業の必要がない。

また，食品の種類にあわせた温度管理を目的に，温度帯も冷蔵室（3～5℃），冷凍室（約－18℃）の他に野菜室[*1]（5～7℃），新温度帯室と呼ばれるチルド室[*2]（0℃），氷温室[*3]（－1℃），パーシャルフリージング室[*4]（－2～－3℃）と分かれている。家庭用の冷凍冷蔵庫では，食品の乾燥や緩慢凍結の問題があったが，野菜室内の湿度を85～90％に保つものや，－35～－40℃位まで急速冷凍できる機種もある。

2)　温 蔵 庫

庫内を60～80℃に保ち，料理が冷めないように保持するものである。

＊1 野菜室　野菜・果物は収穫後も呼吸しているが，冷蔵すると呼吸量が最小に抑えられ，エネルギーの消耗が少なく，鮮度の低下が抑制される。野菜は乾燥が大敵なので，庫内を85～95％の高湿度に保つ保湿機能が付いた機種もある。

＊2 チルド室　凍る直前の温度帯で，細胞を壊さずに保存できるので，果物，肉，魚などの生鮮食品のほか多くの食品に利用できる。

＊3 氷温室　チルド室より入れられる食品は限られるが，より長く保存できる。

＊4 パーシャルフリージング室　微凍結状態で保存するので最も長持ちするが，魚肉など凍ってよいものに限られる。

コラム 25　保温調理と保温鍋

保温調理とは，調理鍋を短時間火にかけ高温にした後，鍋ごと保温容器に入れて長時間高温状態を保ち，じっくり食材に火を通していく方法である。調理時間は短縮されないが，火にかける時間が縮小される。しかも，保温調理中は火を使わないので，高齢者や子どもがいる家庭でも安全・安心で，さらには省エネルギーであり，火加減などの手間も省け，時間が有効利用できる。また，鍋の保温力で加熱するので，焦げ付きや煮崩れしないし，味の浸透もよい。保温調理に用いられる鍋として，保温鍋がある。

保温鍋は「調理鍋」（内鍋）と「保温容器」（外鍋）の２つで構成されている（図）。調理鍋を短時間火にかけ，高温にした後，鍋ごと保温容器に入れるだけで長時間高温状態を保つことを利用し，じっくり火を通すことができる。

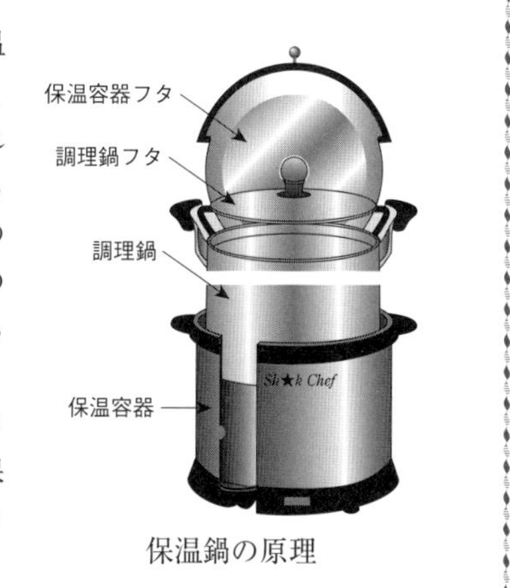

保温鍋の原理

3　エネルギー源

調理に使われる熱源として，石油，石炭，ガスなどの各種燃料，電気が使われる。

(1)　電　　気

電気はさまざまな調理器具のエネルギー源として，幅広く使用されている。電気は衛生的で各種の自動制御が可能である。エネルギー単価はやや高いが，熱効率はよい。近年，安全を目的に高層住宅，子どもや高齢者向けのオール電化住宅（コラム26）の調理用熱源として，電磁調理器の利用が多い。

(2)　ガ　　ス

調理用の熱源としては消費量が一番多い。都市ガスとプロパンガス（LPG）が使用されている。都市ガスは液化天然ガスが主原料で，ガス配管設備によって供給され，業者によって発熱量が異なる。比重0.5～0.8で空気よりも軽く空気中で拡散する。一方，プロパンガスは石油から採掘するときに発生するガスで，ボンベで供給され，発熱量が都市ガスに比べて大きい。比重約1.6で空気よりも重く，滞留すると爆発の危険がある。ガスは点火・消火が簡単である。エネルギー単価はやや安価であるが，熱効率は40～50％と低い。器具は安価で普及率が高い。

(3)　ガス，電気以外のエネルギー源

灯油，炭，薪などもエネルギー源として使われるが，主として野外や趣味的な使用である。炭は遠赤外線により，焼き物がふっくら中までよく焼け，食品表面に独特のこげの風味が加わる。

Ⅳ　新調理システム

レストランやホテル，病院などの大量調理・食品製造施設では，製品品質の向上・品質の安定化が重要な課題である。近年では，HACCP*（Hazard Analysis and Critical Control Points）の概念に則ることが求められている。した

＊ HACCP　危害分析・重要管理点方式のことで，ハセップ，ハサップ，エイチ・エイ・シー・シー・ピーなどの呼び方がある。原材料から製品に出荷までの各段階で混入する恐れのある，さまざまな危害の原因物質の確認や品質不良の発生を防ぐための工程ごとの合理的な管理を行い，安全性の高い製品をつくるシステムである。

コラム 26　高齢者向きの台所設備

加齢に伴い，身体的能力が衰えるため，安全でスムーズに調理作業ができる設計が必要となる。まず，出入り口に段差がない（バリアフリー），滑りにくい，調理操作がしやすく安全な調理機器であることがあげられる。また高齢になると背が縮み，腕も高く上げられなくなるので，調理台は70cm くらいの方が調理しやすく，腰掛けて作業することもあるので，調理台の下は空けておく必要がある。収納についてはつり棚は使いづらいので，壁などを利用して，目も手も届く範囲が望ましい。加熱機器はガスの場合はガス漏れ探知機や自動消火装置などの設置が必要となってくる。近年は安全で掃除が簡単な電磁調理器が普及している。

がって，これらの施設では真空調理システム（sous-vide system），クックチルシステム（cook-chill system），クックフリーズシステム（cook-freeze system）など新しい調理システムを積極的に取り入れている。真空調理やクックチルなどの新調理システムでは，ポリエチレンフィルム等で包装した食材を加熱したり冷却したりすることが多いため，２次汚染を防ぎ保存期間を長くすることができる。結果として調理作業を平準化することにより効率化を図ることが可能となり，人件費，光熱費などの削減に繋がることが期待される。

また，新調理システムは安全性を確保しながら栄養バランスを考えた嗜好性の高い料理を提供しうる調理法として期待され，これを用いたメニュー開発が積極的に行われている。図4.36に新調理システムのクックチル・クックフリーズ及び真空調理の流れを示した。

1　真空調理システム

1974年フランスの料理人で食肉加工業を営むジョルジュ・プラリュ氏がフォアグラの調理法に用いたのが真空調理システムの始まりである。

(1)　真空調理システムの原理

真空調理システムとは，食材を生のまま，あるいは下処理を施した後，調味液とともに真空包装し，湯せんやスチームコンベクションオーブンで加熱調理する手法である。真空包装をすると，パック内に残存する空気を少なくすることができるため熱伝達がよい。また，比較的低温（70℃以下）で調理

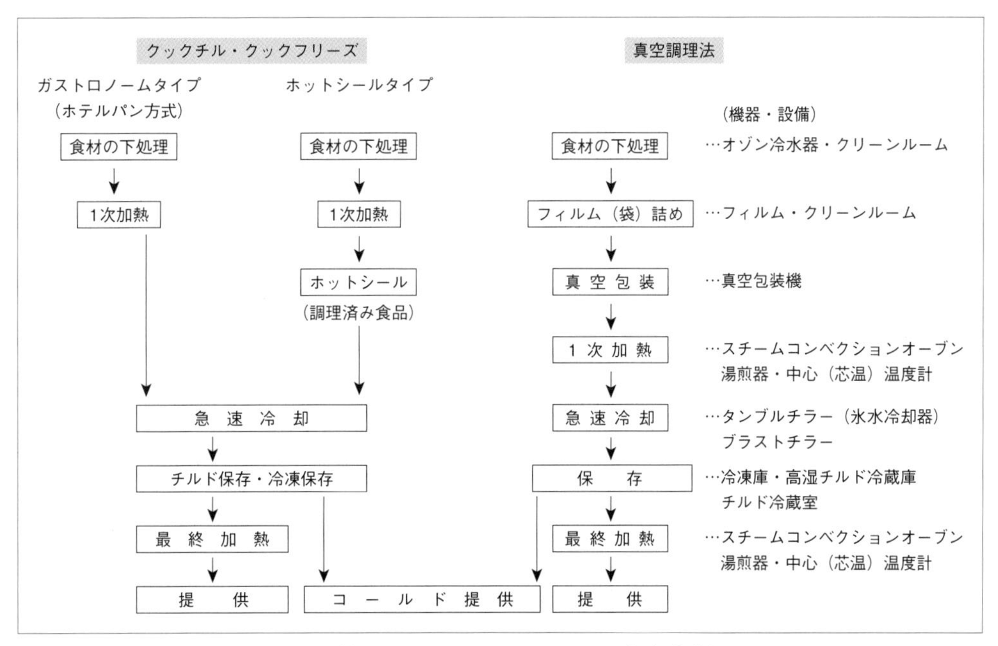

図 4.36　新調理システム―クックチルと真空調理―

表 4.16 食品素材別調理法の例

食品素材	加熱温度(℃)	中心温度(℃)	加熱時間
肉　類	58〜66	54〜66	30分〜72時間
魚　類	62	58〜60	10分程度
野菜類	85〜95	85〜95	15分〜60分

出所） 脇雅代：調理科学，22，190（1989）

するため，タンパク質の凝固やドリップの発生などが少ない。そのため，肉などを軟らかく，ジューシーに仕上げることができる。

(2) 調理法のポイント

表4.16に食品素材別の調理法の例を示した。肉類や魚類では，加熱温度を70℃以下とし，中心温度（芯温）が54〜66℃の範囲に収まるように調理する場合が多い。そのため，肉類では大きさや厚さにもよるが，加熱時間が長くなっている（低温長時間調理）。

ほとんどの素材に適用できるが，なかでも肉類の調理にはよく合う。野菜では特に根菜類に適している。

図4.36に示したように，所定の中心温度になった後，急速冷却あるいは冷凍した後，冷蔵あるいは冷凍保管し，必要に応じて再加熱して供食する。素材の風味やうま味を逃さず，栄養素の損失も少ないことに加えて，少量の調味料，香辛料で味や香りをつけられることも有利な点である。また，包装材料を選ぶことにより，酸化防止，歩留まりの向上が期待できる。ただし，焼き色を付けるといった処理は，包装前やパックから取り出した後に行う必要がある。

また，通常レトルトパウチ食品のような高温加熱をしないため，材料及び調理工程などにおける衛生管理が重要になる。

2 クックチルシステム

(1) クックチルシステムの原理

クックチルシステムは，1968年にスウェーデンの病院で開発されたもので，中心温度75℃で1分以上の加熱調理（Cook）をした料理を，加熱終了後30分以内に冷却を開始し，90分以内に0〜3℃にまで急速冷却（quick-cooling）して，低温のまま運搬，冷蔵保管（Chill）しておき，必要なときに再加熱（中心温度75℃で1分以上，ただしノロウイルス汚染のおそれのある食品の場合は85〜90℃で90秒以上）して供食する技術のことをいう。

(2) クックチルシステムの方式

冷却方法の違いからブラストチラー（blast chiller）方式（空冷システム）とタンブルチラー（tumble chiller）方式（水冷システム）がある。

ブラストチラー方式は，ブラストチラー（急速冷却器）を用いて－12〜－20℃の冷空気の強制対流により0〜3℃にまで料理を急冷し，これを0〜3℃の冷蔵庫に保管するもので，保存期間は通常製造日・提供日を含めて5日間である。焼き物，蒸し物料理に適した方法である。

一方，タンブルチラー方式は，シチュー，スープ類の場合は専用のスチームケトルで加熱調理し，ポンプを用いてパック充填する。肉，魚，野菜などの場合は下処理したものをパックして，専用のタンクで低温加熱調理したものをタンブルチラーで０〜−１℃の冷水中で急速冷却する。おおむね０〜−１℃の氷温冷蔵庫で20〜45日間保存できる。

(3)　クックチルシステムの利点と注意点

クックチルシステムはシチュー，野菜の煮物，スープなど液状の調理に適している。また，不向きな料理は，炒め物，和え物，パリッとした食感の求められる料理である。この方式は衛生管理が容易であり，温度と時間の管理により，PL 法*や HACCP への対応が容易である。また，少人数での大量調理が可能となり，調理作業の効率化や生産性の向上が期待できる。

さらに，必要なときに必要な食数の提供が可能なため，在庫管理（stock management）の効率化をはかることができることに加えて，メニューの多様化に対応しやすく，充実した選択メニュー制を構築することもできる。

一方で，再加熱後の時間経過に伴う品質の低下が，通常の調理法に比べて大きいので，再加熱後２時間以内に喫食することが望ましい。

＊ PL 法　製造物責任法。製品（加工食品）に欠陥があったり，利用のための表示の不備によって，消費者が生命・身体・財産に被害が生じた際に，製造者・販売者に損害賠償などの責任を追及できると定められた法律。

3　ニュークックチルシステム

病院などでは従来のクックチルシステムに対して，その問題点を改善したニュークックチルというシステムが採り入れられている。この方法は，まず芯温75℃以上に加熱調理した食事を急速にチルド状態（０〜３℃）にまで冷却し，そのまま保存しておいた後，チルド状態のまま盛りつけ，お盆に一人分ずつセットしてから再加熱カート（配膳車）に入れる，というものである。温かい料理はカートのなかで65℃以上に温められ，冷たい料理はそのまま10℃以下の冷たい状態で提供される。このシステムの導入により，配膳車内で最終的な加熱調理がなされるため，加熱終了から喫食までの時間を短縮することができ，最終加熱後２時間以内に，安全で，温かい食事を提供することが可能になった。ニュークックチルシステムは安全性・効率性・サービス性・快適性などを兼ね備えたシステムであるといえる。

近年では，インカートクックシステム*というさらに新しいシステムも開発されている。

＊ インカートクックシステム　IH 加熱カートを使用し，専用の食器とトレイを組み合わせて，レシピソフトと加熱プログラムをセットにした食事提供システム。トレイに食材を盛り付けた主食，主菜，汁物の食器を乗せ，そのトレイをカートに差し込み個別に自動加熱調理する。

参考図書

村山篤子・大羽和子・福田靖子編著：調理科学，建帛社（2002）
島田淳子・中沢文子・畑江敬子編：調理科学講座２　調理の基礎と科学，朝倉書店（1993）
肥後温子・平野美那世編著：調理機器総覧，食品資材研究会（1997）
和田淑子・大越ひろ編著：三訂　健康・調理の科学―おいしさから健康へ―（第３版），

建帛社（2016）
木戸詔子・池田ひろ編著：食べ物と健康 4　調理学（第 3 版），化学同人（2016）
山崎清子・島田キミエ・渋川祥子・下村道子・市川朝子・杉山久仁子：New 調理と理論，同文書院（2011）
谷孝之・金谷節子・長田銑司・川平秀一：真空調理ってなに？，柴田書店（2006）
中山由美子：IH クッキングヒーターについて，日本調理科学会誌，**39**(2)，171～175（2006）
渋川祥子：スチームコンベクションオーブン，日本調理科学会誌，**35**(1)，106～107（2002）
大藪一：最近の電子レンジと電磁調理器，日本調理科学会誌，**34**(2)，242～249（2001）
渋川祥子：温度と時間の制御できる家電調理加熱機器―電気圧力鍋や低温調理器―，日本調理科学会誌，**51**(6)，370～372（2018）

5　食べ物の機能と嗜好性

I　食べ物の機能と環境

2015年の国連サミットで採択されたSDGs（Sustainable Development Goals）は，持続可能な開発目標の略称で，国連加盟193カ国が2016年から2030年の15年間で達成するために掲げた目標である。その中の食との関わりをみると「2．飢餓を0に」のターゲットとしてすべての人が安全かつ栄養のある食糧を得ることができ，若年から高齢者までの栄養ニーズへの対処を行うことがあげられる。「12．作る責任・つかう責任」では，持続可能な環境を守るため，2030年までに小売・消費レベルにおける世界全体の一人当たりの食料の廃棄を半減させ，収穫後損失などの生産・サプライチェーンにおける食品ロスを減少させる。2020年までに，合意された国際的な枠組みに従い，製品ライフサイクルを通じ，環境上適正な化学物質やすべての廃棄物の管理を実現し，人の健康や環境への悪影響を最小化するため，化学物質や廃棄物の大気，水，土壌への放出を大幅に削減する。2030年までに，人びとがあらゆる場所において，持続可能な開発及び自然と調和したライフスタイルに関する情報と意識を持つようにする，とある。以上をふまえ，食べ物を扱う者として，食品・栄養に関する知識を持ち，環境問題を念頭に置き，倫理観を身に着け行動することが重要である。

1　食べ物の機能

(1)　食べ物の機能

食品の機能とは，食品自体の持っているさまざまな性質の中で，われわれ人間に対して果たす役割のことである。食べ物とは，食品[*1]に調理・加工の操作を加えてすぐに食べられる状態に調製されているものをいう。食べ物の特性には，栄養[*2]機能，感覚機能，生体調節機能の基本的特性と（図5.1），安全性，流通性等の付加特性がある。

1)　食べ物の1次機能（栄養機能）

基本的特性の第1の機能は，食べ物の主要構成成分である5大栄養素[*3]が体内で果たす栄養的特性をいう。1次機能の3要素として，生命維持，成長，活動を営むために必要な

＊1 食　品　栄養素を1種類以上含み，有毒・有害なものを含まない安全なものであり，摂取するのに好ましい嗜好性を持ち，ヒトの恒常性に寄与する生理的な成分を含む天然物質及びその加工品の総称をいう。

＊2 栄　養　生体が必要とする物質を，体外から取り入れて利用し，体の構成物質をつくり，また体内で物質が分解するときに生じる化学的エネルギーを利用した健全な生活活動を行っている営みをいう。

＊3 5大栄養素　栄養素とは，生体が生命現象を営むために対外から取り込む物質をいい，炭水化物，脂質，タンパク質，無機質，ビタミンがあり，これらを5大栄養素という。

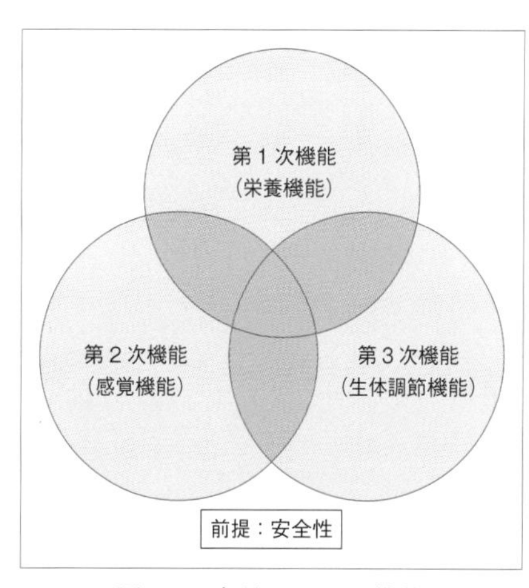

図5.1　食品の3つの機能

健康食品				医薬品
	保健機能食品			
いわゆる「健康食品」	機能性表示食品（届出制）	栄養機能食品（自己認証制）	特定保健用食品（個別許可制）	医薬品（医薬部外品を含む）

図 5.2　保健機能食品の概念

エネルギーの供給，体組織維持や成長に必要な成分の供給，体機能を調整し，代謝を円滑にするために必要な成分の供給がある。

2)　食べ物の 2 次機能（感覚機能）

食品成分や食品の組織がヒトの感覚器官に訴えておいしさを感じさせ精神的充足を与える機能をいう。味は味覚，色は視覚，においは嗅覚，テクスチャーは触覚，音は聴覚という感覚器官に働く。さらに，嗜好は，食文化，食習慣，個人的経験により変化するものである。

3)　食べ物の 3 次機能（生体調節機能）

栄養的役割や嗜好性には関係しないが，食べ物が病気の予防や健康の増進など生体の調節にかかわる生理的な働きをいう。たとえば，食物繊維は吸収されないが，その適度な摂取によって消化管の働きを活発にし，血中コレステロールを低下させる。このような体調リズムの調節をはじめ，生態防御，老化防止，疾患の予防・回復などが確認されている。

(2)　機能性食品

近年，単身者世帯の増加，食にかける時間の短縮による栄養バランスの偏りや各種ストレスにより，がん，循環器系疾患，アレルギー性疾患などが増加している。また，高齢化の急速な進行に伴い，医療費が増大していることから，3 次機能である，生体調節機能に多くの関心が持たれている。3 次機能の生体調節機能が期待できる食品，あるいはその機能を有効に発現できるように設計された食品が機能性食品（Functional Foods）である。

1)　保健機能食品＊1

＊1 保健機能食品　厚生労働省は「機能性食品」という概念は取り入れず「特定保健用食品（トクホ）」として扱い，2002年に規格基準型の栄養機能食品を追加し「保健機能食品制度」を導入した。

厚生労働省は，食品衛生法に基づき従来型の個別認可制の特定保健用食品と新たに規格基準型の栄養機能食品をあわせて保健機能食品とした。特定保健用食品は，1996年の栄養改善法改正に伴い，特別用途食品のひとつに新たに加えられ，食品に保健機能の表示を許可した食品で，一方，栄養機能食品は，体の健全な成長，発達，健康の維持に必要な栄養成分の補給，補完を目的とした食品で，ミネラル類 5 種，ビタミン類13種が基準にあわせて配合されたものである。

2)　特別用途食品＊2

＊2 特別用途食品のマーク

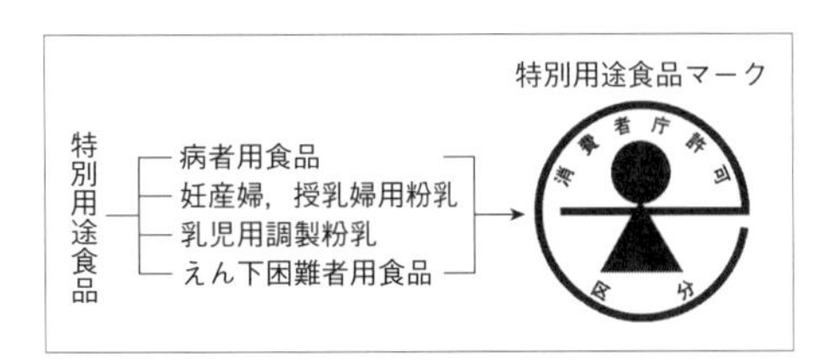

図 5.3　特別用途食品

栄養改善法（健康増進法）により規定された食品で，本来食品に含まれている栄養成分を増減し，乳幼児，妊産婦，高齢者など，および医学的に注意を要する人びとへの食事療法の素材として利用されることを目的としている。

3)　機能性表示食品

2015月４月からは，機能性表示食品が新たに追加された。目的は食品を摂取する際の安全性及び一般消費者の自主的かつ合理的な食品選択の機会を確保するため，食品衛生法，JAS 法及び健康増進法の食品の表示に関する規定を統合して食品の表示に関する包括的かつ一元的な制度である（現行，任意制度となっている栄養表示についても，義務化が可能な枠組みとする）。

2　調理の目的と役割（２次機能を高めるために）

(1)　調理の目的

1)　安全に食べやすく加工

食用に適さない部分を切断，磨砕など物理的加工を施し，消化吸収し食べやすい形態とし，また加熱殺菌効果を加え安全なものにする。

2)　栄養効率を高める

加熱や調味により化学的加工を施し，消化吸収しやすい形に食品を整え，栄養効率を高める。

3)　食事計画・献立

食品の取り合わせや順序を考え，献立を考えることにより，栄養バランスを整える。

4)　嗜好性を高める

食文化の背景もふまえ，味・香り・テクスチャー・盛り付け・温度など，味覚的や視覚的にも嗜好性を高め，精神的に充足したものにする。

(2)　調理の役割*

調はととのえる，理はおさめるという意味がある。調理の役割は，食品素材を整えて消化吸収しやすいかたちとして，食器に盛り付けセッティングすることすべて含む。一方，料理とは作ったものそのものを指す。表5.1に食品加工と調理の対比を示した。調理済み食品や市販の惣菜の普及により，家庭内調理と加工の区別はつきにくく，外食産業が調理したものを家庭内で食べる中食のような形態が多くみられるようになっている。

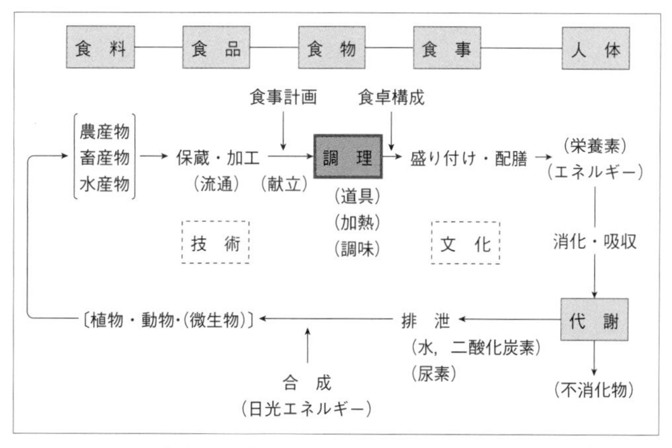

図 5.4　食物と人体のつながりにおける調理の役割*

3　食べ物と環境

地球温暖化・大気汚染・海洋汚染などの深刻な環境破壊は進み，ますます食生活の観点からも環境への負荷が少ない食

表 5.1　食品加工と調理の対比

	加　工	調　理
主 な 工 程	食品素材を食品につくり変える工程	食品素材や食品から食べ物をつくる工程
役　　割	低次の加工，一次・二次加工食品の提供	高次の食物化，すぐ喫食できる食物の提供
目　　標	新しい食品の開発	新しい料理の工夫
主たる場所	生産に近いところで行う	消費に近いところで行う
生　　産	少品種大量生産	多品種少量生産，多様な食材の消費
規 模・集 団	不特定の多数・集団対象 加工＝家庭あるいは家内工業的小規模 製造＝企業などによる大規模	特定の少数対象 家庭内の調理および外食や給食産業での調理
経　済　性	量産による経済性重視	経済性に主力をおかない
季節との関係	食材の季節的変動の緩和	食材の季節性重視
地域との関係	食材の地域的偏在性の解消	食材の地域性尊重
品　　質	品質の安定化	嗜好性優先
安　全　性	安全性確保	安全性確保
保　存　性	長期保存，生鮮食品の保存性の向上	短期消費，保存料の使用不要

出所）川端晶子・田村真八郎：食品調理機能学，建帛社（1997）を一部改変。

環境づくりを心がける必要が求められている。

(1)　フードマイレージ

日本の食生活は2018年度時点で食料自給率が37％（カロリーベース）と低く，輸入に依存している。輸入では，食べ物が収穫された土地から口に入るまでの距離（フードマイル）が長く，それに伴うエネルギー資源が多く消費されることになる。1994年，英国の消費者運動家ティム・ラングらが提唱し，「食料を遠距離運ぶと燃料を余分に使い，CO_2 排出量が増加するなどさまざまな環境負荷が増大する」との視点から，なるべく地域内で生産された農産物を消費することにより，環境負荷を低減させていこうという運動がフードマイレージ（food mileage）*である。

＊ フードマイレージ　生産地から食卓までの輸送距離と食品の輸送量（t·km）の積で表される。

図5.5に示すように2003年の日本のフードマイレージはアメリカの８倍の4000億 t・km であったが，その後の取り組みにより現在では減少しつつある。

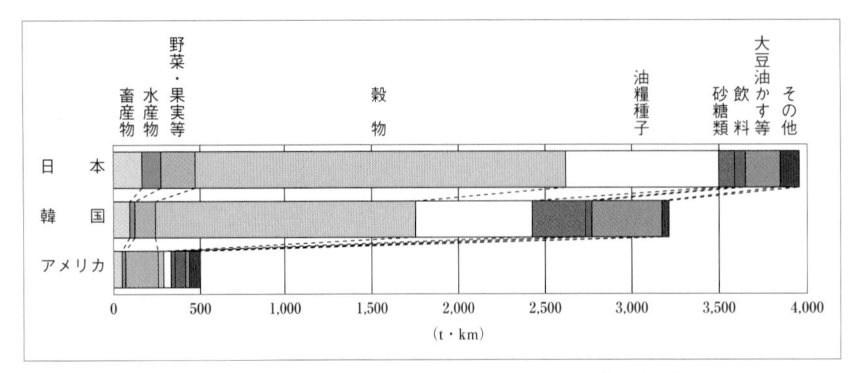

図 5.5　輸入食料品のフードマイレージ（１人当たり試算）

(2)　地産地消

流通における環境負荷を削減するため，地域で生産された産物をその地域で消費する地産地消運動が進められている。地産地消は①輸送距離や輸送時間が短く鮮度の良いものが入手できる。②同じ地域で生産者の顔がみえて安心感がある。③地域の産業を活性化し，環境にもやさしいなど，生産者・消費者・環境に利点があり，各地で道の駅などの取り組みが広がっている。

(3)　スローフード

20世紀後半，低コスト食材をチェーン展開による大量消費を行う「安い」「便利」「手軽」「早い」ファーストフードの対極の考えから，1986年にイタリアのブラ（Bra）という町からスローフード運動*1が生まれた。毎日の食生活の質を考え，ゆっくりと地域の食材をかみしめて本来の食事を楽しむという概念である。

*1 スローフード運動　この運動が世界に広がり，1989年にパリで「スローフード宣言」が採択され，①地域の食材を生かし，伝統食を見直そう，②地域の中小農業者を支えよう，③子どもたちに本物の食を提供しよう，という3つからなる。

(4)　エネルギー効率

エネルギー消費を抑える食生活の取り組みとして，エコクッキングがある。エコクッキングでは，食材の有効利用，水の消費節約，エネルギー源（ガス・電気）の節約を行うもので，食材の切り方や調理方法にも工夫が必要である。

また，加熱方法に関する研究*2も取り組まれている。

*2 加熱方法に関する研究　火加減と温度上昇の関係では，蓋をして加熱した場合，強火・中火では沸騰まで直線的に温度が上昇するが，弱火では80℃から漸減する。また，なべ底に合った熱源の利用や蓋の利用などによりエネルギー削減効果を得ることができる。

(5)　食品ロス

食生活の変化に伴う，食べ残し，生ごみなどの食品廃棄物及び食品容器や包装などの廃棄物の増加が大きな環境問題となっている。特に流通段階での売れ残り，バイキング形式等の外食における大量廃棄が世界の飢餓を賄えるほどの量にまで増加していることは大きな社会問題である。食品ロスとは食べられるのに捨ててしまうもののことを指す。2019年7月12日に「食品リサイクル法に基づく新たな基本方針」が公表され，食品関連事業者・消費者・地方公共団体・国が実施している具体的な取り組みは，①賞味期限の延長と年月表示化，②食品廃棄物等の継続的な計量，③食べ切り運動の推進，④食中毒等の食品事故が発生するリスク等に関する合意を前提とした食べ残した料理を持ち帰るための容器（ドギーバッグ）の導入，⑤納品期限の緩和などフードチェーン全体での商慣習の見直し，⑥フードバンク活動の積極的な活用，⑦食品ロスの削減に向けた消費者とのコミュニケーションと啓発活動である。また，エコフィードなど家畜のえさにする取り組みも実施されている。

(6)　食物連鎖

植物は太陽エネルギーを利用して光合成を行い，無機物から有機物を合成し，動物に食べ物を提供している。また，動物は植物が提供してくれたものを食べ物としている。動物には草食動物（1次）と肉食動物（2次）があり，人間は肉食動物の捕食者として3次高次消費者である。図5.6は食物連鎖を栄養連鎖としてとらえ，第1栄養レベルは植物，第2は草食動物，第3は肉

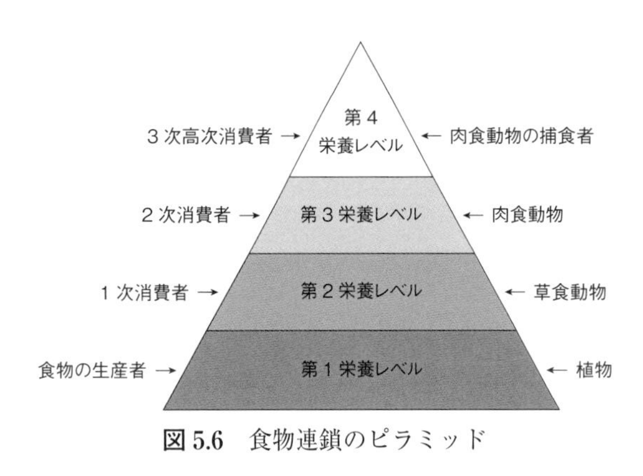

図5.6　食物連鎖のピラミッド

食動物，第4レベルの人間は地球環境の破壊によって生態系が崩れないようにしなければならない。食物連鎖の結果として，残留農薬，有害貴金属，放射線，マイクロプラスチックなどが生物体内に蓄積し，その濃度が外部環境に比べて高くなることを生物濃縮[*1]という。

Ⅱ　食べ物の嗜好性

1　おいしさの要因

食べ物のおいしさは図5.9に示すようにさまざまな要因によって左右される。これらの要因は食べ物の状態と食べる側の状態に分けて考える必要がある。

(1)　食べ物の状態からみたおいしさ

食べ物の「おいしさ」を食べ物の状態からみた場合，化学的な要因と物理的な要因が考えられる。

1)　化学的要因

化学的な要因には味覚で感知する味と，嗅覚で感知する香りがある。

味　食べ物の味としては，甘味，酸味，塩味，苦味，うま味を5基本味といい，それぞれ独立した味である。基本味[*2]とされる5つの味が口中に入ると，舌の表面にある味蕾と呼ばれる味細胞がそれぞれの味を呈する化学物質を感知（レセプター）し，また味覚神経を通じ大脳中枢に伝わり味として認識される（味覚）。

味の混合効果　基本味はそれぞれ独立した味[*3]であるが（図5.8），実際の調理において，食品素材に含まれる味と調味した味が融合し複雑に影響しあっている。また，それには，香りの存在も味に影響を与えている。

＊1 生物濃縮　生物が環境から取り入れた物質の中に体内で代謝によって蓄積されるもの，分解排泄されにくく，周りの環境レベルより高濃度になるものがある。ピラミッドの上に立つものほどその影響が受けやすくなるため，環境汚染には注意しなくてはならない。

＊2 基本味　1916年ヘニング（Henning, H.）は，甘味，酸味，塩味，苦味の4種類を4基本味とする「味の4面体」（図5.7）説を提唱した。現在はうま味を加えた5つの味を基本味とする説が主流である。

＊3 独立した味　1985年の国際シンポジウムで，うま味がヘニングの4面体の外側に位置している（図5.8）ことが確認され，うま味が独立した味であることが認められた。

コラム27　食物の変遷

縄文時代から栽培されていた農産物には，コメ，ダイズ，サトイモ，果実があり，日本人の食生活に深くかかわっている。特にコメは日本人の主食であるため，神にささげる酒，餅として祭られたり，石高として富の象徴であったり，調味料（酢・ミソ）の原料となったりさまざまな形態で食生活に溶けこんでいる。ダイズは肉食禁止に伴い，重要なタンパク質源として，豆腐，がんもどき，油揚げ，ミソ，ショウユなど和食の材料として重要であった。水産物は周りが海のため，魚，貝，は主菜となり，畜産物はイノシシ，野禽で乳の利用は大化の改新の頃とされる。もともとある野菜は，フキ，ウド，山菜で，ナス，カブ，ダイコンは奈良時代に渡来した。その後，南蛮貿易でカボチャが，明との交易でニンジンが伝来した。現在では，150種の野菜が食されている。

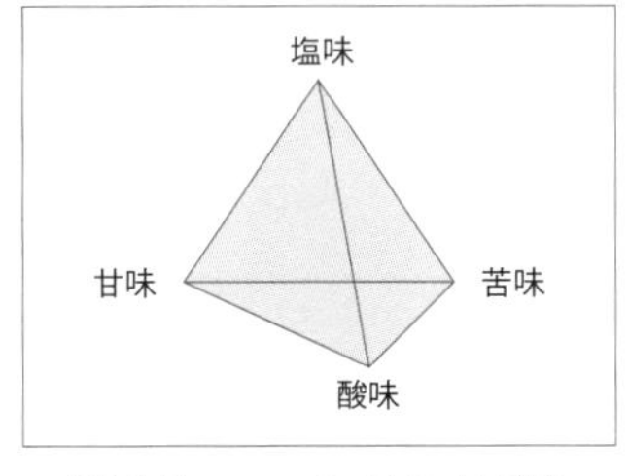

図 5.7　ヘニングの 4 面体

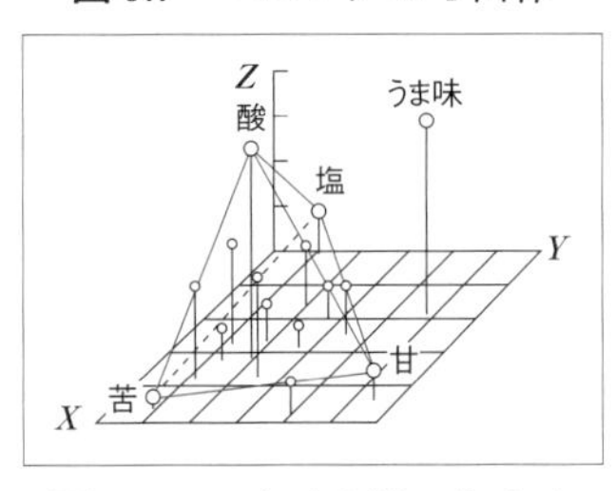

図 5.8　3 次元空間のうま味

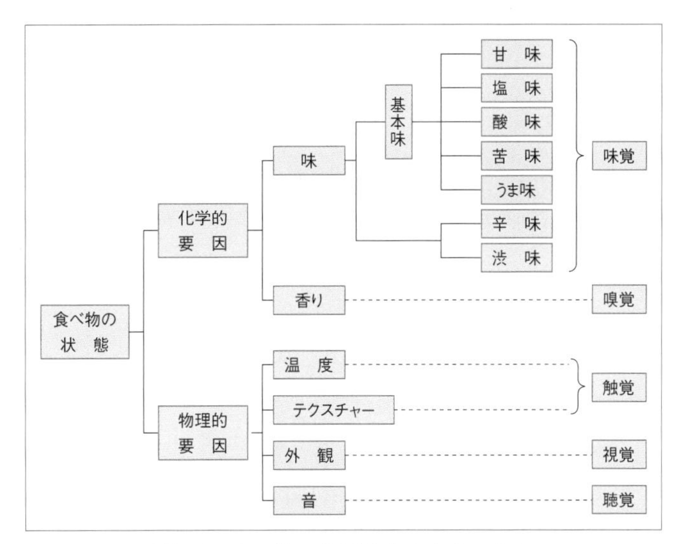

図 5.9　食べ物の状態からみたおいしさ

香り　食べ物の香りは食品自体が持つ香りと調理加工中に生じる香りがある。たとえば，バナナの香気成分は，酢酸イソペンチル，レモンの香気成分はシトラールである。また，食べ物を焼いたときの香ばしい香りは，アミノカルボニル反応によって生じる化学物質によるものである。香りを発する物質は分子量が小さく，揮発性成分なので，空気中に拡散して，ヒトが鼻腔（オルソネーザル orthonasal）を通じて感知する。また口中では，体温であたためられ，そしゃく（咀しゃく）中に感じる口中香（レトロネーザル retoronasal）がある。

2)　物理的要因

物理的な要因は視覚で感知する外観（色や形），聴覚で感知する音，触覚で感知する温度やテクスチャーである。

外観・色彩　「料理は目で食べる」といわれているが，暗いところで食べたり，目隠しされて食べても，おいしさは減少する。また，美しく盛り付けられた料理を見ただけで，おいしさを感じるし，食欲が出る場合もある。これは，インスタ映えなどの言葉が証明している。また，照明も青白い色の光よりも自然色の方がおいしそうに見える。

音　煎餅やクラッカーの砕ける音，そばをすする音などもおいしさを誘引するものである。

温度　温かいものは暖かく，冷たいものは冷たく，という言葉があるように適温*1もおいしさのひとつである。

テクスチャー　食べ物のテクスチャー（texture）とは，硬さ，粘り，なめらかさ，もろさなどの食感に関する性質を表す用語である。おいしさの要因のひとつであり，触覚で感知されるものである。Szczesniak によって行われた研究では，表5.2に示すように味，香り，テクスチャーはおいしさの3

*1 適　温　食べ物の温度に関するおいしさの目安は，体温±25〜30℃といわれている。すなわち，冷たい方がおいしい食べ物は10℃前後であり，温かい方がおいしい食べ物は70℃前後である。

表 5.2 食品の感覚評価を構成する要素

特　性	男性（%）	女性（%）
テクスチャー	27.2	38.2
フレーバー	28.8	26.5
色合い	17.5	13.1
外観	21.4	16.6
芳香*	2.1	1.8
その他	3.0	3.8

＊鼻からの香り

大要因である。松本（1991）の研究でも調理の専門家を対象とした調査研究を行い，食べ物について連想される言葉出しを行い，その用語が化学的な要因（香り，味など）と物理的な要因（外観・色・音・温度・テクスチャーなど）について分析した。その結果図5.10に示したように食べ物によって関与する要因が異なっていることが示された。たとえば白飯は，物理的な要因が化学的な要因の約３倍を占めており，逆にオレンジジュースは，化学的な要因が66%であった。

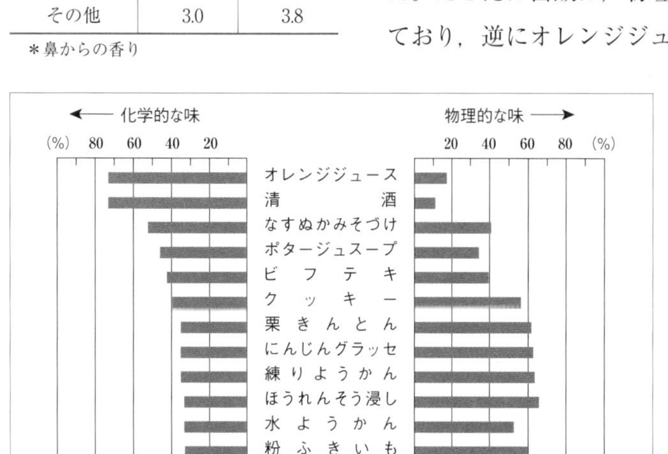

図 5.10 食べ物の「おいしさ」に寄与する化学的な味と物理的な味

出所）松本幸雄：食品の物性とは何か，20，弘学出版（1991）

(2) 食べる人の状態からみたおいしさ

食べる人の状態からおいしさに影響する要因を考える。図5.11に示すように，心理的要因，生理的要因，環境的要因に分類できる。

1) 心理的要因

おいしさの感覚に影響を与える心理的要因として，感情の状態があげられる。おいしそう，うれしい，などの状態では副交感神経が，極度の緊張や怒り，不安の状態では，交感神経が働き，胃腸に働きかけ，消化液の分泌に影響を与える。

2) 生理的要因

肉体的疲労時には甘味・酸味のものがおいしく感じたり，精神的疲労時には苦味のコーヒーがおいしく感じたりする。さらに，空腹では，血糖値が低下し，満腹の時よりも食べ物がおいしく感じ，寒い時には血流をよくするために塩分を欲したりすることもある。このように生理的要因によって，味覚閾値は微妙に変化する。食欲は大脳視床下部の摂食中枢と満腹中枢からなる食欲中枢に支配され，視覚，血液中の種々の物質の濃度や，胃腸の刺激等が大脳に伝わり，食欲中枢からの指令が摂食行動を左右している。また，子ど

コラム 28 新生児の味覚

イスラエルで行われた実験で，新生児に基本味である５つの味を口に含ませたところ，甘味とうま味は心地良い表情，塩味は無反応，酸味と苦味は顔をゆがませた。この実験より，甘味を感じる物質は主にエネルギー源であり，うま味はアミノ酸や核酸など身体を構成するタンパク質源なので，このような物質はおいしいと感じたと考えられる。一方，酸味は腐敗によって生じる酸のシグナル，苦味は配糖体などの毒の味ともいえるので，新生児は危険を認識したといえる。閾値でもクエン酸やカフェインはショ糖の10分の１で味を感じる。また生後120日位までは，塩味に対して反応を示さない結果も報告されている。

もの頃は香りに敏感なので，強い香りの野菜が苦手であったりするが，大人になるにつれ，香りの閾値が上がり，慣れによる順応効果も加わり，野菜に対する嗜好が変化することがよくみられる。

3）環境的要因

環境的要因は，空間の環境ともいえる食事をする場の雰囲気や食卓構成に関わる要因と，文化的環境といえる，食習慣や食文化のような習俗と深くかかわっている要因の２つがある。

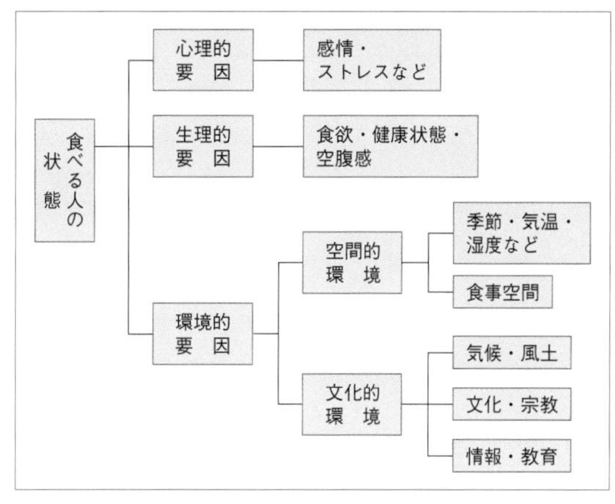

図5.11　食べる人の状態からみたおいしさ

空間的環境とは，季節・気温・湿度などの外部環境によってヒトの生理機能が影響されるために生じる要因である。また，食事の空間では，視覚に入る照明やしつらえ，嗅覚に関与する香り，聴覚に関与するヒトのざわめきや音楽などの音，触覚に関与する座り心地などである。

文化的環境には，その人が生まれ育った環境，すなわち気候・風土（図5.11），文化や宗教的要因がある。気候・風土により，地域の食材による郷土食はさまざまで独特の味付けや食習慣があり，慣れ親しんだ食がおいしさの要因（新規性恐怖*1）となることが考えられる。

文化や宗教は，民族特有の文化があり，その文化によって培われた食文化がある。多くは，宗教的タブーからで，代表的なものに，ヒンズー教では牛は聖なるものとして食べない，イスラム教では豚は不浄なものとされる，など，宗教上の理由で食べられない食材はおいしさの対象とはならない。

さらに，現在は情報社会である。情報を与える（機能性がすぐれている，一流店のものである，価格が高いなど）ことによって，その食品の価値が上がり，よりおいしく感じることがある。世界文化遺産となった日本食も外国人にとって馴染みのないものであったが，現在はブームになっていることからも窺える。

*1 新規性恐怖 neophobia 食する習慣のない食べ物を食べる恐怖心から，おいしさを感じないというもの，たとえば汁物を食べる習慣のない国の人はお吸い物をおいしく感じない，など。

2　おいしさを構成する食品成分・物性

食べ物のおいしさである味*2や香りなどの化学的要因，色やテクスチャーなどの物理的要因は食品の成分から構成されている。食べ物の成分には食品固有の成分と，調理加工の過程で生じるものがある。

(1)　香気成分

食べ物の香気は食品固有の香気と調理・加工から生じる香気に分類される。食品固有の香気成分として，代表的なものを表5.3に示した。食品の香りを特徴づける成分をキーコンパウンドというが，バナナは酢酸イソペンチル，

*2 呈味成分の測定　甘味：屈折糖度計，還元糖の定量
塩味：塩分濃度計，塩素の定量
酸味：pHメータ，pH試験紙，総酸の定量
うま味：アミノ酸の定量，核酸の定量
苦味：タンニン，カフェインの定量

表 5.3　食品香気のキーコンパウンド

食　品	キーコンパウンド
バナナ	酢酸イソペンチル
グレープフルーツ	ヌートカトン
レモン	シトラール
メロン	*cis*-3-ノネノール
キュウリ	2, 6-ノナジェナール
ジャガイモ（煮）	メチオナール
シイタケ	レチオニン
ピーマン	2-イソブチル-3-メトキシピラジン
ジンジャー	ジンゲロン
バニラ	バニリン

出所）小川香料資料等より作成。

レモンはシトラールである。調理・加工で生じる香気成分の代表的なものは，ショウユやミソの香気成分，パンやケーキなどのベーカリー製品の香気がある。この調理・加工で生じる香気はタンパク質由来のアミノ酸と炭水化物や脂質由来のカルボニル基によるアミノカルボニル反応によるものである。また焦げることによる香ばしい香りはピラジン（ゴマ油の香り）類である。これらの香ばしい香りは，おいしさを増強させると考えられている。反対に悪い香りは，おいしさを呈味成分の量よりも減退させる。香気成分の測定はガスクロマトグラフィーで分離同定される。

(2)　呈味成分

食べ物の呈味成分は香気成分と同様食品固有の成分と，調理加工の過程で生じる成分に起因するもの，添加される調味料に起因するものなどがある。

1）甘　味

a　砂　糖

砂糖の主成分であるショ糖は甘味を付与する代表的な調味料である。ショ糖は立体異性体がないので，温度や溶解後の経過時間で変化がなく，甘味度が安定している。甘味度が高く，溶解度も高く溶けやすいことから菓子や飲み物に使用される。主な甘味物質の種類と用途を表5.4に示した。製法，精製度，色などにより多くの種類がある。最も純度の高いものはグラニュー糖であるが，むしろ上白糖や三温糖の方が，口溶けが良く，甘味を強く感じる。また，黒糖は独特の風味がある，など目的によって種類を使い分けることがよい。果糖やブドウ糖には立体異性体の α 型と β 型があり，型によって甘味度が異なる。特に果糖では，甘味度は β 型が α 型の約 2 倍で，水溶液中では平衡を保っているが，低温になると β 型が増加するため甘く感じる。果物を冷やして食べると甘く感じるのはこのためである。

表 5.4　甘味物質の種類と用途

甘味物質		甘味度 スクロース	用　途
一般的な甘味物質	グルコース（ぶどう糖）	α, 0.75 β, 0.5	粉末ジュース
	フルクトース（果　糖）	α, 1.0～1.5 β, 1.8	高級菓子 清涼飲料
	スクロース（ショ糖）	非還元性糖 1.0	食品加工，菓子家庭用
	イソメロース（異性化糖）	0.7～1.2	清涼飲料 ジュース
	マルトース（麦芽糖）	0.4 まろやか	和菓子 注射剤
	ラクトース（乳　糖）	0.15	
低カロリー・ノンカロリー甘味剤	ソルビトール	0.6～0.75	ビタミンCの原料 パンの品質改善
	マルチトール（還元麦芽糖）	0.6～0.8	シュガーカット，マービーなど
	ステビオサイド（ステビオ抽出物）	100～200	ダイエット食品 漬け物
	アスパルテーム	200～230	炭酸飲料 糖尿病患者用
その他	カップリングシュガー	0.5～0.6	非結晶の水あめ状菓子 あん
	パラチノース	0.42	キャンディ チューインガム
	オリゴ糖	0.5～0.6	腸内菌叢改善 ダイエット食品

出所）品川弘子・川染節江・大越ひろ：調理のサイエンス，18，学文社（2001）

砂糖の調理特性

甘味料としての働き　砂糖は，ショ糖濃度が高いので，調味料としてさまざまな料理に甘味を与えている。また，コーヒーの苦味や酢の物の酸味を被覆し味をまろやかにする。

溶解性　砂糖の主成分であるショ糖には，親水性基（OH 基が多い）があり，溶解性[*1]が大きく水によく溶ける。そのため，クッキーなど生地は軟化し焼成により膨化し，脆いテクスチャーになる。

微生物の繁殖抑制　食品中に溶解した砂糖は水分活性を低下させ，浸透圧を高くするため，微生物の生育を抑えて，腐敗しにくくする（砂糖漬け，ジャム，羊羹など）。

油脂の酸化防止　高濃度の砂糖溶液は，酸素が溶けにくいため脂肪が多い食品でも酸化が抑制されて酸化臭が発生しにくい（クッキー，バターケーキなど）。

デンプンの老化抑制　デンプンの老化に必要な水を砂糖が吸収するため，遊離水の少ない状態になり，軟らかさを保って老化を遅らせる（カステラ，求肥など）。

物理性の改善　きんとんは，砂糖を加えることで粘りや光沢（つや）が出る。寒天ゼリーやゼラチンゼリーでは，砂糖の添加量が多いほど透明度が高くなり，ゼリー強度を増す。ジャムは果実中のペクチンが砂糖によりゲル化しゼリー化する。

タンパク質の変性[*2]抑制　親水性の高い砂糖が水と結びつくとタンパク質の凝固温度が上昇する（カスタードプディング）。また卵白の泡立てを遅らせ，泡の安定性が増す（メレンゲ）。

イースト発酵の栄養源　パン生地を作る前段階として，ぬるま湯中に栄養源としての砂糖を加え，イースト発酵を助けることができる。

砂糖の加熱による変化

砂糖の過熱による変化は，97ページに示したが，加熱により砂糖溶液の色，香り，粘度が変わることを利用してさまざまな砂糖調理ができる。表5.5に砂糖溶液の加熱温度と菓子への利用例を示した。フォンダンは，糖衣やザッハトルテなどの菓子に利用される。フォンダンの砂糖溶液をさらに温度が高く（115～120℃）なってからかく拌すると硬くなる（かりんとう）。120～135℃では，キャラメルやヌガー，130℃以上になると

*1 溶解性　20℃におけるショ糖の溶解度は67.1％で，温度が高いほど，結晶が小さいほど溶解度は上昇する。

*2 タンパク質の変性　タンパク質の熱変性や表面変性には分子鎖を変形させるために水が必要である。そのため親水性の高い砂糖と水が結びつくとタンパク質の凝固温度が上昇するので熱変性が遅れる。そのためすだちは起こりにくい。卵白の泡立ても砂糖が卵白の水と結びつき泡立ちにくくなるが，泡立て後に砂糖を加えると卵白の表面変性を遅らせきめ細かな安定性の良いメレンゲとなる。

表 5.5　砂糖溶液の加熱温度と調理例

煮詰め温度（水銀温度計）（℃）	菓子への利用例
100～105	シロップ
106～110	フォンダンクリーム
115～120	砂糖衣・キャラメル
128	トフィー
140～150	抜糸：銀糸
160～165	抜糸：金糸
165～180	べっこう飴
170～190	カラメル
190～200	着色用カラメル

コラム 29　アミノカルボニル反応

アミノカルボニル反応は，発見者の名をとりメイラード反応（Maillard reaction）ともいわれている。アミノカルボニル反応は加工・調理の際に食品中のアミノ化合物（アミノ酸，ペプチド，タンパク質，アミン類など）とカルボニル化合物（還元糖など）が反応して最終的に着色化合物のメラノイジンを形成し，褐変する反応である。特に高温で塩基性アミノ酸の反応が起こりやすい。

ショ糖の一部が分解し，ブドウ糖と果糖の混合液となり，転化糖となる。転化糖は結晶ができにくいので，透明感を出すことができる。140～165℃に加熱すると飴状に糸を引く抜糸（バースー）となり，低温（140～150℃）の方は銀糸，高温（160～165℃）では黄色に色付き金糸という。糖衣を作るとき，西洋では，酒石酸またはレモン汁を，中国では食酢を加えることにより早く転化糖を作り結晶化を防ぎ透明感を出す工夫がされる。さらに加熱して170～190℃になると分子間の重合がおこり（カラメル化反応）甘味が減少して褐色になる。褐色のカラメルはカスタードプディングなどの製菓用やコンソメスープなどの着色に用いられる。

b　ミ リ ン

ミリンとして市販されているものには，本ミリンとミリン風調味料がある（コラム32）。いずれも酒類特有の調理効果を生み出し，煮物などで砂糖とともに用いると味を良くして表面に照りやつやを出し，臭みを消して香りをつける効果がある。また，アルコールを含むことで，アミノ酸，糖類，有機酸などのおいしさを材料にしみ込ませることもできる。主成分はブドウ糖で糖度は33%と砂糖の３分の１と低いため，砂糖の代わりに甘さをつけるときは，約３倍必要となる。煮切りミリン*として使用することもある。

＊ 煮切りミリン　→97ページ側注参照。

2)　塩　　味

a　食　　塩

食塩は食物に塩味をつける料理に欠くことのできない代表的な調味料である。日本で最も使われている食塩は NaCl が99%以上で，水溶液中では，Na^+ と Cl^- に解離して電解質になり，Cl^- が塩味を Na^+ はかすかな苦味を有し，Cl^- の味を強めている。また，食塩は生理的に重要な物質で，生体内において体液の濃度調節，神経・筋組織の興奮などに作用している。一般においしく感じる塩味の濃度は，体液の浸透圧（0.85%）に起因しているので，この付近の塩分濃度で調味されているものが多い（表5.6）。食塩の調理特性を次にあげる。

表 5.6　主な食品の塩分濃度

食品	食塩濃度（%）
汁物	0.7～1.0
煮物	1.5～2.0
和え物・酢の物	1.2～1.5
魚・肉のふり塩	1～2
生野菜のふり塩	1.0～1.5
食パン	1～2
マヨネーズ	1.8～2.3
バター・マーガリン	1.9～2.0
漬け物	2～10
佃煮	5～10
塩辛	10～15

出所）和田淑子・大越ひろ：健康・調理の科学，116，建帛社（2004）

塩味の付与　調味料としての働き。

防腐作用　多量の塩分（５～10%）で微生物の繁殖が抑えられる。

脱水作用　浸透圧の作用で水分が引き出される。また，魚にふり塩をすると，細胞中の水分が引き出され，水分とともに匂い物質が排出されることにより臭気を除去できる。

タンパク質の熱凝固　希釈した卵液に食塩を加えると熱凝固性を促進してすだちにくくなる。

タンパク質の溶解　塩によって塩溶性タンパク質が溶解し，会合しやすくなる（アクトミオシン形成）。

グルテンの形成促進 小麦粉生地に食塩を添加するとグルテンの形成を促進し，生地の粘弾性が増大する。

粘質物の除去 サトイモのぬめり，貝類のぬめりを除去する。

豆腐のすだち・硬化防止[*1] 湯豆腐のゆで水に食塩（1％以下）を加えると，豆腐の収縮硬化が防止される。

酵素作用の抑制 果物や野菜ジュースなどに含まれるアスコルビン酸酸化酵素の活性を抑制する。

b ショウユ

ショウユは，ダイズまたは脱脂ダイズとコムギを原料に，麹菌と食塩を加えて発酵させた調味料である。熟成期間中にグルタミン酸をはじめ，各種のアミノ酸や有機酸などの呈味成分が合成され，原料から特有の香気成分と，アミノカルボニル反応による着色物質が生成される。加熱調理でショウユの風味を生かすには，仕上げ段階に加える。[*2]産地によってさまざまな種類のショウユ[*3]がある。ショウユの調理特性をつぎにあげる。

加熱による褐変と香りの生成 しょうゆに含まれるアミノ酸はミリンや砂糖とともに加熱するとアミノカルボニル反応により特有の色と香りを発生する。

消臭効果 醸造香により，肉類の臭みを消す効果がある。

食品の硬化 ジャガイモやダイコンなどでは，ペクチン[*4]に作用して食塩よりも品質を硬くする傾向がある。

c ミ ソ

ミソ[*5]は蒸したダイズに麹と食塩を加えて発酵，熟成させた醸造調味料である。原料の麹により米ミソ，麦ミソ，豆ミソに分類され，地方色豊かな多くの種類と特徴がある。それぞれのミソに独特の香り，色があり，汁物，煮物，焼き物，和え物などの料理に広く利用されている。表5.7にミソの種類を示した。ミソの調理特性をつぎにあげる。

芳香性 ミソは加熱により新しい香気成分が生じ，風味を向上させる。

消臭効果 ミソのコロイド粒子（タンパク質）によって食材の好ましくない

＊1 豆腐の硬化防止 豆腐は加熱（80℃以上）すると硬くなる（凝固剤のCaなどの影響）。0.5〜1.0％程度の食塩を添加した湯中で加熱すると，硬化が抑制される。

＊2 さしすせそ →96ページ側注参照。

＊3 ショウユの種類 濃口，薄口，たまり，しろなどがある。塩分濃度は濃口，たまり，しろは約15％であり，薄口（16％）よりも低い。その他に減塩しょうゆ（10％以下）がある。

＊4 ペクチン 植物細胞の細胞壁や中葉に存在するポリガラクチュロン酸で消化酵素の作用を受けない食物繊維である。硬くなるのはショウユ中の有機酸の作用で，弱酸性で分解しにくい性質をもつ。

＊5 ミ ソ 2種類のみそを併せる（合わせみそ）と新しい風味が生まれる。また，みその粒子は粗いものほど沈殿しやすいので，よくすりつぶして用いると，細かいコロイド溶液となり口当たりを向上させるが，加熱しすぎると凝集して舌触りが悪くなり，風味も失われる。

表5.7 ミソの種類

種 類		食塩濃度（％）
米ミソ	甘ミソ	6.1
	淡色辛ミソ	12.4
	赤色辛ミソ	13.0
麦ミソ		10.7
豆ミソ		10.9
乾燥ミソ		23.9

コラム30 本ミリンとミリン風調味料

本ミリンは，焼酎にモチ米と米麹を加えて仕込んだ酒類調味料で，熟成に伴い糖質（約44％）やアミノ酸，アルコール（14％）などが生成されるので，酒税法の適用を受ける酒類である。一方，ミリン風調味料は，水飴やブドウ糖などの糖類，アミノ酸，有機酸などを混合したもので，アルコール分が1％未満で酒類ではない。ミリン風調味料はうるち米を麹で糖化し，酵母でアルコール発酵後，食塩，糖類，アルコールなどを混合したもので塩分を2％加えることで酒類の適用除外となっている。本みりんのアルコールを煮切ってとばし，煮切りミリンとして，伊達巻卵や照り焼きのてりを出すのに使われるが，ミリン風調味料では，煮切ると調味効果が低下するので行わない。またミリンの糖の主成分はブドウ糖で浸透が速い。

臭気を吸着・消去する働きがある。

＊1 緩衝作用　→99ページ参照。

緩衝作用　ミソは，緩衝作用が[＊1]があるので，味をまろやかにする。

乳化性・分散性　乳化作用があるので，練りミソなどの調味ミソとして利用される。

3) 酸　味

＊2 酸　味　酸味は食欲増進と栄養素の消化を助ける生理作用がある。また，減塩効果や疲労回復効果も期待される。

解離して生じたH^+によって酸味[＊2]を感じる。酸味料は醸造酢と柑橘類が主である。いずれの酸味料を使用するにしても，単独で調味することは少なく，二杯酢，三杯酢，ドレッシングなどに調合して使用することが多い。

a　醸造酢（食酢）

醸造酢は3～5％の酢酸が含まれており，このほかに酒石酸，コハク酸などの有機酸や，発酵などにより生じた各種アミノ酸，糖類などを含むことで，うま味や風味がまるみを与え，食べ物にさわやかな味と芳香を与える。食酢には穀物酢と果実酢があり，日本では穀物酢が，欧州では果実酢が多く生産されている。表5.8に醸造酢の種類と特徴を示した。

食酢の調理特性をつぎにあげる。

防腐・殺菌効果　pHが低い（酢の物でpH3.5～4.2）ので，微生物の繁殖を抑制する。さらに食塩を添加するとその効果は強まる。

タンパク質の変性　食塩で締めてから，酢に浸漬するとタンパク質は変性凝固して白く（不透明）になる。ポーチドエッグでは，熱凝固を促進する。

＊3 コンブと酢　コンブの煮物に酢を加えて加熱するとコンブ中のアルギン酸が軟化するため，軟らかく煮える。

テクスチャーの変化　レンコンなどの根菜類のゆで水に酢を加える（3％程度）と，ペクチンの分解を抑制して歯ざわりをよくする。コンブ[＊3]は酢により軟らかくなる。

色どめ　レンコンやカリフラワーをゆでるときに，フラボノイド色素の褐変を抑制して白くする。

発色・変色　ショウガ，ミョウガ，紫キャベツなどのアントシアニン色素は紅色に発色する。キュウリのピクルスでは，クロロフィルを褐色のフェオヒィチンにする（退色）。

酵素活性の阻害　レンコンやウドなどの酸化酵素（ポリフェノールオキシダーゼ）の活性が阻害される（褐変防止）。

魚臭の抑制　魚を酢洗いして魚臭を除く（アミン類は酸と結合すると臭いがなくなる）。

表5.8　醸造酢の種類と特徴

種　類	酢の濃度＊（％）	主原料	用　途
米　酢	4.5	コ　メ	すし酢
穀物酢	4.2	穀　類	一般料理
リンゴ酢	4.7	リンゴ	ドレッシング
ワインビネガー	5.0	ブドウ	ドレッシング

＊：酢酸量として表示

b　柑橘系の果汁

レモン，ユズ，スダチなどの柑橘類の果汁は，果実特有の芳香と風味を持ち，味を引き立て料理に季節感を与える。二杯酢の半分量を柑橘類の果汁に替えたポン酢はさまざまな用途に用いられる。

4）うま味

うま味は他の基本味とは別次元の味で，単独では強い味ではないが，その他の基本味を増強したり，幅（アンプリチュード）をもたせたりするものである。アミノ酸のグルタミン酸やアスパラギン酸，核酸のイノシン酸，グアニル酸，有機酸のコハク酸を単独でなく，２種以上一緒に用いたときに相乗効果が発揮され，料理の味を引き立てる味となる。日本人は吸い物で親しんできた味であり，日本料理に欠かせない各種だし，中国料理の湯，西洋料理のブイヨンやフォンの味でもある。

a　うま味成分の抽出（だし）

うま味成分を多く含む食品を煮たり，水に浸して汁に食品のうま味成分を溶出させたもので，汁物やスープ類及び煮物などに幅広く使われ，料理のおいしさのベースになるものを「だし[*1]」という。うま味成分を含む食品には，カツオ節，煮干し，獣鳥肉または魚介類とこれらの骨などの動物性食品とコンブ，干しシイタケ，香味野菜などの植物性食品がある。また，日本料理，西洋料理，中国料理に使用されるだしは，材料の違いからそのうま味成分も異なり，それぞれ独自のうま味をもっている。それぞれの料理に使われるだしの材料と主なうま味成分を表5.9に示した。だしのとり方には，煮出してとる方法と水に浸してとる（水出し）方法とがある。いずれも鮮度の良い材料を使って，風味が悪くなったり，汁ににごりが出たりしないように注意してとる。[*2]

＊1 だ　し　→93ページ側注参照。

＊2 だしのとり方　①コンブ，獣鳥肉類，魚介類，干しシイタケなどは水から入れる。
②カツオ節は沸騰直前に入れる。
③加熱中は蓋をしない。
④ぐらぐら煮立てない。
⑤加熱中に出るアクは取り除く。
⑥加熱中は材料をかき混ぜない。

5）苦　味

苦味は，先天的には嫌悪されるものであったものが，食することにより疲れが取れたり，何らかの薬理作用があったりしたものが後天的に好んで食されている味でもある。第3次機能が期待できる成分が多く，代表的な苦味食品と成分は，「コーヒー」カフェイン（アルカロイド），タンニン（ポリフェノール），「ビール」ホッ

表 5.9　だしの材料と主なうま味成分

	名称	材料	汁に対する使用割合（%）	主なうま味成分
和風だし	かつお節のだし	削りかつお	2～4	イノシン酸
	昆布のだし	昆布	2～4	L-グルタミン酸
	混合だし	削りかつお 昆布	1～2 1～2	イノシン酸 L-グルタミン酸
	煮干しのだし	煮干し	3～4	イノシン酸
	精進だし	干し椎茸 昆布	3～4 1～2	グアニル酸 L-グルタミン酸
洋風だし	ブイヨン スープストック フォン	牛すね肉，鶏ガラ，魚のいずれか 香味野菜（セロリ，ニンジン，タマネギ，パセリなど） 香辛料	30～40 20	イノシン酸 L-グルタミン酸
中華風だし	素湯（スータン）（精進料理）	干し椎茸 （キャベツ，ハクサイ，ダイコン，ニンジン，タマネギのうち2～3種類）	3 30	グアニル酸 L-グルタミン酸
	葷湯（ホンタン）	鶏肉，鶏ガラ，豚肉，干し貝柱，干しアワビ，干しむきエビ，ネギ，ショウガなど	30	イノシン酸 L-グルタミン酸 コハク酸

出所）表5.6と同じ，115（2004）

プ・フムロン（イソフムロン，ルプトリオン）（テルペン），「ブロッコリー」ケルセチン（ポリフェノール），「ピーマン」ルテリオン（ポリフェノール），「ゴーヤ」ククルビタシン（テルペン），「レバー」胆汁等があげられる。

6）　渋味・辛味

辛味は味覚神経ではなく，痛覚と同じ三叉神経を介した味であるが，渋味は収斂味とともに苦味と共通のレセプターを通る味もあり，苦味物質と同様の味を感じると考えられる。辛味はトウガラシのカプサイシン，ショウガのジンゲロンやショウガオール，渋味はタンニン系のカキのシブオール，茶カテキンと茶タンニン等である。タンニンはポリフェノール類であり，第3次機能が期待されている。

7）　味覚の相互作用

呈味成分を単独で味わうことは少なく，食品素材から引き出される呈味成分と調味料などの呈味成分が混合されて味が相互に作用して変わることを味*の相互作用という。表5.10に味の相互作用について示した。この中で料理をおいしくするために活用したいのがうま味の相乗効果である。図5.12に相乗効果の効果的な配合比率の図を示した。

＊味　基本味はそれぞれ味を感じる最小濃度（閾値）が異なっている。これを閾値という。甘味であるショ糖は，0.3%，クエン酸は0.002%，食塩は0.1%，カフェインは0.006%，グルタミン酸ナトリウムは0.03%程度である。

(3)　風味を補強するその他の調味料（酒・香辛料）

1）　酒

調味料としての清酒やワインは，特有の香りやうま味を持ち，照りやつやを出したり，臭みを消したりして，料理の風味を増強する効果がある。調味料として用いられる酒類の種類と用途を表5.11に示した。

2）　香 辛 料

香辛料は大きく分けると，スパイスとハーブがある。スパイスは芳香性植

表5.10　味の相互作用

分類		味	例	現象
対比効果	同時対比	甘味（多）　＋　塩味（少）	しるこ	甘味を強める
		うま味（多）　＋　塩味（少）	すまし汁	うま味を強める
	継時対比	甘味　→　酸味	菓子の後に果物を食べる	酸味が強まる
		苦味　→　甘味	苦い薬の後に飴をなめる	甘みを強める
抑制効果		苦味　＋　甘味	コーヒー	苦味を弱める
		酸味　＋　甘味	酢の物	酸味が弱まる
相乗効果		MSG*1　＋　IMP*2	だし	うま味が強くなる
		しょ糖　＋　サッカリン	ジュース	甘味が強くなる
変調現象		塩味　→　無味	塩辛い物の後に水を飲む	水が甘い
		苦味　→　酸味	するめの後にミカンを食べる	ミカンが苦く感じる

＊1：L-グルタミン酸ナトリウム　＊2：5′-イノシン酸ナトリウム
出所）　表5.6と同じ，114（2004）

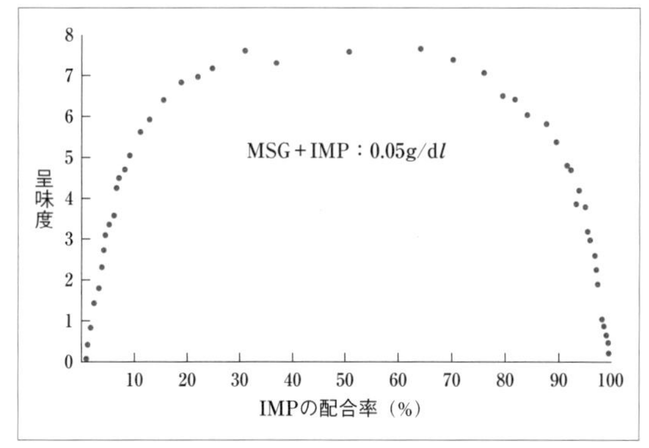

MSG と IMP の濃度の和を0.05%と一定にし，その配合比率（IMPを0〜100%）に変化させたときの呈味度を示している（Yamaguchi, 1967）

図 5.12　グルタミン酸ナトリウム（MSG）とイノシン酸ナトリウム（IMP）の相乗作用

表 5.11　酒類の種類と用途

種　類	アルコール（%）	主原料	用　途
日本酒（清酒）	15	コメ	煮込みなど
ワイン	11	ブドウ	煮込みなど
シェリー酒	15〜18	ブドウ	菓子・料理
ビール	3〜5	麦芽	煮込みなど
紹興酒	13〜17	モチ米	煮込みなど
ブランデー	43	果実酒	菓子・飲み物
ラム酒	45	糖蜜	菓子
リキュール類	15〜35	香料植物・果実など	菓子・飲み物

物の果実，花，つぼみ，樹皮，茎，種子，地下茎などを乾燥して粉末状に調製したもので，ハーブは元来生薬として利用されてきたもので，香草系香辛料として主に生鮮物として扱われている。両者に明確な区別はなく，特有の香り，色，味を持ち，嗜好性を豊かにする植物性食品を香辛料と呼ぶ。香辛料は料理の外観，風味を増し，さらに抗酸化作用，抗菌作用，薬理作用があるおいしさ増強因子である。表5.12に香辛料の種類と用途を示した。香辛料には，つぎのような調理操作がある。

マスキング作用　生の肉類はタンパク質の分解や脂質の酸化などにより悪臭成分を生じる。この悪臭成分と化学的に結合してマスキングし，香味のバランスを整える。

賦香作用　香辛料に含まれる特有の香りの成分により，好ましい香りを着香する。

辛味作用　辛味で刺激を与えて料理の味を引き締め，消化酵素の分泌を促して食欲増進をはかる。

着色作用　サフラン，ターメリック，マスタードなどの黄色やパプリカの赤橙色で料理に色をつけ，盛り付け映えがする。

3)　調味操作

調味料は，食品固有の味を引き立たせ，また，補強し，おいしいと感じる料理の味を完成させる。その際，最も効果的に使用するためには，食品内部まで浸透させるか，あるいは食品に調味料をからませるか，また材料や調理方法によっても異なるが，添加時期に注意をする必要がある。以下注意点をあげる。

① **分子量の小さいものほど拡散が速い**—複数の調味料を使用するときは，分子量が大きく，拡散の遅い砂糖を食塩よりも先に加える。

表 5.12　香辛料の種類と特徴

	生鮮品種類	特徴			用途
		香り	辛味	苦味	
辛味	ワサビ		◎		生魚料理
	ホースラディッシュ		◎		ソース，肉料理，粉ワサビ
	ショウガ	△	◎	○	肉料理，飲み物，カレー粉
香り	ニンニク	○	○		肉料理
	タマネギ	○	○		スープ，ソース
	バジル	◎		○	トマト料理，ソース
	パセリ	◎		○	ブーケガルニ*(茎)，スープの浮身（葉）
	セロリー	◎			煮込み料理，ブーケガルニ*
	ハッカ	◎			菓子，飲み物，リキュール
	ユズ（果皮）	◎			吸い口，日本料理全般
	レモン（果皮）	◎			紅茶，クールブイヨン
	シ　ソ	◎		○	薬味
	ネ　ギ	◎	○		薬味
	エストラゴン	◎		△	ドレッシング，魚料理

	乾燥品種類	特徴				用途
		香り	辛味	苦味	色	
辛味	コショウ		◎			料理全般
	カラシ		◎			肉料理，ドレッシング，おでん
	トウガラシ		◎			肉・魚料理，ソース
	サンショウ	○	◎			うなぎの蒲焼，五香粉
香り	クローブ（丁字）	◎	○			肉料理，スープ，ハム
	ナツメグ（にくずく）	◎	○	○		ひき肉料理，菓子，ソース
	オールスパイス	◎		○		魚・肉料理，菓子，ピクルス
	シナモン（肉桂）	◎				菓子，飲み物，肉料理
	キャラウェイ	◎		○		パン，チーズ，菓子
	バニラ	◎				菓子全般
	ローリエ（月桂樹の葉）	○				煮込み料理，ピクルス
	タイム	○		○		肉・魚料理，ブーケガルニ*
	八　角	○				肉料理（中国），五香粉
色	サフラン			○	◎	米料理，魚料理
	ウコン（ターメリック）	○	○		◎	カレー粉，たくあん
	パプリカ				◎	ドレッシング，ケチャップ
	クチナシ				◎	きんとん，栗の含め煮

◎：特に顕著，○：あり，△：多少あり
＊：ブーケガルニ：タイム，ローリエ，パセリ，セロリーの茎などの数種類の香辛料を束ねたもの。煮込み料理やスープストックをつくるとき，香りづけの目的で用いられる。
出所）表5.4と同じ，23（2001）

② **食品と調味料の接触面が大きいほど速い**—食品の表面積を大きくし，調味液に十分浸るようにする。

③ **調味料はつや出しや臭い消しの働きもする**—調味料は調味だけでなく，砂糖やミリンはつや出しの場合には，調理の仕上げ段階で加える。また，ミソを臭い消しとして加える場合は調理の初期段階で加える。食品素材の持ち味を生かす場合は仕上げ段階で加える。

(4)　色・外観

食べ物の色はおいしさを決める重要な要素である。色においても食品素材固有の色（色素）と調理・加工の過程で生じる色がある。食品素材の色素は概して不安定で，加熱や pH の変化により変色することが多い。調理・加工では，酵素的褐変や加熱により生焼き色等がある。食品の色素は植物由来のもの（クロロフィル，カロテノイド，アントシアニン，フラボノイド）と動物由来のもの（血色素：ポルフィリン系）。

客観的に色の違いを測る方法として，標準色表（マンセル表色系）と光学的に測定（色差計）する方法がある。

マンセル表色系　マンセルが考案した色票による表色系で，JIS では，マンセルの色票（図5.13）を修正したものを標準色票として用いている。標準色票は，マンセルの標準色票を用いる場合，測りたい色に最も近い色相をチャートの中から選び，その色票に表記されている記号を読み取る。色相番号は紅色では，［1.0R 4.0/14］のように表記される。色相番号は，赤＝R，黄＝Y，緑＝G，青＝B，紫＝Pとし，色相のわずかな違いを1.0〜10.0の数字で記号の前に表す。明度の数値は白＝10.0，黒＝0.0とし，色相記号のつぎに示す。彩度は無彩色を０として，色合いが増すにつれ数字が大きくなる。明度のつぎに/をつけて数値を示す。たとえば，スポンジケーキの焼き色は7.5YR4/6となる。

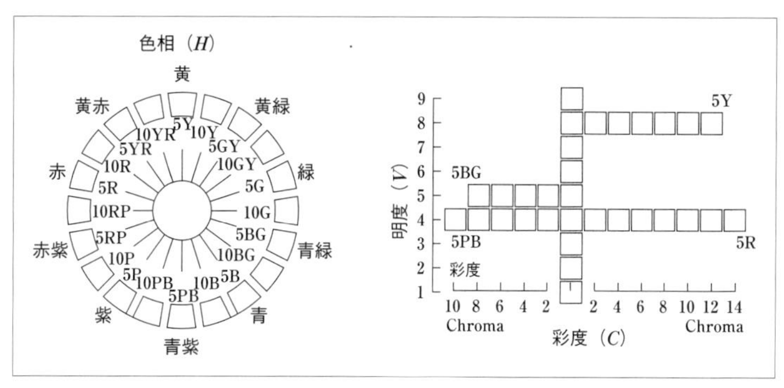

図5.13　マンセルの表色系

測色色差計　食べ物の色は測色色差計を用いて，ハンター（コラム32）の表色法で表色することが多い。図5.14にハンターの表色系を用いた色立体と数値表現法を示した。

ハンターの表色では，明度はL，色相及び彩度は，色相＝b/a，彩度＝$\sqrt{a^2+b^2}$として表される。また，２点（A点とB点）の色の差については，式(1)より，色差を求めて評価する。

$$\text{色差}\ \Delta E=\sqrt{\Delta L^2+\Delta a^2+\Delta b^2} \qquad (1)$$

ただし，$\Delta L(=L_A-L_B)$，$\Delta a(=a_A-a_B)$，$\Delta b(=b_A-b_B)$である。

色差はNBS単位がよく用いられ，表5.13に示したように感覚的な差として表される。

白色度Wは，Lab値から式(2)より求められる。

$$\text{白色度}\ \ W=\sqrt{100-(100-L)^2+(a^2+b^2)} \qquad (2)$$

コラム31　色の三属性

色は色相，明度，彩度の三属性で表すことができる。色相（hue：H）は，赤・黄・緑・青・紫のような色の見え方，感じ方の性質をいう。明度（value：V）は，物表面の色の明るさ，すなわち相対的な色の明暗に関する性質である。彩度（chroma：C）は，物表面の色合いの強さを，同じ明度の無彩色からの隔たりとして，どのように見えるか，またどのように感じるかの性質をいう。

コラム32　ハンターの*Lab*とCIELAB

1942年にハンターが開発した均等色空間理論から，ハンターのカラースケールが開発された。このカラースケールがハンターの*Lab*である。これを発展させて，1976年にCIE（国際照明委員会）が新しいスケールを提案し，現在はCIELAB表色系色度図（カラースケール）が主に用いられている。この方式の表記は$L^*a^*b^*$である。食品業界では，慣例的にハンターが用いられている場合が多い。

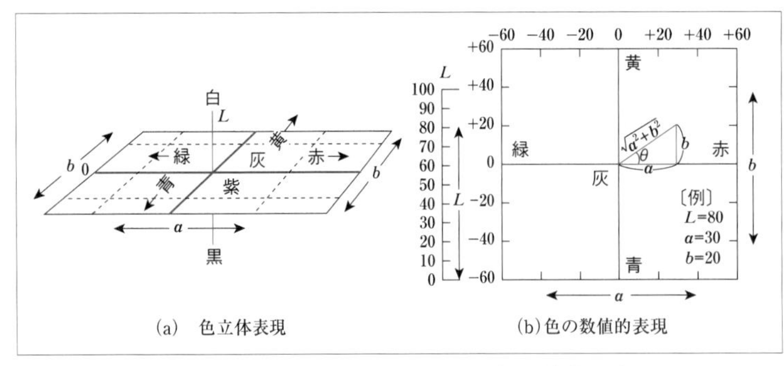

図 5.14　色差計における色立体の色と数値的表現

表 5.13　感覚の差と色差

感覚的の差	NBS 単位*（$\varDelta E$＝色差）
trace（かすかに）	0　～0.5
slight（わずかに）	0.5～1.5
noticeable（感知せられるほどに）	1.5～3.0
appreciable（めだつほどに）	3.0～6.0
much（大いに）	6.0～12.0
very much（多大に）	12.0 以上

＊NBS は最良の観測条件で識別できる色の差の約 5 倍である。

(5)　テクスチャー

1)　テクスチャープロファイル

食べ物のテクスチャーとは，硬い軟らかいなど，人間の感覚によって評価されるものであるが，客観化するための手段として，Szczesniak と Sherman はそれぞれテクスチャープロファイルを作成した。Szczesniak のテクスチャープロファイルは表5.14に示すように，テクスチャーを力学的特性，幾何学的特性，その他の特性の 3 つに分類し，さらにそれぞれの特性について 1 次特性，2 次特性，一般用語とした。力学的特性として，硬さ，凝集性，粘性，弾性，付着性，幾何学特性として，粒子の状態，すなわち組織や構造に関与するものをあげている。一方，Sherman は調理を含めた一連の食べる動作を考え，それぞれの段階に対して，テクスチャーを捉えたテクスチャープロファイルを提案した。食前，口にいれた第 1 印象，咀嚼中，飲み込み後の印象まで動的特性を示している。

2)　食べ物の状態とテクスチャー

食べ物は状態（組織や構造）によりテクスチャーが異なる。

液　状　液（ゾル）状の食べ物でも，サラダ油や牛乳とホワイトソース[*1]やヨーグルトでは，テクスチャー（流動特性）が異なる。サラダ油や牛乳はニュートン粘性に従うニュートン流体であり，ホワイトソースは非ニュートン流体である。

粘稠なゾル状　粘稠なゾル状の食べ物であるマヨネーズ[*2]は油脂を多く含むエマルション状態なので，チューブから押し出すと成形できる。一方，パン生地であるドウ[*3]は一定の枠の中に詰めた後，焼成するこ

＊1 ホワイトソース　液体内部にコムギデンプンから成るゆるい網目構造を形成しているので，チキソトロピー性（かき回すとゆるくなり，放置するとやや硬くなる性質）を示す。

＊2 マヨネーズ　→76ページ参照。

＊3 ド　ウ　コムギ粉に50～60%の水分を加えて混ねつしたもの。グルテンの網目構造の状態により硬さが変化する。

表 5.14　Szczesniak のテクスチャープロフィル

	1 次特性	2 次特性	一般用語
力学的特性	硬さ		soft→firm→hard
		もろさ	crumbly→crunchy→brittle
	凝集性	咀嚼性	tender→chewy→tough
		ガム性	short→mealy→pasty→gummy
	粘性		thin→viscous
	弾性		plastic→elastic
	付着性		sticky→tacky→gooey
幾何学的特性	粒子径と形		gritty，grainy，coarse など
	粒子形と方向性		fibrous，cellular，crystalline など
その他の特性	水分含量		dry→moist→wet→watery
	脂肪含量	油状	oily
		グリース状	greasy

とができるので，一見形態保持力があるようにみえる。ゾル的要素とゲル的要素の両方の性質を持つ。

均質ゲル状　均質なゲル状の食べ物として寒天・ゼラチンゲル，豆腐，カマボコがあげられる。ゲル状の食べ物の場合，口に取り込むと硬いものは歯で咀嚼を行い，軟らかいゲルは舌と口蓋で押しつぶして食塊を形成する。

不均質ゲル状　ハンバーグ，ソーセージ，米飯などはほとんどの食品が不均質ゲルに含まれる。不均質ゲルでは，ハンバーグは硬さのみでなく，肉粒感に影響するなど複雑なテクスチャーとなる。

細胞組織状　魚[*1]・肉[*2]・野菜・果物は，細胞がそのままの状態で存在している食品である。そのため，細胞を形成している筋線維や野菜の繊維（セルロース）が存在している細胞壁がテクスチャーを形成している。

多孔質状　パン，スポンジケーキ，ハンペンなどのスポンジ状の食べ物[*3]は気泡を支持している組織が軟らかい。一方，クッキーやセンベイなどは，スポンジ状と類似の気泡を含む多孔質な構造であるが，気泡を支持している組織がスポンジ状に比べて硬い。

*1 魚　魚のテクスチャーには，筋肉タンパク質である，肉基質タンパク質が硬さに，筋原線維タンパク質の量がほぐれやすさに影響を与えている。

*2 肉　肉の硬さには，コラーゲンのような肉基質タンパク質の量と筋線維のきめ，筋間脂肪である霜降りの量と質が関与している。

*3 スポンジ状の食べ物　軟らかいスポンジ状では微小変形領域のレオロジー的性質，気泡の大きさ，口中では唾液の影響もある。

ガラス状　あめ，ドロップ，氷砂糖や冷凍食品が属し，衝撃的な破壊に対して粉々に砕けるような物性を示す食品である。これらの食品は口の中で溶け，温度が高くなると融解し，歯への付着性を示すものもある。

テクスチャーの測定

上記のようなテクスチャーの測定には，ゾル状（粘度計），ゲル状（破断測定機），双方（テクスチャーアナライザー，動的・静的・粘弾性計）により測定ができる。また組織は光学顕微鏡，電子顕微鏡，画像解析処理により数値化される。

(6)　おいしさの評価

機器測定による食品の評価を客観的評価といい，それに対して，実際の人間が食べた時の評価を主観的評価という。代表的な手法として，官能評価法（心理学，生理学，統計学を総合した科学的手法）がある。

1)　官能評価とは

官能評価（sensory evaluation）はヒトの五感をとおして食べ物の特性を評価する方法で，分析型官能評価と嗜好型官能評価がある。前者は感覚の強さや差を測定する方法，後者は，好みを評価する手法である。分析型官能評価では，パネリスト（実験協力者）[*4]のバラツキを最小とするように，言葉の定義やスケール合わせなど，訓練を行ったパネルで評価を行う。評価にあたり，心理的影響がないよう，静かで，明るい換気の良い部屋で行う。評価に先立ち，インフォームドコンセントを行う。試料は再現性のある調製方法により同条件（温度・容器・量）で提供できるようにする。順序効果がおこらないよ

*4 パネリスト　官能評価を行う人の集団をパネル，個人をパネリストというが，近年は実験協力者という呼称で呼ぶこともある。

うに，試食の提示はラテン方格*で提示する。評価用紙は，予備実験で収集したその食品を適格に表す用語が入るように，外観・香り・味・テクスチャーの項目をバランス良く取り入れ，総合点である，総合評価の項目を加える。口ゆすぎの水またはお湯（脂っぽい食品の場合）を用意し，試料ごとに混ざらぬよう，できれば2回口中をすすぐ。

2)　静的官能評価法

ヒトが口に入れてから飲み込んだ後まで経時的に評価する手法が開発され，従来の同時的に行う手法を静的官能評価と呼ぶようになった。表5.15に評価の目的別の主な手法例を示した。

表 5.15　官能評価の主な手法

手法	
識別試験法	2点試験法（2項検定：p＝1/2）
	3点試験法（2項検定：p＝1/3）
	1：2点試験法（2項検定：p＝1/2）
	配偶法
順位法	ケンドールの順位相関係数
	スピアマンの順位相関係数
	ケンドールの一致性係数
	フリードマンの順位検定
	ニューウェル・マクファーレン（フレーマー）検定
	ウィルコクソンの順位和検定
	クラスカル・ウォリスのH検定
格付け法	χ^2 検定
	Fisherの正確検定
TCATA（Temporal Check All That Apply）法	コクランのQ検定
一対比較法	一意性の係数
	一致性の係数
	ブラッドレイの一対比較法
	シェフェの一対比較法
	サーストンの一対比較法
採点法・記述分析法	採点（Scoring）法
	QDA（Quantitative Descriptive Analysis）法
	記述分析法（Descriptive Analysis）
	尺度（Scaling）法
	SD（Semantic Differential）法
動的官能評価法	TI（Time-Intensity）法
	TDS（Temporal Dominance of Sensations）法
心理物理学的測定法	調整法
	極限法
	恒常法
	信号検出理論

＊ ラテン方格　n列n行の正方形の格子にn種の記号をn種ずつ入れ，どの行，どの列にもn種の記号が1個ずつ現れるようにしたもの。

3)　動的官能評価法

TI法は口中に入れてから飲み込むまで，またはその後味が消えるまで評価を行う手法で，強さのスケール合わせが重要となる。TDS法は口中に入った時点からの最も印象の強い項目を選び出し，その積算値により検定を行う。こちらも用語に対する認識を予め統一しておくとよい。

4)　嗜好（しこう）調査

嗜好調査はアンケートによるものとインタビュー形式の聞き書き調査がある。

5)　統計解析

官能評価は手法により，数値として扱えるパラメトリックのものとカテゴリー尺度であるノンパラメトリックで統計手法が異なる。また等分散が仮定できるかどうかでも手法が異なる。また，予め順序や強さがわかっている場合は片側検定を，予測できない嗜好などの場合は両側検定となる。さらに記述分析法のような詳細な官能評価の場合は多変量解析やマッピングにより項目相互の関係を解析できる。

表 5.16　食品の品質評価および嗜好調査尺度

嗜好尺度（Hedonic scale）	嗜好意欲尺度（FACT 法）（Food action rating scale）	品質評価尺度	7段階評価尺度
9　もっとも好き	9　もっとも好きな食品に入る		7　大変良い 6　かなり良い
8　かなり好き	8　いつもこの食品を食べたい	5　最も良い	5　少し良い
7　少し好き	7　食べる機会があればいつも食べたい	4　なかなか良い 3　かなり良い	4　普通 3　少し悪い
6　やや好き	6　好きだから時々食べたい	2　少し良い	2　かなり悪い
5　好きでも嫌いでもない	5　時には好きだと思うこともある	1　わずかに良い 0　普通	1　大変悪い
4　やや嫌い	4　たまたま手に入れば食べてみる	−1　わずかに不良	5段階評価尺度
3　少し嫌い	3　ほかに何もない時に限ってこれを食べる	−2　少し不良 −3　かなり不良	5　大変良い 4　かなり良い
2　かなり嫌い	2　もし食べることを強制されれば食べる	−4　たいそう不良 −5　最も不良	3　普通 2　かなり悪い
1　もっとも嫌い	1　恐らく食べる気にはなれない		1　大変悪い

出所）戸田準：調味科学，2，22（1969），吉川誠次：食品の官能検査法，106，光琳書院（1965）より作成。

Ⅲ　ライフステージに要求される食べ物の安全性

1　食べ物のテクスチャーを感じるからだの仕組み

食べ物のテクスチャーを人は口腔中でどのように認識しているかについて，述べる。

人は食べ物を口に取り込み（摂食），咀しゃくを行い，えん下する。この過程で，食べ物のテクスチャーはどのように関わっているのであろうか。

(1)　食べ物のテクスチャーの口中での認知

食べ物のテクスチャーは口の中でどのように感じているのであろうか。

図5.15に口腔の形態（山田　2002）を示した。さまざまな状態をもつ食べ物は口中に取り込まれた後，歯で砕かれ，あるいは舌と硬口蓋によって押しつぶされる。

どの程度の硬さをもつ食べ物がどのような手段で咀しゃくされ，えん下されるかの判断は経験によるところが大きい。口中に取り込まれたとき，食べ物はある程度の予測に基づき，歯で咀しゃくしたり，舌と硬口蓋でつぶしたりされるが，この過程で舌を使い唾液と混合して食塊としている。この食塊が飲み込みに適したテクスチャーになると，えん下が起こり，飲み込まれる。

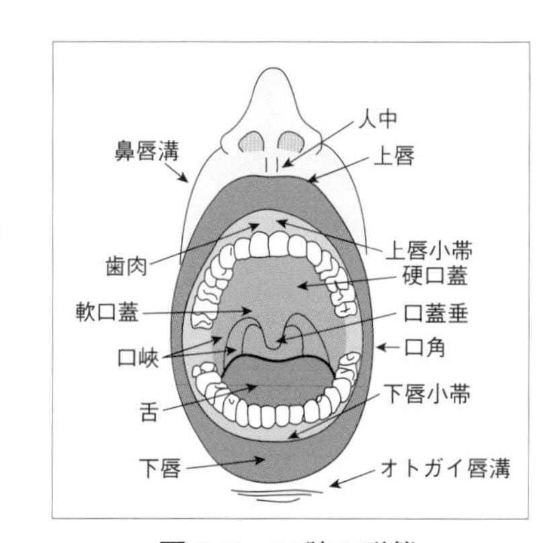

図 5.15　口腔の形態

出所）山田好秋：咀嚼・嚥下器官の解剖と生理，食品総合研究所編，老化抑制と食品，323，アイピーシー（2002）

1)　ゲル状の食べ物

ゲル状の食べ物の場合は，新井ら（2002）によると，図5.16に示

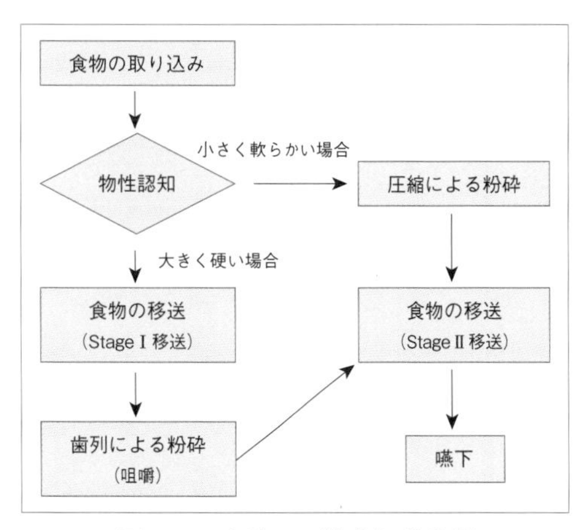

図 5.16　食物の口腔内処理過程

出所）新井映子：Video-fluorograph を応用した咀嚼中食物の動的解析，食品総合研究所編，老化抑制と食品，339-348，アイピーシー（2002）

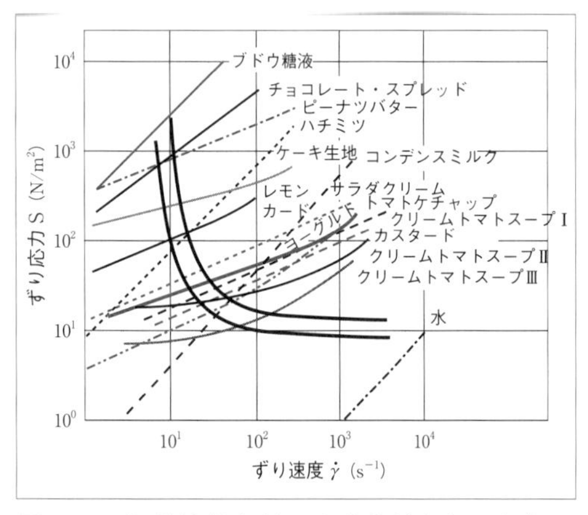

図 5.17　各種粘稠食品の流動曲線と経口評価によるずり応力とずり速度の関係

出所）F. Shama and P. Sherman: *J. Texture Studies*, 4, 111 (1973)

すような機構によりテクスチャーが認知される。口に取り込まれた（捕捉）食べ物は，硬い場合は歯の歯根膜の感覚受容器を介して，軟らかいときは切歯乳頭部で感知する。その上で，硬い食べ物のときは歯によって破砕し，軟らかい食べ物の場合は，舌と硬口蓋で押しつぶし，食塊を形成してえん下する。

2)　ゾル状の食べ物

ハチミツやスープなどのゾル（液）状の食べ物のテクスチャーについては，“粘っこい”とか“さらさらしている”など，粘度として捉えることが多い*。Shama ら（1973）は図5.17に示すように，さまざまなゾル状の食べ物について粘度を認知するずり速度について検討し，ゾル状の食べ物が示す粘度により飲み込むときの速さ（ずり速度）が異なることを明らかにした。たとえば，水では，10^3sec^{-1}，ヨーグルトでは20sec^{-1}程度，ハチミツでは10sec^{-1}程度のずり速度により，粘りを認識していることを示した。Takahashi ら（2003）によると，食べ物をえん下するためには口に取り込まれた後，舌と口腔蓋で食べ物のテクスチャーを認知し，軟らかく粘度の低い食べ物では小さな力で，硬く粘度の高い食べ物では強い力で，のどの奥へと食べ物を押し出しているとしている。すなわち，人は，軟らかい食べ物でも，硬いものでものそのテクスチャーによって嚥下しやすい速度を確保しているのである。

(2)　唾液の働きと食塊のテクスチャー

食べ物は多くの水分を含んでいるが，食べ物を咀しゃくし，唾液と混ぜ合わせることで，えん下に好ましい食塊を形成する。しかし，唾液は食塊形成に関与しているだけでなく，味覚に対しても大きく貢献している。唾液は3つの唾液腺から分泌される。顎下腺，口蓋腺，耳下腺である。顎下腺と口蓋腺は加齢によっても分泌量が低下しないが，耳下腺は漿液性の唾液のため，加齢に伴い萎縮が認められるようになる。食べ物を味わうときには耳下腺から反射的に唾液分泌が行われるので，味覚や食塊形成に対する影響は大きい。

ことに，クッキーや食パンなど低水分食品の場合，歯を使った咀しゃくによって唾液の分泌量が多くなるといわれているが，義歯を入れている人の場合は，唾液量の増加はみられていない。高齢者になると義歯になる人が多い

＊ 粘度の認知　Wood（1968）は液体の粘度を口の中で感じるとき，それがニュートン流体であれ，非ニュートン流体であれ，飲み込んだ場合，のどを通過するときの速さは同じ程度ではないかと考えた。この速さは液体が移動する速度であり，ずり速度といわれるものである。Wood は約50sec^{-1}のずり速度で粘度を近くすると結論している（F. W. Wood: *S. C. I. Monograph*, 40（1968））。

ので，唾液量が減少するため，食塊形成も難しい。

このことは肉を用いた研究からも明らかである。高橋ら（2004）は硬さの異なる肉を用いて，えん下直前の食塊のテクスチャーについて検討している。硬さの異なる肉を口中に取り込んだ後，歯による咀しゃくを行い，唾液と混ぜ合わせて食塊を形成しえん下しているが，図5.18に見られるように，えん下時の食塊の硬さは，どの硬さの肉でも，ある一定の硬さ（7×10^5 N/m^2）以下になっている。すなわち，人は咀しゃく回数を調整することで，肉を細かく砕き，食塊の硬さを調整する。そこで，硬い肉の場合は義歯を装着している高齢者では噛みにくく，また唾液も減少しているのでえん下できる食塊のにしにくいといえる。そこで，食肉を軟らかくする工夫が必要となる。

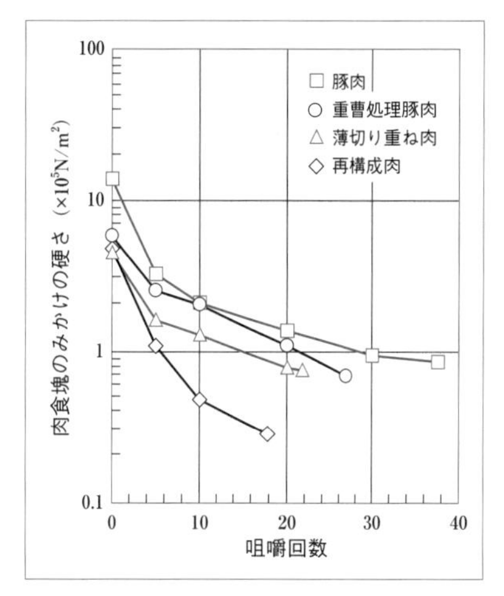

図 5.18　肉を食べるときの咀嚼回数と肉食塊のみかけの硬さの関係

出所）高橋智子・中川令恵・道脇幸博・川野亜紀・鈴木美紀・和田佳子・大越ひろ：食べ易い食肉のテクスチャー特性と咀嚼運動，家政誌，**55**(1)，3（2004）

(3)　テクスチャーが味を変化させる

食物のテクスチャーは味覚感度を変化させることが多い。

1)　テクスチャーで甘味が変化する

低水分食品であるクッキーはコムギ粉を主な材料としているが，コムギ粉の種類を変化させると，テクスチャーの異なるクッキーができる。強力粉（グルテン含量が約12%）で作ったクッキーは硬く，コムギデンプン（グルテン含量０%）では，軟らかいクッキーとなる（赤羽ら 1987）。ただし，コムギ粉以外の材料は全く同じ分量を用いているので，100g 中の砂糖量（10g）は等しくなっている。４段階に硬さを変化させたクッキーを調製し，食べたときの硬さや，甘味について質問（官能評価という）したところ，図5.19に示すように，最も軟らかいクッキーが甘く，最も硬いクッキーが甘くないと評価された。すなわち，甘味などの化学的な味は，咀しゃくにより食べ物が唾液と混ざり合うことで，唾液に溶け込んだ甘味成分が味蕾細胞に作用する。そのため，軟らかいものほど咀しゃくしやすく，唾液と混ざりやすいため，甘味物質が味蕾にふれやすくなり，甘く感じたといえる。

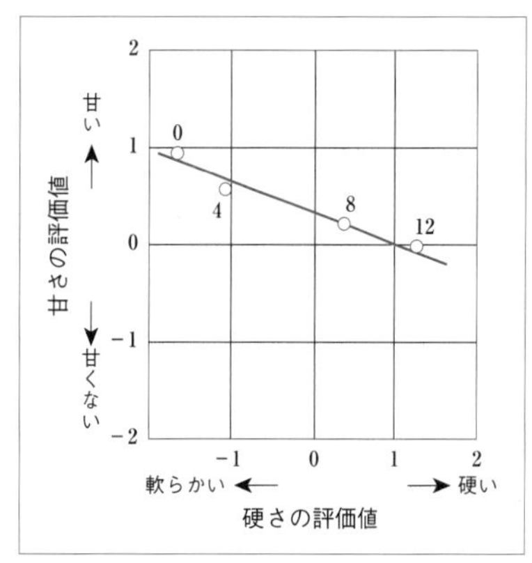

＊数字は小麦粉中のグルテン含量

図 5.19　クッキーの甘さの評価値と硬さの評価値との関係

出所）赤羽ひろ・和田淑子：クッキーの性状の及ぼす小麦粉中のグルテン含量の影響，日食工誌，**34**(4)，74（1987）

2)　呈味効率

このような傾向はクッキーのみではなく，ゼリー状の食物でも同様で，水溶液に比べて味の感じ方（呈味効率）が低くなることが知られている。

山口（1980）によると，ジャガイモデンプンゲルの場合，同濃度に調製したショ糖溶液の約７割の甘味しか感じないという結果が得られている。食塩についても76%の塩味の認識に留まっている。また，MSG（グルタミン酸ナトリウム）に至っては約半分の味しか感じられていない。他の素材を使ったゲルについても同様のことが確認されている。これらのことから，水溶液は口中に最も広がりやすいので，味蕾細胞に触れやすいといえる。しかし，ゼリーのように形があるものは咀しゃくしなければ飲み込むことができないので，唾液と混合されて味自体も薄まるし，食塊中には小さく破砕された固形物が多数存在するため，塩味なり，甘味が味蕾で十分に認識されないといえる。

2　食事に要求される安全性

食事の安全性に要求される食べ物のテクスチャーについて高齢者の食事に注目してみたい。

(1)　なぜ，高齢者の食事にテクスチャーの視点が必要なのか

食べ物のおいしさについては，テクスチャーという言葉が定着してきたが，食べ物の安全性という視点からもテクスチャーに近年注目が集まっている。これは高齢者人口の増加と共に咀しゃくやえん下機能（コラム33）が低下した高齢者が増加していることが要因であるといえる。高齢者は，義歯のかみ合わせがうまくいかないために，咀しゃく機能が低下した人が多く，舌の動きが悪かったり，唾液の分泌が悪いため，食塊（食物が咀しゃくされ飲み込み状態になったもの）を形成しにくくなっていることも多い（塩浦 1999）。このような状態になると，咀しゃく機能のみでなく，えん下機能も低下してくることが多い。高齢者は義歯を装着していることが多いので，硬いテクスチャーを持つ食べ物は噛み切ることができないことが多くあり，軟らかくする工夫がQOLの点からも必要である。

コラム33　えん下のメカニズム

図で人ののどの構造を模式化して示した。人ののどの構造は基本的に他の動物とは異なっている。呼吸しているときには鼻から気管へとスムーズに空気が送り込まれる。しかし食事中には，軟口蓋が鼻への通り道を塞ぎ，食べ物（食塊：飲み込める状態になったもの）が喉（咽頭）の方へスムーズに移動できるように導いている。

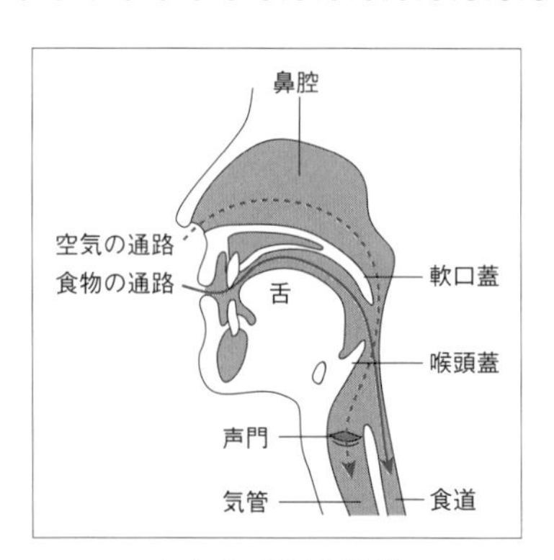

ヒトののどの構造

続いて（瞬時ではあるが），咽頭の挙上に伴い，後下方に移動した喉頭蓋が，気管の入り口を塞ぐと，食塊は後下方に移動する喉頭蓋に導かれるように，食道入口部から食道へと進入していく。すなわち，食塊を飲み込んでいる間，呼吸は停止している。食道入口部には輪状咽頭筋があり，食道の入り口は通常閉まった状態であるが，食塊が食道入口部に到着，あるいは少し前からこの筋肉がゆるみ，食塊が食道へと入っていく。食道に入った食塊は，蠕動（ぜんどう）運動により胃へと送られていき，輪状咽頭筋は食塊が食道を通過すれば，収縮して閉じられる。

高齢者の多くは在宅で生活しているが，介護支援が必要になると，特別養護老人ホーム，介護老人保健施設，療養型医療施設などに入所したり，デイケアーやショートステイなどを利用するようになる。介護保険法が2000年4月から実施され，在宅における介護，なかでも食事介助の比重は大きくなりつつある。ことに要介護3以上になると，身体機能の低下と共に，咀しゃく機能のみならず，えん下機能も低下していることが多いので，水のようにさらっとした液体は誤えん（誤って気管にはいること）の危険が伴うので，さらに安全面からの工夫が必要である。

1)　高齢者の咀しゃく機能

高齢者は義歯などのため，繊維質の多いものや硬いものは噛み切りにくく，咀しゃくする速度も若年者に比べて遅くなる傾向にある。ピーナッツを食べた後に，口の中に残っている食物の破片（ピーナッツの粒子）について若年者と高齢者を比較した研究によると，頬側に残っているピーナッツの粒子の量は若年者では咀しゃく回数が進むにつれ減少していくが，高齢者ではほとんど変化がない。また，舌の周辺でも細かい粒子の割合が若年者の方が多くなっていることからも，高齢者の咀しゃく機能が低下しているといわれている（野村 1998）。

2)　高齢者のえん下機能

人は人生の終焉まで口から食事を食べられることがQOLの観点からも望ましいことである。しかし，摂食やえん下に障害を持つ人にとっては，口から摂る食事には誤えんの危険性が伴うし，食事介助に時間がかかるので，経管栄養に移行することが多い。誤えんとは，食事（水を含む）が間違えて気管に入ることで，気管に食べ物が入ると，それが要因となって肺炎（誤えん性肺炎）になるケースがある（コラム34参照）。

(2)　高齢者にとって飲み込みにくい食物とは

高齢者は咀しゃく能力が低下し，唾液の分泌も悪いので，飲み込みにくい食物については調理上の工夫が必要である。表5.17に高齢者にとって飲み込

コラム34　誤えん性肺炎

水のようにさらっとした液体の場合，喉頭蓋が気管の入り口を塞ぐ前に，あるいは塞ぐ機能が低下している場合もあるが，液体（食べ物）が気管と，食道の分かれ道に到着してしまい，気管の方へ流入してしまうことをいう。この現象は高齢者にしばしば見られる現象ではあるが，若年者でも神経が集中していないときにはときとして誤えんする。しかし，咳反射が起こり，異物を気管から出すことができるので，問題は生じないが，高齢者の3割の人に咳反射が見られないということがいわれている。食べ物を誤えんすると，食べ物に付着していた細菌が肺などで繁殖し，肺炎を発症することがある。いわゆる誤えん性肺炎である。また，食事後に歯磨きなどを怠ると，就寝中に食べ物の小片が呼吸と共に肺に入り，肺炎になる場合もあり，高齢者の肺炎は食べ物が誘因の場合が多い。

表 5.17　飲み込みにくい食べ物のリスト

順位	高齢者群		壮年者群
	施設入居者	在宅独居者	
1	酢の物	焼きイモ	焼きイモ
2	焼きイモ	ゆで卵（黄身）	ゆで卵（黄身）
3	ゆで卵（黄身）	酢の物	酢の物
4	雑煮のモチ	ウエハース	ウエハース
5	お茶	カステラ	カステラ
6	カステラ	食パン	マッシュポテト
7	梅干し	ハンバーグ	食パン
8	もりソバ	梅干し	ピーナッツ
9	凍り豆腐	焼きノリ	梅干し
10	食パン	雑煮のモチ	もりソバ

みにくい食べ物のリストを示した。このリストは，高齢者施設及び在宅（独居）の高齢者を対象に調査を行った結果である（赤羽ら 1993）。調査対象は高齢者群合計358名，平均年齢は76.3歳である。比較のため，壮年者群平均年齢51.8歳243名の結果も示してある。

飲み込みにくい食べ物としていずれの群にも 3 位以内に出現しているものには焼きイモ，酢の物，ゆで卵（黄身）がある。酢の物は調味料として用いられている酢の揮発性成分が，嚥下する際に咽頭部を刺激してむせるので，飲み込みにくいと回答されたと思われる。焼きイモやゆで卵（黄身）は水分が少なく，ほっくりしたテクスチャーを有し，えん下する際に唾液が吸いとられるような現象が起きるため飲み込みにくいと回答されたといえる。同様に，4 位以下に出現する食物の中に，ウエハースやカステラ，食パンなどのように比較的水分が少ないが，軟らかく，多孔質（スポンジ）状の形態を持つものがある。唾液分泌量が低下してきた高齢者は，このような食物を食べるときには経験的に牛乳に浸したり，お茶などを同時に飲むなどの工夫をして水分を補って食べている。

そこで，咀しゃくやえん下機能，いわゆる摂食機能が低下した高齢者に適した食事とはどのようなものかについて，考えていく必要がある。高齢者の食事に対しては，栄養面の配慮がなされているが，おいしくしかも食べやすい食事であれば残食も少なく，十分に栄養が充足されるはずである。しかし，実際は高齢者施設や病院などでも PEM*（タンパク質・エネルギー低栄養状態）のケースが多く見られる（杉山 1999）。

＊ PEM　タンパク質・エネルギー低栄養状態になる要因として，食欲がなく，一回の食事量も少なくなるなどが考えられる。もちろん，食べ易さに関する工夫も不足している。
栄養摂取の不足から生じる身体的なさまざまな問題に対して，栄養面だけでなく，嗜好面や物性（テクスチャー）面からも食事の内容改善が必要である。

(3)　摂食機能が低下した高齢者に対する食べ物のテクスチャー面の工夫

摂食機能，ことに咀しゃく機能が低下した人にとっては軟らかく噛み切る必要がない形態の食物が好ましいと考えられ，高齢者施設ではきざみ食がよく用いられている。一方，えん下機能が低下した高齢者では，水のようにさらっとした液体は誤えんの危険が伴うので，少しとろみ（粘度）をつけるなどの工夫を行っている。また，正月には雑煮の餅がのどにつかえるという事故が毎年繰り返されるが，これも嚥下機能の低下によるものといえる。雑煮の餅はなぜのどに詰まるのであろうか。雑煮の餅が持つ物性（テクスチャー）によるものといえる。

そこで，軟らかく煮たり，細かく刻む，あるいはミキサーにかけるなどの工夫を行っている。しかし，このような場合には，増粘剤を用いて粘度をつけたり，ゲル化剤を用いてゼリー状に固めるなどの工夫を行っている。このような工夫は，一部の施設などでは行われていたが，特別養護老人ホーム「潤生園」で開発された「介護食」はえん下機能が低下した高齢者にとっておいしく，しかもテクスチャー面の配慮（大越ひろら 2006）がなされているため，画期的なものであった。その後，リハビリテーション病院などで，この「**介護食**[*]」を展開させた「えん下食」が開発された。

＊ 介護食　→20ページ側注参照。

さらに，在宅高齢者を対象とし，2002年に食品メーカーが介護食を商品化したユニバーサルデザインフード（コラム38ユニバーサルデザインフード参照）が提案された。

(4)　えん下機能を考慮した食事基準

特別用途食品に位置づけられている，えん下困難者用食品には，テクスチャーに関する基準が示されている。

すなわち，テクスチャー特性の硬さ，凝集性，付着性の範囲を示している。さらに，病院から在宅へ高齢者の介護も移行しつつあるため，摂食機能を考

コラム 35　えん下困難者用食品の許可基準

厚生労働省は1994（平成６）年に特別用途食品を定め，このなかに高齢者用食品の規定が盛り込まれた。この基準には咀しゃくが容易な「そしゃく困難者用食品」およびえん下が容易で，しかも誤えんを防ぐことができる「そしゃく・えん下困難者用食品」が含まれている。しかし，この基準では高齢者のみが対象のように思われるという意見もあった。しかも，咀しゃく困難は疾病とは捉えることができないという視点から，2008年から改正作業が行われ，2009（平成21）年２月に特別用途食品が改正された折に，高齢者用食品の代替として「えん下困難者用食品」という位置づけで許可基準が定められた。

許可基準（えん下困難者用食品）　（平成21年）

規　格*	許可基準　Ⅰ	許可基準　Ⅱ	許可基準　Ⅲ
硬さ（N/m^2）（一定速度で圧縮した時の抵抗）	2.5×10^3～1×10^4	1×10^3～1.5×10^4	3×10^2～2×10^4
付着性（J/m^3）	4×10^2 以下	1×10^3 以下	1.5×10^3 以下
凝集性	0.2～0.6	0.2～0.9	—
参考	均質なもの（例えば，ゼリー状の食品）	均質なもの（例えば，ゼリー状又はムース状等の食品）ただし，許可基準Ⅰを満たすものを除く	不均質なものも含む（例えば，まとまりのよいおかゆ，やわらかいペースト状又はゼリー寄せ等の食品）ただし，許可基準Ⅰまたは許可基準Ⅱを満たすものを除く

＊常温及び喫食の目安となる温度のいずれの条件にあっても規格基準の範囲内であること。

えん下困難者用食品の試験方法

1）硬さ，付着性，凝集性の試験方法
1. 試料容器は直径40mm，高さ20mmのもの
2. 試料は容器に15mmの厚さに充する
3. 直径20mm 高さ8mmの樹脂製のプランジャーで圧縮速度10mm/sec.
4. 測定温度は冷たくして供食するものは10±２℃および20±２℃，温かく供食するものは20±２℃および45±２℃とする。

慮した統一基準が必要となった。そこで，日本摂食嚥下リハビリテーション学会は「嚥下調整食学会分類2013」を策定した。この分類の特徴は，物性に関する基準は設けずに，摂食機能と食物の状態で，分類を行っていることである。

参考図書

山田好秋：咀嚼・嚥下器官の解剖と生理，食品総合研究所編，老化抑制と食品，323，アイピーシー（2002）

新井映子：Video-fluorograph を応用した咀嚼中食物の動的解析，食品総合研究所編，老化抑制と食品，339-348，アイピーシー（2002）

F. W. Wood: *S. C. I. Monograph,* 40（1968）

F. Shama and P. Sherman : ***J. Texture Studies,*** 4, 111（1973）

T. Takahashi, T. Nitou, N. Tayama, A. Kawano and H. Ogoshi : Effects of Physical Properties and Oral Perception on Transit Speed and Passing Time of Semiliquid Foods

コラム 36　ユニバーサルデザインフード

「ユニバーサルデザインフード」は日本介護食品協議会の自主規格である。かむ力と飲み込む力の目安を示し，摂食能力に合わせ，物性や栄養面での配慮・工夫を行い，４段階（①容易にかめる，②歯ぐきでつぶせる，③舌でつぶせる，④かまなくてよい）に分類してある。

ユニバーサルデザインフード区分表

形態区分		容易にかめる	歯ぐきでつぶせる	舌でつぶせる		かまなくてよい		とろみ調整食品
かむ力の目安		かたいものや大きいものはやや食べづらい	かたいものや大きいものは食べづらい	細かくまたは軟らかければ食べられる		固形物は小さくても食べづらい		飲み物や食べ物に，とろみをつけて飲み込みやすくするための食品（ゼリー状にできる場合もある）。 また，水などに溶かすと，とろみのついた飲み物や食べ物になるタイプもある。
飲み込む力の目安		普通に飲み込める	普通に飲み込める	ものによっては飲み込みづらいことがある		水やお茶が飲み込みづらい		
食品形体の目安	主食	ご飯～やわらかごはん	やわらかご飯～全がゆ	全がゆ		ペーストがゆ		
	主菜	豚の角煮	煮込みハンバーグ	鶏肉のそぼろあん		鶏肉のうらごし		
		焼き魚	煮　魚	魚のほぐし煮（とろみあんかけ）		白身魚のうらごし		
		厚焼き卵	だし巻き卵	スクランブルエッグ		やわらか茶碗蒸し（具なし）		
	副菜	ニンジンの煮物	ニンジンの煮物（一口大）	ニンジンのつぶし煮		うらごしニンジン		
	デザート	リンゴのシロップ煮	リンゴのシロップ煮（一口大）	リンゴのシロップ煮（つぶし）		やわらかアップルゼリー		
物性の規格				ゲル	ゾル	ゲル	ゾル	
かたさ(N/m^2)上限値		5×10^5	5×10^4	2×10^4	1×10^4	5×10^3	3×10^3	
粘度(mPa・s)下限値		—	—	—	1.5×10^3	—	1.5×10^3	

from the Mid-Pharynx to the Hypopharynx, *J. Texture Studies*, **33**(6), 585 (2003)
高橋智子・中川令恵・道脇幸博・川野亜紀・鈴木美紀・和田佳子・大越ひろ：食べ易い食肉のテクスチャー特性と咀嚼運動，家政誌，**55**(1)，3 (2004)
赤羽ひろ・和田淑子：クッキーの性状の及ぼす小麦粉中のグルテン含量の影響，日食工誌，**34**(4)，74 (1987)
山口静子：テクスチャーと味覚の相互作用，松本幸雄・山野善正編，食品の物性（第6集)，食品資材研究会，143 (1980)
塩浦政男：嚥下のメカニズム，手嶋登志子編，介護食ハンドブック，6-10，医歯薬出版 (1999)
野村修一：高齢者の摂食・咀嚼機能，臨床栄養，**93**，376-379 (1998)
赤羽ひろ・手嶋登志子ほか：嚥下障害をもつ高齢者のための"飲み込みやすい食べ物"の総合的検討，エム・オー・エー健康科学センター研究報告集，**1**，177-191 (1993)
杉山みち子：高齢者のPEM改善のための栄養管理サービス，臨床栄養，**94**，406-411 (1999)
大越ひろほか：グレード別献立と展開のポイント，手嶋登志子・大越ひろ編，高齢者の食介護ハンドブック，33，医歯薬出版 (2006)

付表1　参照体位（参照身長，参照体重）＊1

性　別	男　性		女　性＊2	
年　齢	参照身長(cm)	参照体重(kg)	参照身長(cm)	参照体重(kg)
0～5（月）	61.5	6.3	60.1	5.9
6～11（月）	71.6	8.8	70.2	8.1
6～8（月）	69.8	8.4	68.3	7.8
9～11（月）	73.2	9.1	71.9	8.4
1～2（歳）	85.8	11.5	84.6	11.0
3～5（歳）	103.6	16.5	103.2	16.1
6～7（歳）	119.5	22.2	118.3	21.9
8～9（歳）	130.4	28.0	130.4	27.4
10～11（歳）	142.0	35.6	144.0	36.3
12～14（歳）	160.5	49.0	155.1	47.5
15～17（歳）	170.1	59.7	157.7	51.9
18～29（歳）	171.0	64.5	158.0	50.3
30～49（歳）	171.0	68.1	158.0	53.0
50～64（歳）	169.0	68.0	155.8	53.8
65～74（歳）	165.2	65.0	152.0	52.1
75以上（歳）	160.8	59.6	148.0	48.8

＊1　0～5歳は，平成12年乳幼児身体発育調査のデータを基に，LMS法を用いて作成された身長及び体重パーセンタイル曲線の当該月齢階級の中央時点における中央値，6～17歳は，平成12年学校保健統計調査のデータを基に，LMS法を用いて作成された身長及び体重パーセンタイル曲線の当該年齢階級の中央時点における中央値，18歳以上は，平成28年国民健康・栄養調査における当該の性及び年齢階級における身長・体重の中央値を用いた。

＊2　妊婦，授乳婦を除く。

付表2　推定エネルギー必要量（kcal/日）

性　別	男　性			女　性		
身体活動レベル＊1	Ⅰ	Ⅱ	Ⅲ	Ⅰ	Ⅱ	Ⅲ
0～5（月）	—	550	—	—	500	—
6～8（月）	—	650	—	—	600	—
9～11（月）	—	700	—	—	650	—
1～2（歳）	—	950	—	—	900	—
3～5（歳）	—	1,300	—	—	1,250	—
6～7（歳）	1,350	1,550	1,750	1,250	1,450	1,650
8～9（歳）	1,600	1,850	2,100	1,500	1,700	1,900
10～11（歳）	1,950	2,250	2,500	1,850	2,100	2,350
12～14（歳）	2,300	2,600	2,900	2,150	2,400	2,700
15～17（歳）	2,500	2,800	3,150	2,050	2,300	2,550
18～29（歳）	2,300	2,650	3,050	1,700	2,000	2,300
30～49（歳）	2,300	2,700	3,050	1,750	2,050	2,350
50～64（歳）	2,200	2,600	2,950	1,650	1,950	2,250
65～74（歳）	2,050	2,400	2,750	1,550	1,850	2,100
75以上（歳）＊2	1,800	2,100	—	1,400	1,650	—
妊婦（付加量）＊3 初期				＋50	＋50	＋50
中期				＋250	＋250	＋250
後期				＋450	＋450	＋450
授乳婦（付加量）				＋350	＋350	＋350

＊1　身体活動レベルは，低い，ふつう，高いの三つのレベルとして，それぞれⅠ，Ⅱ，Ⅲで示した。

＊2　レベルⅡは自立している者，レベルⅠは自宅にいてほとんど外出しない者に相当する。レベルⅠは高齢者施設で自立に近い状態で過ごしている者にも適用できる値である。

＊3　妊婦個々の体格や妊娠中の体重増加量及び胎児の発育状況の評価を行うことが必要である。

注1：活用に当たっては，食事摂取状況のアセスメント，体重及びBMIの把握を行い，エネルギーの過不足は，体重の変化又はBMIを用いて評価すること。

注2：身体活動レベルⅠの場合，少ないエネルギー消費量に見合った少ないエネルギー摂取量を維持することになるため，健康の保持・増進の観点からは，身体活動量を増加させる必要がある。

付表3　参照体重における基礎代謝量

性　別	男　性			女　性		
年齢（歳）	基礎代謝基準値(kcal/kg 体重/日)	参照体重(kg)	基礎代謝量(kcal/日)	基礎代謝基準値(kcal/kg 体重/日)	参照体重(kg)	基礎代謝量(kcal/日)
1～2	61.0	11.5	700	59.7	11.0	660
3～5	54.8	16.5	900	52.2	16.1	840
6～7	44.3	22.2	980	41.9	21.9	920
8～9	40.8	28.0	1,140	38.3	27.4	1,050
10～11	37.4	35.6	1,330	34.8	36.3	1,260
12～14	31.0	49.0	1,520	29.6	47.5	1,410
15～17	27.0	59.7	1,610	25.3	51.9	1,310
18～29	23.7	64.5	1,530	22.1	50.3	1,110
30～49	22.5	68.1	1,530	21.9	53.0	1,160
50～64	21.8	68.0	1,480	20.7	53.8	1,110
65～74	21.6	65.0	1,400	20.7	52.1	1,080
75以上	21.5	59.6	1,280	20.7	48.8	1,010

付表4　身体活動レベル別にみた活動内容と活動時間の代表例

身体活動レベル＊1	低い（Ⅰ） 1.50 (1.40～1.60)	ふつう（Ⅱ） 1.75 (1.60～1.90)	高い（Ⅲ） 2.00 (1.90～2.20)
日常生活の内容＊2	生活の大部分が座位で，静的な活動が中心の場合	座位中心の仕事だが，職場内での移動や立位での作業・接客等，通勤・買い物での歩行，家事，軽いスポーツ，のいずれかを含む場合	移動や立位の多い仕事への従事者，あるいは，スポーツ等余暇における活発な運動習慣を持っている場合
中程度の強度（3.0～5.9メッツ）の身体活動の1日当たりの合計時間（時間/日）＊3	1.65	2.06	2.53
仕事での1日当たりの合計歩行時間（時間/日）＊3	0.25	0.64	1.00

＊1　代表値。(　) 内はおよその範囲。
＊2　Black, *et al.*[172]，Ishikawa-Takata, *et al.*[88] を参考に，身体活動レベル（PAL）に及ぼす仕事時間中の労作の影響が大きいことを考慮して作成。
＊3　Ishikawa-Takata, *et al.*[175] による。

引用文献

172) Black AE, Coward WA, Cole TJ, *et al*, Human energy expenditure in affluent societies: an analysis of 574 doubly-labelled water measurments, *Eur J Clin Nutr* 1996: 50: 72-92.
88) Ishikawa-Takata K, Tabata I, Sasaki S, *et al.* Physical activity level in healthy free-living Japanese estimated by doubly labelled water method and International Physical Activity Questionnaire. *Eur J Clin Nutr* 2008, 62: 885-91.
175) Ishikawa-Takata K, Naito Y, Tanaka S, *et al.* Use of doubly labeled water to validate a physical activity Questionnaire developed for the Japanese population. *J Epidemiol* 2011; 21: 114-21.

付表5　〈たんぱく質の食事摂取基準〉（推定平均必要量，推奨量，目安量：g/日，目標量：%エネルギー）

性別	男性				女性			
年齢等	推定平均必要量	推奨量	目安量	目標量＊1	推定平均必要量	推奨量	目安量	目標量＊1
0～5（月）	—	—	10	—	—	—	10	—
6～8（月）	—	—	15	—	—	—	15	—
9～11（月）	—	—	25	—	—	—	25	—
1～2（歳）	15	20	—	13～20	15	20	—	13～20
3～5（歳）	20	25	—	13～20	20	25	—	13～20
6～7（歳）	25	30	—	13～20	25	30	—	13～20
8～9（歳）	30	40	—	13～20	30	40	—	13～20
10～11（歳）	40	45	—	13～20	40	50	—	13～20
12～14（歳）	50	60	—	13～20	45	55	—	13～20
15～17（歳）	50	65	—	13～20	45	55	—	13～20
18～29（歳）	50	65	—	13～20	40	50	—	13～20
30～49（歳）	50	65	—	13～20	40	50	—	13～20
50～64（歳）	50	65	—	14～20	40	50	—	14～20
65～74（歳）＊2	50	60	—	15～20	40	50	—	15～20
75以上（歳）＊2	50	60	—	15～20	40	50	—	15～20
妊婦（付加量）初期					+0	+0	—	13～20
中期					+5	+5	—	13～20
後期					+20	+20	—	15～20
授乳婦（付加量）					+15	+20	—	15～20

＊1　範囲に関しては，おおむねの値を示したものであり，弾力的に運用すること。
＊2　65歳以上の高齢者について，フレイル予防を目的とした量を定めることは難しいが，身長・体重が参照体位に比べて小さい者や，特に75歳以上であって加齢に伴い身体活動量が大きく低下した者など，必要エネルギー摂取量が低い者では，下限が推奨量を下回る場合があり得る。この場合でも，下限は推奨量以上とすることが望ましい。
＊3　妊婦（初期・中期）の目標量は13～20%エネルギー/日とした。
＊4　妊婦（後期）及び授乳婦の目標量は15～20%エネルギー/日とした。

付表 6 〈脂質の食事摂取基準〉(脂質の総エネルギーに占める割合 (脂肪エネルギー比率):%エネルギー)

性　別	男　性		女　性	
年齢等	目安量	目標量＊1	目安量	目標量＊1
0～ 5 (月)	50	—	50	—
6～11 (月)	40	—	40	—
1～ 2 (歳)	—	20～30	—	20～30
3～ 5 (歳)	—	20～30	—	20～30
6～ 7 (歳)	—	20～30	—	20～30
8～ 9 (歳)	—	20～30	—	20～30
10～11 (歳)	—	20～30	—	20～30
12～14 (歳)	—	20～30	—	20～30
15～17 (歳)	—	20～30	—	20～30
18～29 (歳)	—	20～30	—	20～30
30～49 (歳)	—	20～30	—	20～30
50～64 (歳)	—	20～30	—	20～30
65～74 (歳)	—	20～30	—	20～30
75以上 (歳)	—	20～30	—	20～30
妊　婦			—	20～30
授乳婦			—	20～30

＊1　範囲に関してはおおむねの値を示したものである。

付表 7 〈飽和脂肪酸の食事摂取基準 (%エネルギー)＊1,2〉

性　別	男　性	女　性
年齢等	目標量	目標量
0～ 5 (月)	—	—
6～11 (月)	—	—
1～ 2 (歳)	—	—
3～ 5 (歳)	10以下	10以下
6～ 7 (歳)	10以下	10以下
8～ 9 (歳)	10以下	10以下
10～11 (歳)	10以下	10以下
12～14 (歳)	10以下	10以下
15～17 (歳)	8 以下	8 以下
18～29 (歳)	7 以下	7 以下
30～49 (歳)	7 以下	7 以下
50～64 (歳)	7 以下	7 以下
65～74 (歳)	7 以下	7 以下
75以上 (歳)	7 以下	7 以下
妊　婦		7 以下
授乳婦		7 以下

＊1　飽和脂肪酸と同じく，脂質異常症及び循環器疾患に関与する栄養素としてコレステロールがある。コレステロールに目標量は設定しないが，これは許容される摂取量に上限が存在しないことを保証するものではない。また，脂質異常症の重症化予防の目的からは，200mg/日未満に留めることが望ましい。

＊2　飽和脂肪酸と同じく，冠動脈疾患に関与する栄養素としてトランス脂肪酸がある。日本人の大多数は，トランス脂肪酸に関する WHO の目標 (1％エネルギー未満) を下回っており，トランス脂肪酸の摂取による健康への影響は，飽和脂肪酸の摂取によるものと比べて小さいと考えられる。ただし，脂質に偏った食事をしている者では，留意する必要がある。トランス脂肪酸は人体にとって不可欠な栄養素ではなく，健康の保持・増進を図る上で積極的な摂取は勧められないことから，その摂取量は 1％エネルギー未満に留めることが望ましく，1％エネルギー未満でもできるだけ低く留めることが望ましい。

付表 8

〈n-6系脂肪酸の食事摂取基準 (g/日)〉

性　別	男　性	女　性
年齢等	目安量	目安量
0～ 5 (月)	4	4
6～11 (月)	4	4
1～ 2 (歳)	4	4
3～ 5 (歳)	6	6
6～ 7 (歳)	8	7
8～ 9 (歳)	8	7
10～11 (歳)	10	8
12～14 (歳)	11	9
15～17 (歳)	13	9
18～29 (歳)	11	8
30～49 (歳)	10	8
50～64 (歳)	10	8
65～74 (歳)	9	8
75以上 (歳)	8	7
妊　婦		9
授乳婦		10

〈n-3系脂肪酸の食事摂取基準 (g/日)〉

性　別	男　性	女　性
年齢等	目安量	目安量
0～ 5 (月)	0.9	0.9
6～11 (月)	0.8	0.8
1～ 2 (歳)	0.7	0.8
3～ 5 (歳)	1.1	1.0
6～ 7 (歳)	1.5	1.3
8～ 9 (歳)	1.5	1.3
10～11 (歳)	1.6	1.6
12～14 (歳)	1.9	1.6
15～17 (歳)	2.1	1.6
18～29 (歳)	2.0	1.6
30～49 (歳)	2.0	1.6
50～64 (歳)	2.2	1.9
65～74 (歳)	2.2	2.0
75以上 (歳)	2.1	1.8
妊　婦		1.6
授乳婦		1.8

付表 9 〈炭水化物の食事摂取基準（%エネルギー）*1,2〉

性　別	男　性	女　性
年齢等	目標量	目標量
0～ 5（月）	—	—
6～11（月）	—	—
1～ 2（歳）	50～65	50～65
3～ 5（歳）	50～65	50～65
6～ 7（歳）	50～65	50～65
8～ 9（歳）	50～65	50～65
10～11（歳）	50～65	50～65
12～14（歳）	50～65	50～65
15～17（歳）	50～65	50～65
18～29（歳）	50～65	50～65
30～49（歳）	50～65	50～65
50～64（歳）	50～65	50～65
65～74（歳）	50～65	50～65
75以上（歳）	50～65	50～65
妊　婦		50～65
授乳婦		50～65

＊1　範囲に関してはおおむねの値を示したものである。
＊2　アルコールを含む。ただし，アルコールの摂取を勧めるものではない。

付表 10 〈食物繊維の食事摂取基準（g/日）〉

性　別	男　性	女　性
年齢等	目標量	目標量
0～ 5（月）	—	—
6～11（月）	—	—
1～ 2（歳）	—	—
3～ 5（歳）	8以上	8以上
6～ 7（歳）	10以上	10以上
8～ 9（歳）	11以上	11以上
10～11（歳）	13以上	13以上
12～14（歳）	17以上	17以上
15～17（歳）	19以上	18以上
18～29（歳）	21以上	18以上
30～49（歳）	21以上	18以上
50～64（歳）	21以上	18以上
65～74（歳）	20以上	17以上
75以上（歳）	20以上	17以上
妊　婦		18以上
授乳婦		18以上

付表 11 〈ビタミンAの食事摂取基準（μg RAE/日）*1〉

性　別	男　性				女　性			
年齢等	推定平均必要量*2	推奨量*2	目安量*3	耐容上限量*3	推定平均必要量*2	推奨量*2	目安量*3	耐容上限量*3
0～ 5（月）	—	—	300	600	—	—	300	600
6～11（月）	—	—	400	600	—	—	400	600
1～ 2（歳）	300	400	—	600	250	350	—	600
3～ 5（歳）	350	450	—	700	350	500	—	850
6～ 7（歳）	300	400	—	950	300	400	—	1,200
8～ 9（歳）	350	500	—	1,200	350	500	—	1,500
10～11（歳）	450	600	—	1,500	400	600	—	1,900
12～14（歳）	550	800	—	2,100	500	700	—	2,500
15～17（歳）	650	900	—	2,500	500	650	—	2,800
18～29（歳）	600	850	—	2,700	450	650	—	2,700
30～49（歳）	650	900	—	2,700	500	700	—	2,700
50～64（歳）	650	900	—	2,700	500	700	—	2,700
65～74（歳）	600	850	—	2,700	500	700	—	2,700
75以上（歳）	550	800	—	2,700	450	650	—	2,700
妊婦（付加量）初期					+0	+0		
中期					+0	+0	—	—
後期					+60	+80		
授乳婦（付加量）					+300	+450	—	—

＊1　レチノール活性当量（μg RAE）＝レチノール（μg）＋β－カロテン（μg）×1/12＋α－カロテン（μg）×1/24＋β－クリプトキサンチン（μg）×1/24＋その他のプロビタミンAカロテノイド（μg）×1/24
＊2　プロビタミンAカロテノイドを含む。
＊3　プロビタミンAカロテノイドを含まない。

付表 12 〈ビタミンDの食事摂取基準（μg/日）＊1〉

性別	男性		女性	
年齢等	目安量	耐容上限量	目安量	耐容上限量
0～5（月）	5.0	25	5.0	25
6～11（月）	5.0	25	5.0	25
1～2（歳）	3.0	20	3.5	20
3～5（歳）	3.5	30	4.0	30
6～7（歳）	4.5	30	5.0	30
8～9（歳）	5.0	40	6.0	40
10～11（歳）	6.5	60	8.0	60
12～14（歳）	8.0	80	9.5	80
15～17（歳）	9.0	90	8.5	90
18～29（歳）	8.5	100	8.5	100
30～49（歳）	8.5	100	8.5	100
50～64（歳）	8.5	100	8.5	100
65～74（歳）	8.5	100	8.5	100
75以上（歳）	8.5	100	8.5	100
妊婦			8.5	—
授乳婦			8.5	—

＊1　日照により皮膚でビタミンDが産生されることを踏まえ，フレイル予防を図る者はもとより，全年齢区分を通じて，日常生活において可能な範囲内での適度な日光浴を心がけるとともに，ビタミンDの摂取については，日照時間を考慮に入れることが重要である。

付表 13 〈ビタミンEの食事摂取基準（mg/日）＊1〉

性別	男性		女性	
年齢等	目安量	耐容上限量	目安量	耐容上限量
0～5（月）	3.0	—	3.0	—
6～11（月）	4.0	—	4.0	—
1～2（歳）	3.0	150	3.0	150
3～5（歳）	4.0	200	4.0	200
6～7（歳）	5.0	300	5.0	300
8～9（歳）	5.0	350	5.0	350
10～11（歳）	5.5	450	5.5	450
12～14（歳）	6.5	650	6.0	600
15～17（歳）	7.0	750	5.5	650
18～29（歳）	6.0	850	5.0	650
30～49（歳）	6.0	900	5.5	700
50～64（歳）	7.0	850	6.0	700
65～74（歳）	7.0	850	6.5	650
75以上（歳）	6.5	750	6.5	650
妊婦			6.5	—
授乳婦			7.0	—

＊1　α-トコフェロールについて算定した。α-トコフェロール以外のビタミンEは含んでいない。

付表 14 〈ビタミンKの食事摂取基準（μg/日）〉

性別	男性	女性
年齢等	目安量	目安量
0～5（月）	4	4
6～11（月）	7	7
1～2（歳）	50	60
3～5（歳）	60	70
6～7（歳）	80	90
8～9（歳）	90	110
10～11（歳）	110	140
12～14（歳）	140	170
15～17（歳）	160	150
18～29（歳）	150	150
30～49（歳）	150	150
50～64（歳）	150	150
65～74（歳）	150	150
75以上（歳）	150	150
妊婦		150
授乳婦		150

付表 15 〈ビタミン B_1 の食事摂取基準（mg/日）*1,2〉

性別	男性			女性		
年齢等	推定平均必要量	推奨量	目安量	推定平均必要量	推奨量	目安量
0～5（月）	—	—	0.1	—	—	0.1
6～11（月）	—	—	0.2	—	—	0.2
1～2（歳）	0.4	0.5	—	0.4	0.5	—
3～5（歳）	0.6	0.7	—	0.6	0.7	—
6～7（歳）	0.7	0.8	—	0.7	0.8	—
8～9（歳）	0.8	1.0	—	0.8	0.9	—
10～11（歳）	1.0	1.2	—	0.9	1.1	—
12～14（歳）	1.2	1.4	—	1.1	1.3	—
15～17（歳）	1.3	1.5	—	1.0	1.2	—
18～29（歳）	1.2	1.4	—	0.9	1.1	—
30～49（歳）	1.2	1.4	—	0.9	1.1	—
50～64（歳）	1.1	1.3	—	0.9	1.1	—
65～74（歳）	1.1	1.3	—	0.9	1.1	—
75以上（歳）	1.0	1.2	—	0.8	0.9	—
妊婦（付加量）				+0.2	+0.2	—
授乳婦（付加量）				+0.2	+0.2	—

＊1　チアミン塩化物塩酸塩（分子量＝337.3）の重量として示した。
＊2　身体活動レベルⅡの推定エネルギー必要量を用いて算定した。
特記事項：推定平均必要量は，ビタミン B_1 の欠乏症である脚気を予防するに足る最小必要量からではなく，尿中にビタミン B_1 の排泄量が増大し始める摂取量（体内飽和量）から算定。

付表 16 〈ビタミン B_2 の食事摂取基準（mg/日）*1〉

性別	男性			女性		
年齢等	推定平均必要量	推奨量	目安量	推定平均必要量	推奨量	目安量
0～5（月）	—	—	0.3	—	—	0.3
6～11（月）	—	—	0.4	—	—	0.4
1～2（歳）	0.5	0.6	—	0.5	0.5	—
3～5（歳）	0.7	0.8	—	0.6	0.8	—
6～7（歳）	0.8	0.9	—	0.7	0.9	—
8～9（歳）	0.9	1.1	—	0.9	1.0	—
10～11（歳）	1.1	1.4	—	1.0	1.3	—
12～14（歳）	1.3	1.6	—	1.2	1.4	—
15～17（歳）	1.4	1.7	—	1.2	1.4	—
18～29（歳）	1.3	1.6	—	1.0	1.2	—
30～49（歳）	1.3	1.6	—	1.0	1.2	—
50～64（歳）	1.2	1.5	—	1.0	1.2	—
65～74（歳）	1.2	1.5	—	1.0	1.2	—
75以上（歳）	1.1	1.3	—	0.9	1.0	—
妊婦（付加量）				+0.2	+0.3	—
授乳婦（付加量）				+0.5	+0.6	—

＊1　身体活動レベルⅡの推定エネルギー必要量を用いて算定した。
特記事項：推定平均必要量は，ビタミン B_2 の欠乏症である口唇炎，口角炎，舌炎などの皮膚炎を予防するに足る最小必要量からではなく，尿中にビタミン B_2 の排泄量が増大し始める摂取量（体内飽和量）から算定。

付表 17 〈ナイアシンの食事摂取基準（mgNE/日）*[1,2]〉

性別	男性				女性			
年齢等	推定平均必要量	推奨量	目安量	耐容上限量*3	推定平均必要量	推奨量	目安量	耐容上限量*3
0～5（月）*4	—	—	2	—	—	—	2	—
6～11（月）	—	—	3	—	—	—	3	—
1～2（歳）	5	6	—	60（15）	4	5	—	60（15）
3～5（歳）	6	8	—	80（20）	6	7	—	80（20）
6～7（歳）	7	9	—	100（30）	7	8	—	100（30）
8～9（歳）	9	11	—	150（35）	8	10	—	150（35）
10～11（歳）	11	13	—	200（45）	10	10	—	150（45）
12～14（歳）	12	15	—	250（60）	12	14	—	250（60）
15～17（歳）	14	17	—	300（70）	11	13	—	250（65）
18～29（歳）	13	15	—	300（80）	9	11	—	250（65）
30～49（歳）	13	15	—	350（85）	10	12	—	250（65）
50～64（歳）	12	14	—	350（85）	9	11	—	250（65）
65～74（歳）	12	14	—	300（80）	9	11	—	250（65）
75以上（歳）	11	13	—	300（75）	9	10	—	250（60）
妊婦（付加量）					+0	+0	—	—
授乳婦（付加量）					+3	+3	—	—

＊1　ナイアシン当量（NE）＝ナイアシン＋1/60トリプトファンで示した。
＊2　身体活動レベルⅡの推定エネルギー必要量を用いて算定した。
＊3　ニコチンアミドの重量（mg/日），（　）内はニコチン酸の重量（mg/日）。
＊4　単位はmg/日。

付表 18 〈ビタミン B_6 の食事摂取基準（mg/日）*[2]〉

性別	男性				女性			
年齢等	推定平均必要量	推奨量	目安量	耐容上限量*1	推定平均必要量	推奨量	目安量	耐容上限量*1
0～5（月）	—	—	0.2	—	—	—	0.2	—
6～11（月）	—	—	0.3	—	—	—	0.3	—
1～2（歳）	0.4	0.5	—	10	0.4	0.5	—	10
3～5（歳）	0.5	0.6	—	15	0.5	0.6	—	15
6～7（歳）	0.7	0.8	—	20	0.6	0.7	—	20
8～9（歳）	0.8	0.9	—	25	0.8	0.9	—	25
10～11（歳）	1.0	1.1	—	30	1.0	1.1	—	30
12～14（歳）	1.2	1.4	—	40	1.0	1.3	—	40
15～17（歳）	1.2	1.5	—	50	1.0	1.3	—	45
18～29（歳）	1.1	1.4	—	55	1.0	1.1	—	45
30～49（歳）	1.1	1.4	—	60	1.0	1.1	—	45
50～64（歳）	1.1	1.4	—	55	1.0	1.1	—	45
65～74（歳）	1.1	1.4	—	50	1.0	1.1	—	40
75以上（歳）	1.1	1.4	—	50	1.0	1.1	—	40
妊婦（付加量）					+0.2	+0.2	—	—
授乳婦（付加量）					+0.3	+0.3	—	—

＊1　ピリドキシン（分子量＝169.2）の重量として示した。
＊2　たんぱく質の推奨量を用いて算定した（妊婦・授乳婦の付加量は除く）。

付表 19 〈ビタミン B_{12}の食事摂取基準（μg/日）＊1〉

性別	男性			女性		
年齢等	推定平均必要量	推奨量	目安量	推定平均必要量	推奨量	目安量
0～5（月）	—	—	0.4	—	—	0.4
6～11（月）	—	—	0.5	—	—	0.5
1～2（歳）	0.8	0.9	—	0.8	0.9	—
3～5（歳）	0.9	1.1	—	0.9	1.1	—
6～7（歳）	1.1	1.3	—	1.1	1.3	—
8～9（歳）	1.3	1.6	—	1.3	1.6	—
10～11（歳）	1.6	1.9	—	1.6	1.9	—
12～14（歳）	2.0	2.4	—	2.0	2.4	—
15～17（歳）	2.0	2.4	—	2.0	2.4	—
18～29（歳）	2.0	2.4	—	2.0	2.4	—
30～49（歳）	2.0	2.4	—	2.0	2.4	—
50～64（歳）	2.0	2.4	—	2.0	2.4	—
65～74（歳）	2.0	2.4	—	2.0	2.4	—
75以上（歳）	2.0	2.4	—	2.0	2.4	—
妊婦（付加量）				+0.3	+0.4	—
授乳婦（付加量）				+0.7	+0.8	—

＊1　シアノコバラミン（分子量＝1,355.37）の重量として示した。

付表 20 〈葉酸の食事摂取基準（μg/日）＊1〉

性別	男性				女性			
年齢等	推定平均必要量	推奨量	目安量	耐容上限量＊2	推定平均必要量	推奨量	目安量	耐容上限量＊2
0～5（月）	—	—	40	—	—	—	40	—
6～11（月）	—	—	60	—	—	—	60	—
1～2（歳）	80	90	—	200	90	90	—	200
3～5（歳）	90	110	—	300	90	110	—	300
6～7（歳）	110	140	—	400	110	140	—	400
8～9（歳）	130	160	—	500	130	160	—	500
10～11（歳）	160	190	—	700	160	190	—	700
12～14（歳）	200	240	—	900	200	240	—	900
15～17（歳）	220	240	—	900	200	240	—	900
18～29（歳）	200	240	—	900	200	240	—	900
30～49（歳）	200	240	—	1,000	200	240	—	1,000
50～64（歳）	200	240	—	1,000	200	240	—	1,000
65～74（歳）	200	240	—	900	200	240	—	900
75以上（歳）	200	240	—	900	200	240	—	900
妊婦（付加量）＊3,4					+200	+240	—	—
授乳婦（付加量）					+80	+100	—	—

＊1　プテロイルモノグルタミン酸（分子量＝441.40）の重量として示した。
＊2　通常の食品以外の食品に含まれる葉酸に適用する。
＊3　妊娠を計画している女性，妊娠の可能性がある女性及び妊娠初期の妊婦は，胎児の神経管閉鎖障害のリスク低減のために，通常の食品以外の食品に含まれる葉酸を400μg/日摂取することが望まれる。
＊4　付加量は，中期及び後期にのみ設定した。

付表 21 〈パントテン酸の食事摂取基準（mg/日）〉

性　別	男　性	女　性
年齢等	目安量	目安量
0～ 5（月）	4	4
6～11（月）	5	5
1～ 2（歳）	3	4
3～ 5（歳）	4	4
6～ 7（歳）	5	5
8～ 9（歳）	6	5
10～11（歳）	6	6
12～14（歳）	7	6
15～17（歳）	7	6
18～29（歳）	5	5
30～49（歳）	5	5
50～64（歳）	6	5
65～74（歳）	6	5
75以上（歳）	6	5
妊　婦		5
授乳婦		6

付表 22 〈ビオチンの食事摂取基準（μg/日）〉

性　別	男　性	女　性
年齢等	目安量	目安量
0～ 5（月）	4	4
6～11（月）	5	5
1～ 2（歳）	20	20
3～ 5（歳）	20	20
6～ 7（歳）	30	30
8～ 9（歳）	30	30
10～11（歳）	40	40
12～14（歳）	50	50
15～17（歳）	50	50
18～29（歳）	50	50
30～49（歳）	50	50
50～64（歳）	50	50
65～74（歳）	50	50
75以上（歳）	50	50
妊　婦		50
授乳婦		50

付表 23 〈ビタミンCの食事摂取基準（mg/日）＊1〉

性　別	男　性			女　性		
年齢等	推定平均必要量	推奨量	目安量	推定平均必要量	推奨量	目安量
0～ 5（月）	—	—	40	—	—	40
6～11（月）	—	—	40	—	—	40
1～ 2（歳）	35	40	—	35	40	—
3～ 5（歳）	40	50	—	40	50	—
6～ 7（歳）	50	60	—	50	60	—
8～ 9（歳）	60	70	—	60	70	—
10～11（歳）	70	85	—	70	85	—
12～14（歳）	85	100	—	85	100	—
15～17（歳）	85	100	—	85	100	—
18～29（歳）	85	100	—	85	100	—
30～49（歳）	85	100	—	85	100	—
50～64（歳）	85	100	—	85	100	—
65～74（歳）	80	100	—	80	100	—
75以上（歳）	80	100	—	80	100	—
妊　婦（付加量）				＋10	＋10	—
授乳婦（付加量）				＋40	＋45	—

＊1　L-アスコルビン酸（分子量＝176.12）の重量として示した。
特記事項：推定平均必要量は，壊血病の回避ではなく，心臓血管系の疾病予防効果並びに抗酸化作用の観点から算定した。

付表 24 〈ナトリウムの食事摂取基準（mg/日，（　）は食塩相当量［g/日］）*[1]〉

性別	男性			女性		
年齢等	推定平均必要量	目安量	目標量	推定平均必要量	目安量	目標量
0～5（月）	—	100（0.3）	—	—	100（0.3）	—
6～11（月）	—	600（1.5）	—	—	600（1.5）	—
1～2（歳）	—	—	（3.0未満）	—	—	（3.0未満）
3～5（歳）	—	—	（3.5未満）	—	—	（3.5未満）
6～7（歳）	—	—	（4.5未満）	—	—	（4.5未満）
8～9（歳）	—	—	（5.0未満）	—	—	（5.0未満）
10～11（歳）	—	—	（6.0未満）	—	—	（6.0未満）
12～14（歳）	—	—	（7.0未満）	—	—	（6.5未満）
15～17（歳）	—	—	（7.5未満）	—	—	（6.5未満）
18～29（歳）	600（1.5）	—	（7.5未満）	600（1.5）	—	（6.5未満）
30～49（歳）	600（1.5）	—	（7.5未満）	600（1.5）	—	（6.5未満）
50～64（歳）	600（1.5）	—	（7.5未満）	600（1.5）	—	（6.5未満）
65～74（歳）	600（1.5）	—	（7.5未満）	600（1.5）	—	（6.5未満）
75以上（歳）	600（1.5）	—	（7.5未満）	600（1.5）	—	（6.5未満）
妊婦				600（1.5）	—	（6.5未満）
授乳婦				600（1.5）	—	（6.5未満）

＊1　高血圧及び慢性腎臓病（CKD）の重症化予防のための食塩相当量の量は，男女とも6.0g/日未満とした。

付表25 〈カリウムの食事摂取基準（mg/日）〉

性別	男性		女性	
年齢等	目安量	目標量	目安量	目標量
0～5（月）	400	—	400	—
6～11（月）	700	—	700	—
1～2（歳）	900	—	900	—
3～5（歳）	1,000	1,400以上	1,000	1,400以上
6～7（歳）	1,300	1,800以上	1,200	1,800以上
8～9（歳）	1,500	2,000以上	1,500	2,000以上
10～11（歳）	1,800	2,200以上	1,800	2,000以上
12～14（歳）	2,300	2,400以上	1,900	2,400以上
15～17（歳）	2,700	3,000以上	2,000	2,600以上
18～29（歳）	2,500	3,000以上	2,000	2,600以上
30～49（歳）	2,500	3,000以上	2,000	2,600以上
50～64（歳）	2,500	3,000以上	2,000	2,600以上
65～74（歳）	2,500	3,000以上	2,000	2,600以上
75以上（歳）	2,500	3,000以上	2,000	2,600以上
妊婦			2,000	2,600以上
授乳婦			2,200	2,600以上

付表 26 〈カルシウムの食事摂取基準（mg/日）〉

性別	男性				女性			
年齢等	推定平均必要量	推奨量	目安量	耐容上限量	推定平均必要量	推奨量	目安量	耐容上限量
0～5（月）	—	—	200	—	—	—	200	—
6～11（月）	—	—	250	—	—	—	250	—
1～2（歳）	350	450	—	—	350	400	—	—
3～5（歳）	500	600	—	—	450	550	—	—
6～7（歳）	500	600	—	—	450	550	—	—
8～9（歳）	550	650	—	—	600	750	—	—
10～11（歳）	600	700	—	—	600	750	—	—
12～14（歳）	850	1,000	—	—	700	800	—	—
15～17（歳）	650	800	—	—	550	650	—	—
18～29（歳）	650	800	—	2,500	550	650	—	2,500
30～49（歳）	600	750	—	2,500	550	650	—	2,500
50～64（歳）	600	750	—	2,500	550	650	—	2,500
65～74（歳）	600	750	—	2,500	550	650	—	2,500
75以上（歳）	600	700	—	2,500	500	600	—	2,500
妊婦（付加量）					+0	+0	—	—
授乳婦（付加量）					+0	+0	—	—

付表 27 〈マグネシウムの食事摂取基準（mg/日）〉

性 別	男 性				女 性			
年齢等	推定平均必要量	推奨量	目安量	耐容上限量*1	推定平均必要量	推奨量	目安量	耐容上限量*1
0～ 5（月）	—	—	20	—	—	—	20	—
6～11（月）	—	—	60	—	—	—	60	—
1～ 2（歳）	60	70	—	—	60	70	—	—
3～ 5（歳）	80	100	—	—	80	100	—	—
6～ 7（歳）	110	130	—	—	110	130	—	—
8～ 9（歳）	140	170	—	—	140	160	—	—
10～11（歳）	180	210	—	—	180	220	—	—
12～14（歳）	250	290	—	—	240	290	—	—
15～17（歳）	300	360	—	—	260	310	—	—
18～29（歳）	280	340	—	—	230	270	—	—
30～49（歳）	310	370	—	—	240	290	—	—
50～64（歳）	310	370	—	—	240	290	—	—
65～74（歳）	290	350	—	—	230	280	—	—
75以上（歳）	270	320	—	—	220	260	—	—
妊 婦（付加量）					+30	+40	—	—
授乳婦（付加量）					+0	+0	—	—

＊1 通常の食品以外からの摂取量の耐容上限量は，成人の場合350mg/日，小児では5mg/kg 体重/日とした。それ以外の通常の食品からの摂取の場合，耐容上限量は設定しない。

付表 28 〈リンの食事摂取基準（mg/日）〉

性 別	男 性		女 性	
年齢等	目安量	耐容上限量	目安量	耐容上限量
0～ 5（月）	120	—	120	—
6～11（月）	260	—	260	—
1～ 2（歳）	500	—	500	—
3～ 5（歳）	700	—	700	—
6～ 7（歳）	900	—	800	—
8～ 9（歳）	1,000	—	1,000	—
10～11（歳）	1,100	—	1,000	—
12～14（歳）	1,200	—	1,000	—
15～17（歳）	1,200	—	900	—
18～29（歳）	1,000	3,000	800	3,000
30～49（歳）	1,000	3,000	800	3,000
50～64（歳）	1,000	3,000	800	3,000
65～74（歳）	1,000	3,000	800	3,000
75以上（歳）	1,000	3,000	800	3,000
妊 婦			800	—
授乳婦			800	—

付表 29〈鉄の食事摂取基準（mg/日）〉

性別	男性				女性					
年齢等	推定平均必要量	推奨量	目安量	耐容上限量	月経なし		月経あり		目安量	耐容上限量
					推定平均必要量	推奨量	推定平均必要量	推奨量		
0～5（月）	—	—	0.5	—	—	—	—	—	0.5	—
6～11（月）	3.5	5.0	—	—	3.5	4.5	—	—	—	—
1～2（歳）	3.0	4.5	—	25	3.0	4.5	—	—	—	20
3～5（歳）	4.0	5.5	—	25	4.0	5.5	—	—	—	25
6～7（歳）	5.0	5.5	—	30	4.5	5.5	—	—	—	30
8～9（歳）	6.0	7.0	—	35	6.0	7.5	—	—	—	35
10～11（歳）	7.0	8.5	—	35	7.0	8.5	10.0	12.0	—	35
12～14（歳）	8.0	10.0	—	40	7.0	8.5	10.0	12.0	—	40
15～17（歳）	8.0	10.0	—	50	5.5	7.0	8.5	10.5	—	40
18～29（歳）	6.5	7.5	—	50	5.5	6.5	8.5	10.5	—	40
30～49（歳）	6.5	7.5	—	50	5.5	6.5	9.0	10.5	—	40
50～64（歳）	6.5	7.5	—	50	5.5	6.5	9.0	11.0	—	40
65～74（歳）	6.0	7.5	—	50	5.0	6.0	—	—	—	40
75以上（歳）	6.0	7.0	—	50	5.0	6.0	—	—	—	40
妊婦（付加量）初期					+2.0	+2.5	—	—	—	—
中期・後期					+8.0	+9.5	—	—	—	—
授乳婦（付加量）					+2.0	+2.5	—	—	—	—

付表 30〈亜鉛の食事摂取基準（mg/日）〉

性別	男性				女性			
年齢等	推定平均必要量	推奨量	目安量	耐容上限量	推定平均必要量	推奨量	目安量	耐容上限量
0～5（月）	—	—	2	—	—	—	2	—
6～11（月）	—	—	3	—	—	—	3	—
1～2（歳）	3	3	—	—	2	3	—	—
3～5（歳）	3	4	—	—	3	3	—	—
6～7（歳）	4	5	—	—	3	4	—	—
8～9（歳）	5	6	—	—	4	5	—	—
10～11（歳）	6	7	—	—	5	6	—	—
12～14（歳）	9	10	—	—	7	8	—	—
15～17（歳）	10	12	—	—	7	8	—	—
18～29（歳）	9	11	—	40	7	8	—	35
30～49（歳）	9	11	—	45	7	8	—	35
50～64（歳）	9	11	—	45	7	8	—	35
65～74（歳）	9	11	—	40	7	8	—	35
75以上（歳）	9	10	—	40	6	8	—	30
妊婦（付加量）					+1	+2	—	—
授乳婦（付加量）					+3	+4	—	—

付表 31　〈銅の食事摂取基準（mg/日）〉

性　別	男　性				女　性			
年齢等	推定平均必要量	推奨量	目安量	耐容上限量	推定平均必要量	推奨量	目安量	耐容上限量
0～ 5（月）	—	—	0.3	—	—	—	0.3	—
6～11（月）	—	—	0.3	—	—	—	0.3	—
1～ 2（歳）	0.3	0.3	—	—	0.2	0.3	—	—
3～ 5（歳）	0.3	0.4	—	—	0.3	0.3	—	—
6～ 7（歳）	0.4	0.4	—	—	0.4	0.4	—	—
8～ 9（歳）	0.4	0.5	—	—	0.4	0.5	—	—
10～11（歳）	0.5	0.6	—	—	0.5	0.6	—	—
12～14（歳）	0.7	0.8	—	—	0.6	0.8	—	—
15～17（歳）	0.8	0.9	—	—	0.6	0.7	—	—
18～29（歳）	0.7	0.9	—	7	0.6	0.7	—	7
30～49（歳）	0.7	0.9	—	7	0.6	0.7	—	7
50～64（歳）	0.7	0.9	—	7	0.6	0.7	—	7
65～74（歳）	0.7	0.9	—	7	0.6	0.7	—	7
75以上（歳）	0.7	0.8	—	7	0.6	0.7	—	7
妊　婦（付加量）					+0.1	+0.1	—	—
授乳婦（付加量）					+0.5	+0.6	—	—

付表 32　〈マンガンの食事摂取基準（mg/日）〉

性　別	男　性		女　性	
年齢等	目安量	耐容上限量	目安量	耐容上限量
0～ 5（月）	0.01	—	0.01	—
6～11（月）	0.5	—	0.5	—
1～ 2（歳）	1.5	—	1.5	—
3～ 5（歳）	1.5	—	1.5	—
6～ 7（歳）	2.0	—	2.0	—
8～ 9（歳）	2.5	—	2.5	—
10～11（歳）	3.0	—	3.0	—
12～14（歳）	4.0	—	4.0	—
15～17（歳）	4.5	—	3.5	—
18～29（歳）	4.0	11	3.5	11
30～49（歳）	4.0	11	3.5	11
50～64（歳）	4.0	11	3.5	11
65～74（歳）	4.0	11	3.5	11
75以上（歳）	4.0	11	3.5	11
妊　婦			3.5	—
授乳婦			3.5	—

付表 33　〈ヨウ素の食事摂取基準（μg/日）〉

性　別	男　性				女　性			
年齢等	推定平均必要量	推奨量	目安量	耐容上限量	推定平均必要量	推奨量	目安量	耐容上限量
0～ 5（月）	—	—	100	250	—	—	100	250
6～11（月）	—	—	130	250	—	—	130	250
1～ 2（歳）	35	50	—	300	35	50	—	300
3～ 5（歳）	45	60	—	400	45	60	—	400
6～ 7（歳）	55	75	—	550	55	75	—	550
8～ 9（歳）	65	90	—	700	65	90	—	700
10～11（歳）	80	110	—	900	80	110	—	900
12～14（歳）	95	140	—	2,000	95	140	—	2,000
15～17（歳）	100	140	—	3,000	100	140	—	3,000
18～29（歳）	95	130	—	3,000	95	130	—	3,000
30～49（歳）	95	130	—	3,000	95	130	—	3,000
50～64（歳）	95	130	—	3,000	95	130	—	3,000
65～74（歳）	95	130	—	3,000	95	130	—	3,000
75以上（歳）	95	130	—	3,000	95	130	—	3,000
妊　婦（付加量）					+75	+110	—	—*1
授乳婦（付加量）					+100	+140	—	—*1

*1　妊婦及び授乳婦の耐容上限量は，2,000μg/日とした。

付表 34 〈セレンの食事摂取基準（μg/日）〉

性　別	男　性				女　性			
年齢等	推定平均必要量	推奨量	目安量	耐容上限量	推定平均必要量	推奨量	目安量	耐容上限量
0～5（月）	—	—	15	—	—	—	15	—
6～11（月）	—	—	15	—	—	—	15	—
1～2（歳）	10	10	—	100	10	10	—	100
3～5（歳）	10	15	—	100	10	10	—	100
6～7（歳）	15	15	—	150	15	15	—	150
8～9（歳）	15	20	—	200	15	20	—	200
10～11（歳）	20	25	—	250	20	25	—	250
12～14（歳）	25	30	—	350	25	30	—	300
15～17（歳）	30	35	—	400	20	25	—	350
18～29（歳）	25	30	—	450	20	25	—	350
30～49（歳）	25	30	—	450	20	25	—	350
50～64（歳）	25	30	—	450	20	25	—	350
65～74（歳）	25	30	—	450	20	25	—	350
75以上（歳）	25	30	—	400	20	25	—	350
妊　婦（付加量）					+5	+5	—	—
授乳婦（付加量）					+15	+20	—	—

付表 35 〈クロムの食事摂取基準（μg/日）〉

性　別	男　性		女　性	
年齢等	目安量	耐容上限量	目安量	耐容上限量
0～5（月）	0.8	—	0.8	—
6～11（月）	1.0	—	1.0	—
1～2（歳）	—	—	—	—
3～5（歳）	—	—	—	—
6～7（歳）	—	—	—	—
8～9（歳）	—	—	—	—
10～11（歳）	—	—	—	—
12～14（歳）	—	—	—	—
15～17（歳）	—	—	—	—
18～29（歳）	10	500	10	500
30～49（歳）	10	500	10	500
50～64（歳）	10	500	10	500
65～74（歳）	10	500	10	500
75以上（歳）	10	500	10	500
妊　婦			10	—
授乳婦			10	—

付表 36 〈モリブデンの食事摂取基準（μg/日）〉

性　別	男　性				女　性			
年齢等	推定平均必要量	推奨量	目安量	耐容上限量	推定平均必要量	推奨量	目安量	耐容上限量
0～5（月）	—	—	2	—	—	—	2	—
6～11（月）	—	—	5	—	—	—	5	—
1～2（歳）	10	10	—	—	10	10	—	—
3～5（歳）	10	10	—	—	10	10	—	—
6～7（歳）	10	15	—	—	10	15	—	—
8～9（歳）	15	20	—	—	15	15	—	—
10～11（歳）	15	20	—	—	15	20	—	—
12～14（歳）	20	25	—	—	20	25	—	—
15～17（歳）	25	30	—	—	20	25	—	—
18～29（歳）	20	30	—	600	20	25	—	500
30～49（歳）	25	30	—	600	20	25	—	500
50～64（歳）	25	30	—	600	20	25	—	500
65～74（歳）	20	30	—	600	20	25	—	500
75以上（歳）	20	25	—	600	20	25	—	500
妊　婦（付加量）					+0	+0	—	—
授乳婦（付加量）					+3	+3	—	—

付表 37　数値の表示方法

項目			単位	最小表示の位	数値の丸め方等
廃棄率			%	1の位	10未満は小数第1位を四捨五入，10以上は元の数値を2倍し，10の単位に四捨五入で丸め，その結果を2で除する。
エネルギー			kcal	1の位	小数第1位を四捨五入。
			kJ		
水分			g	小数第1位	小数第2位を四捨五入。
たんぱく質					
アミノ酸組成によるたんぱく質					
脂質			g	小数第1位	小数第2位を四捨五入。
トリアシルグリセロール当量					
脂肪酸	飽和		g	小数第2位	小数第3位を四捨五入。
	一価不飽和				
	多価不飽和				
コレステロール			mg	1の位	大きい位から3桁目を四捨五入して有効数字2桁。ただし，10未満は小数第1位を四捨五入。
炭水化物			g	小数第1位	小数第2位を四捨五入。
利用可能炭水化物（単糖当量）					
食物繊維	不溶性		g	小数第1位	小数第2位を四捨五入。
	高分子量水溶性				
	低分子量水溶性				
	総量				
灰分					
無機質	ナトリウム		mg	1の位	整数表示では，大きい位から3桁目を四捨五入して有効数字2桁。ただし，10未満は小数第1位を四捨五入。 小数表示では，最小表示の位の一つ下の位を四捨五入。
	カリウム				
	カルシウム				
	マグネシウム				
	リン				
	鉄		mg	小数第1位	
	亜鉛				
	銅			小数第2位	
	マンガン				
	ヨウ素		μg	1の位	
	セレン				
	クロム				
	モリブデン				
ビタミン	A	レチノール	μg	1の位	整数表示では，大きい位から3桁目を四捨五入して有効数字2桁。ただし，10未満は小数第1位を四捨五入。 小数表示では，最小表示の位の一つ下の位を四捨五入。
		α-カロテン			
		β-カロテン			
		β-クリプトキサンチン			
		β-カロテン当量			
		レチノール活性当量			
	D			小数第1位	

項目			単位	最小表示の位	数値の丸め方等
ビタミン	E	α-トコフェロール	mg	小数第1位	整数表示では，大きい位から3桁目を四捨五入して有効数字2桁。ただし，10未満は小数第1位を四捨五入。 小数表示では，最小表示の位の一つ下の位を四捨五入。
		β-トコフェロール			
		γ-トコフェロール			
		δ-トコフェロール			
	K		μg	1の位	
	B_1		mg	小数第2位	
	B_2				
	ナイアシン			小数第1位	
	ナイアシン当量				
	B_6			小数第2位	
	B_{12}		μg	小数第1位	
	葉酸			1の位	
	パントテン酸		mg	小数第2位	
	ビオチン		μg	小数第1位	
	C		mg	1の位	
食塩相当量			g	小数第1位	小数第2位を四捨五入。
備考欄					

出所）日本食品標準成分表　2015年版（七訂）

索　　引

ま　行

や　行

ら　行

わ　行

執 筆 者

加賀谷みえ子	椙山女学園大学生活科学部管理栄養学科教授（1，付表）
渡辺　敦子	茨城キリスト教大学名誉教授（2.Ⅰ-1.1・2，3.Ⅰ）
大須賀　彰子	日本女子大学家政学部食物学科学術研究員（2.Ⅰ-1.3・4，3.Ⅱ，4.Ⅲ）
＊品川　弘子	元東京聖栄大学健康栄養学部食品学科教授（2.Ⅰ-2）
中島　敬子	文化学園大学助教（2.Ⅱ）
伊藤　知子	帝塚山大学現代生活学部食物栄養学科教授（2.Ⅲ-1）
＊飯田　文子	日本女子大学家政学部食物学科教授（2.Ⅲ-2，5.Ⅰ・Ⅱ）
＊大越　ひろ	日本女子大学名誉教授（4.Ⅰ-3・4・6，5.Ⅲ）
藤井　恵子	日本女子大学家政学部食物学科教授（4.Ⅰ-1・2・5，4.Ⅳ）
高橋　智子	神奈川工科大学応用バイオ科学部栄養生命科学科教授（4.Ⅱ）

（執筆順，＊は編者）

新健康と調理のサイエンス〈第2版〉
—調理科学と健康の接点—

2020年4月1日　第1版第1刷発行　　◎検印省略
2021年3月10日　第2版第1刷発行
2023年9月10日　第2版第2刷発行

編者　大越ひろ　品川弘子　飯田文子

発行所　株式会社　学文社
発行者　田中千津子

郵便番号　153-0064
東京都目黒区下目黒3-6-1
電話　03(3715)1501(代)
http://www.gakubunsha.com

印刷所　亜細亜印刷㈱

ISBN 978-4-7620-3070-3